数控加工工艺设计与编程

主　编　黄继战　王凤清
副主编　肖根先　李爱民　李益民
主　审　范　玉

苏州大学出版社

图书在版编目(CIP)数据

数控加工工艺设计与编程／黄继战，王凤清主编．— 苏州：苏州大学出版社，2022.12
ISBN 978-7-5672-4179-4

Ⅰ．①数… Ⅱ．①黄… ②王… Ⅲ．①数控机床-加工-工艺设计-高等职业教育-教材②数控机床-程序设计-高等职业教育-教材 Ⅳ．①TG659

中国版本图书馆 CIP 数据核字(2022)第 246005 号

内 容 提 要

本书以培养学生数控加工工艺设计能力和数控编程技能为核心，以工作过程为导向，详细地介绍了数控加工工艺设计，配置 FANUC 0i 系统的数控铣床、车床编程指令用法，数控铣床、车床的操作等内容。本书采用项目教学的方式编写内容，以典型零件为载体，分为数控铣加工和数控车加工两个部分，由简单到复杂，共设有 7 个项目。数控铣部分主要内容有平面零件、轮廓零件、孔系零件和综合零件的数控加工工艺设计与编程，数控车部分主要内容有阶梯轴零件、成型螺纹轴零件和套类零件的数控加工工艺设计与编程。

本书可作为高等职业院校机械制造及自动化、机电一体化、数控技术、模具设计与制造、机械设计与制造等专业的教学用书，也可供相关工程技术人员、数控机床编程与操作人员参考。

数控加工工艺设计与编程

黄继战 王凤清 主编

责任编辑 周建兰

助理编辑 杨 冉

苏州大学出版社出版发行
（地址：苏州市十梓街1号 邮编：215006）
苏州市深广印刷有限公司印装
（地址：苏州市高新区浒关工业园青花路6号2号厂房 邮编：215151）

开本 787 mm×1 092 mm 1/16 印张 20.75 字数 493 千
2022 年 12 月第 1 版 2022 年 12 月第 1 次印刷
ISBN 978-7-5672-4179-4 定价：63.00 元

图书若有印装错误，本社负责调换
苏州大学出版社营销部 电话：0512-67481020
苏州大学出版社网址 http://www.sudapress.com
苏州大学出版社邮箱 sdcbs@suda.edu.cn

  数控加工工艺设计与编程是机械制造及自动化、模具设计与制造、机械设计与制造等机械类专业的核心课程之一。本书是依据中、高级数控铣工和数控车工国家职业技能标准，以典型零件为载体，基于企业真实的工作过程，与企业合作开发的"教、学、做"一体化教材，主要培养学生数控机床的操作、编程和工艺设计能力。

  本书具有以下特点：

  1. 以数控加工工艺与程序知识为基础，以培养学生数控加工工艺设计与编程能力为主线，融合数控中、高级职业资格要求编写而成。

  2. 针对数控机床加工工艺、编程与操作，改变以前"先学工艺编程，再学操作"的教学模式，以项目为载体，实施"教、学、做"一体化教学，使理论学习与实践能力培养有机融合。

  3. 项目载体选择具有典型性、综合性，并便于项目教学实施。

  4. 强化工艺知识，将数控加工工艺知识贯穿教学全过程，以提高学生数控加工工艺技术应用能力，使编制的数控程序合理，运行高效。

  本书配有PPT供教师上课使用，还配有视频，读者可以通过扫描书中的二维码来观看。本书由江苏建筑职业技术学院、徐州博汇世通重工机械有限责任公司合作编写，由黄继战、王凤清担任主编，由肖根先、李爱民、李益民担任副主编，由范玉担任主审，另外，孟新、杨思、伊登峰也参与了编写工作。本书在编写过程中，得到许多同行、同事和相关人员的帮助与支持，在此向所有关心和支持本书出版的人员表示感谢！

  限于作者的学术水平，书中不妥之处在所难免，敬请各位读者批评指正。

编 者
2022 年 8 月

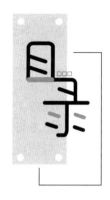

| 项目 1 | **平面零件的数控加工工艺设计与编程** | 001 |

任务 1.1　认识数控铣床 ··· 001
任务 1.2　平面零件的数控加工工艺设计 ···························· 013
任务 1.3　平面零件的数控程序编制 ································ 028
任务 1.4　数控铣床的手动操作 ···································· 047
任务 1.5　平面零件的数控程序输入与校验 ·························· 051
任务 1.6　数控铣床对刀及自动加工 ································ 057
思考与训练 ··· 065
考核评价 ··· 067

| 项目 2 | **轮廓零件的数控加工工艺设计与编程** | 069 |

任务 2.1　轮廓零件的数控加工工艺设计 ···························· 069
任务 2.2　轮廓零件的数控程序编制 ································ 082
任务 2.3　轮廓零件的实际加工 ···································· 105
思考与训练 ··· 106
考核评价 ··· 110

| 项目 3 | **孔系零件的数控加工工艺设计与编程** | 111 |

任务 3.1　孔系零件的数控加工工艺设计 ···························· 111
任务 3.2　孔系零件的数控程序编制 ································ 126
任务 3.3　孔系零件的实际加工 ···································· 141
思考与训练 ··· 142
考核评价 ··· 144

项目 4　综合零件的数控加工工艺设计与编程　146

- 任务 4.1　综合零件的数控加工工艺设计 …… 146
- 任务 4.2　综合零件的数控程序编制 …… 155
- 任务 4.3　综合零件的实际加工 …… 190
- 思考与训练 …… 192
- 考核评价 …… 195

项目 5　阶梯轴零件的数控加工工艺设计与编程　197

- 任务 5.1　认识数控车床 …… 197
- 任务 5.2　阶梯轴零件的数控加工工艺设计 …… 204
- 任务 5.3　阶梯轴零件的数控程序编制 …… 230
- 任务 5.4　数控车床的手动操作 …… 249
- 任务 5.5　阶梯轴零件的数控程序编辑与校验 …… 252
- 任务 5.6　数控车床对刀及自动加工 …… 254
- 思考与训练 …… 259
- 考核评价 …… 261

项目 6　成型螺纹轴零件的数控加工工艺设计与编程　263

- 任务 6.1　成型螺纹轴零件的数控加工工艺设计 …… 263
- 任务 6.2　成型螺纹轴零件的数控程序编制 …… 277
- 任务 6.3　成型螺纹轴零件的实际加工 …… 298
- 思考与训练 …… 300
- 考核评价 …… 302

项目 7　套类零件的数控加工工艺设计与编程　304

- 任务 7.1　套类零件的数控加工工艺设计 …… 304
- 任务 7.2　套类零件的数控程序编制 …… 314
- 任务 7.3　套类零件的实际加工 …… 319
- 思考与训练 …… 320
- 考核评价 …… 323

参考文献 …… 324

项目 1 平面零件的数控加工工艺设计与编程

学习目标

1. 能力目标

(1) 根据给定零件图,能够正确、合理地设计平面的数控铣削工艺。
(2) 根据平面铣削工艺,能够编制平面加工的数控程序。
(3) 能严格遵守安全操作规程,独立操作数控铣床,加工出合格的平面零件。

2. 知识目标

(1) 了解 FANUC 0i 数控铣床结构、参数与面板的基础知识。
(2) 掌握 FANUC 0i 数控铣床安全操作规程知识。
(3) 掌握 FANUC 0i 数控铣床开关机、回零、手动操作、MDI 运行、程序编辑与校验、对刀与自动加工等操作知识。
(4) 掌握数控加工工艺基础知识。
(5) 了解平面加工的刀具与加工方法,掌握平面加工的走刀路线设计知识。
(6) 了解数控编程的步骤与方法、程序的格式与指令,掌握数控铣床的坐标系知识。
(7) 掌握数控铣床编程指令(F、S、T、G54~G59、G90、G91、G00、G01、G28)的使用方法。
(8) 掌握平面零件的数控铣削工艺设计方法和编程方法。

使用数控铣床加工零件,一般来说都需要经过 3 个主要的工作环节,即确定工艺设计、编制加工程序、实际操作加工。本项目要求学生主要学习平面零件的数控加工工艺设计和数控程序编制,并完成平面零件的实际加工。

任务描述

掌握数控机床的基础知识,牢记数控铣床或加工中心安全操作规程。

 知识准备

一、数控机床的基础知识

(一)数控机床的基本概念及组成

数控机床的基础知识

1. 数控机床的基本概念

(1) 数字控制简称数控。数控是一种借助数字、字符或其他符号对某一工作过程(如加工、测量、装配等)进行可编程控制的自动化方法。

(2) 数控技术是指用字符及数字量发出指令并实现自动控制的技术,它已经成为制造业实现自动化、柔性化、智能化生产的基础技术。

(3) 数控系统是指采用数字控制技术的自动控制系统。

(4) 计算机数控(Computer Numerical Control,CNC)系统,是以计算机为核心的数控系统。

(5) 数控机床是指装备了计算机数控系统的机床,简称 CNC 机床。

2. 数控机床的组成

数控机床由输入/输出装置、CNC 装置、伺服系统和机床本体等部分组成,其组成框图如图 1-1 所示。通常所说的计算机数控系统由输入/输出装置、CNC 装置和伺服系统组成。

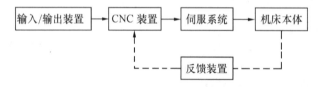

图 1-1 数控机床的组成框图

(1) 输入/输出装置。在数控机床上加工工件时,首先根据工件形状、尺寸和技术要求,确定数控加工工艺,然后编制出数控程序,一方面程序通过输入装置传输到数控系统,另一方面数控机床内存中的数控程序也可以通过输出装置输出,进行备份。输入/输出装置是机床与外部设备的接口,常用的输入装置有软盘驱动器、RS-232C 串行通信口、MDI(手动数据输入)键盘等。

(2) CNC 装置。CNC 装置是数控机床的"大脑",它接受来自输入装置的数字化信息,经过控制软件和逻辑电路进行译码、运算和逻辑处理后,将各种指令信息输出给伺服系统,使执行部件按规定的动作执行。现在,CNC 装置通常由一台通用或专用微型计算机构成。

(3) 伺服系统。伺服系统是数控机床的执行部分,其作用是把来自 CNC 装置的脉冲信号转换成机床的运动,使机床工作台精确定位或按规定的轨迹做严格的相对运动,最后加工出符合图样要求的零件。每一指令脉冲信号使机床移动部件产生的位移量叫作脉冲当量,常用的脉冲当量为 1 μm。伺服系统一般包括驱动装置和执行机构两大部分,常用执行机构有步进电机、直流伺服电机、交流伺服电机等。

(4) 机床本体。机床本体是数控机床的机械结构实体,主要包括主运动部件、进给运

动部件(如工作台、刀架等)、支承部件(如床身、立柱等),还有冷却、润滑、转位部件(如夹紧、换刀机械手等)等辅助装置。与普通机床相比,数控机床的整体布局、外观造型、传动机构、工具系统及操作机构等方面都发生了很大的变化。

为了满足数控技术的要求和充分发挥数控机床的特点,归纳起来,机床本体主要做了以下几个方面的调整。

① 采用高性能主传动及主轴部件,具有传递功率大、刚度高、抗振性好及热变形小等优点。

② 进给传动采用高效传动件,具有传动链短、结构简单、传动精度高等特点,一般采用滚珠丝杠副、直线滚动导轨副等。

③ 具有完善的刀具自动交换和管理系统。

④ 在加工中心上一般具有工件自动交换、工件夹紧和放松机构。

⑤ 机床本身具有很高的动、静刚度。

⑥ 采用全封闭罩壳。由于数控机床是自动完成加工,为了操作安全等,一般采用移动门结构的封闭罩壳,对机床的加工部件进行全封闭。

半闭环、闭环数控机床还带有检测反馈装置。其作用是对机床的实际运动速度、方向、位移及加工状态加以检测,把检测结果转化为电信号反馈给 CNC 装置。检测反馈装置主要有感应同步器、光栅、编码器、磁栅、激光测距仪等。

3. 数控机床加工零件的过程

利用数控机床完成零件加工的过程如图 1-2 所示,主要包括以下内容。

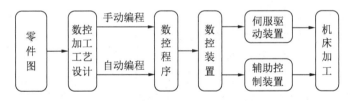

图 1-2 数控机床加工零件的过程

(1) 数控加工工艺设计。根据零件图样进行工艺分析,拟定工艺路线,具体设计各加工工序。

(2) 程序的编制。根据所设计的数控加工工艺,用 CNC 系统规定的程序代码和格式手工编写数控程序单,或用 CAM 软件编程,生成数控程序单。

(3) 程序的输入。由手工编写的程序,可以通过数控系统的操作面板输入程序;由编程软件生成的程序,可以通过 CF 卡或通信手段输入 CNC 装置。

(4) 程序的校验。对输入 CNC 装置的程序进行刀具路径模拟、试运行等,如有错误,查找原因进行修改,直至程序运行正确。

(5) 机床加工。通过对机床的正确操作(装夹工件、刀具及对刀等),运行程序,此时 CNC 装置对程序进行处理与运算,发出各种指令来控制数控机床的伺服系统或其他执行机构,使机床自动加工出合格的零件。

(二) **数控机床的分类**

目前数控机床的种类很多,通常按以下几种方法分类。

1. 按工艺用途分类

（1）金属切削类数控机床。金属切削类数控机床包括数控车床、数控铣床、数控镗床、数控磨床、加工中心等。其中，加工中心是带有刀库和自动换刀装置的数控机床，它将铣、镗、钻、攻螺纹等功能集中于一台设备上，具有多种工艺手段，在加工过程中由程序自动选用和更换刀具，大大提高了生产效率和加工精度。

（2）金属成形类数控机床。金属成形类数控机床是指采用挤、冲、压、拉等成形工艺的数控机床，包括数控折弯机、数控冲床、数控弯管机、数控压力机等。这类机床起步晚，但目前发展很快。

（3）特种加工类数控机床。特种加工机床类数控包括数控线切割机床、数控电火花加工机床、数控火焰切割机床、数控激光切割机床等。

（4）其他类型的数控设备。其他类型的数控设备有数控三坐标测量仪、数控对刀仪、数控绘图仪等。

2. 按机床运动的控制轨迹分类

（1）点位控制数控机床。点位控制数控机床只要求控制机床的移动部件从某一位置移动到另一位置时能准确定位，对于两个位置之间的运动轨迹不做严格要求，在移动过程中刀具不进行切削加工，如图1-3所示。为了实现既快又准的定位，常采用先快速移动，然后慢速趋近定位点的方法来保证定位精度。具有点位控制功能的数控机床有数控钻床、数控冲床、数控镗床、数控点焊机等。

图1-3 点位控制数控机床加工示意图

（2）直线控制数控机床。直线控制数控机床除了要控制点与点之间的准确定位外，还要保证两点之间移动的轨迹是一条与机床坐标轴平行的直线，因为这类数控机床在两点之间移动时要进行切削加工，所以对移动的速度也要进行控制，如图1-4所示。属于直线控制功能的数控机床有比较简单的数控车床、数控铣床、数控磨床等。单纯用于直线控制的数控机床目前几乎没有。

（3）轮廓控制数控机床。轮廓控制又称连续轨迹控制，这类数控机床能够对两个或两个以上的运动坐标的位移及速度进行连续相关的控制，因而可以进行曲线或曲面的加工，如图1-5所示。具有轮廓控制功能的数控机床有数控车床、数控铣床、加工中心等。

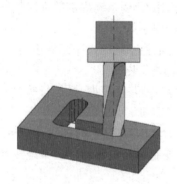
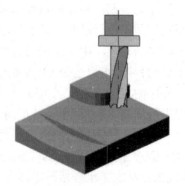

图1-4 直线控制数控机床加工示意图　　图1-5 轮廓控制数控机床加工示意图

3. 按伺服控制的方式分类

数控机床按照对被控制量有无检测反馈装置可以分为开环控制系统和闭环控制系统两种。在闭环控制系统中，根据测量装置安放的位置，又可以将其分为半闭环控制系统和全闭环控制系统两种。

（1）开环控制系统。开环控制系统是指不带反馈的控制系统，即系统没有位置反馈元器件，通常用功率步进电机或电液伺服电机作为执行机构。输入的数据经过数控系统的运算，发出指令脉冲，通过环形分配器和驱动电路，使步进电机或电液伺服电机转过一个步距角，再经过减速齿轮带动滚珠丝杆螺母副，进而转换为工作台的直线运动，如图1-6所示。工作台的移动速度和位移量是由输入脉冲的频率和数量决定的。

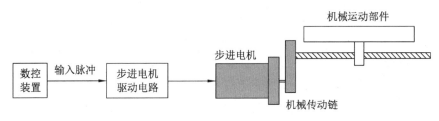

图1-6　开环控制系统

开环控制系统具有结构简单、系统稳定、调试容易、成本低等优点，但由于系统没有对移动部件的误差进行补偿，所以精度低。一般适用于经济型数控机床和旧机床数控化改造。

（2）半闭环控制系统。如图1-7所示，半闭环控制系统是在伺服电机或丝杆端部装有角位移传感器，如感应同步器和光电编码器，通过检测伺服电机或丝杆端部的转角间接地检测移动部件的位移，然后反馈给数控系统，由于惯性较大的机床移动部件（如工作台）不包括在控制回路中，因而称为半闭环控制系统。

半闭环控制系统因为闭环控制回路中未包括机械传动环节，所以可获得稳定的控制特性。又因为可用补偿的方法消除机械传动环节的误差，所以可获得满意的精度。中档数控机床广泛采用半闭环控制系统。

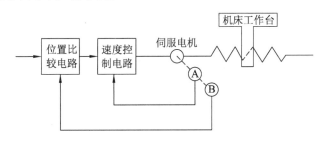

图1-7　半闭环控制系统

（3）全闭环控制系统。在机床移动部件上直接装有位置检测装置，将测量的结果直接反馈到数控装置中，与输入的指令位移进行比较，用偏差进行控制，使移动部件按照实际的要求运动，最终实现精确定位，其原理如图1-8所示。因为把机床工作台纳入了位置控制环，所以称为全闭环控制系统。该系统可以消除包括工作台传动链在内的运动误差，因而定位精度高、调节速度快。但由于该系统受进给丝杠的拉压刚度、扭转刚度、摩擦阻尼特性和间隙等非线性因素的影响,给调试工作造成较大的困难。如果各种参数匹配不当,将会引起系统振荡,影响定位精度,可见全闭环控制系统复杂并且成本高,适用于精度要求很高的数控机床,如精密数控镗铣床、超精密数控车床等。

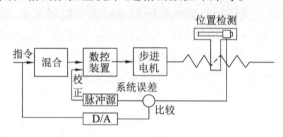

图1-8 全闭环控制系统

4. 按联动轴数分类

按数控装置能同时联动的坐标轴的数量分类,有两坐标联动数控机床(两轴数控车床)、三坐标联动数控机床(三轴数控铣床)、多坐标轴联动数控机床(四轴、五轴联动数控机床)。

5. 按数控系统分类

目前企业常用的数控系统有 FANUC 数控系统、SIEMENS 数控系统、华中数控(HNC)系统、广州数控(GSK)系统等,每一种又有多种型号。本书以 FANUC 0i Mate-MC 为例。

6. 按数控系统功能水平分类

按数控系统功能水平的不同,数控机床可分为低、中、高三档。低、中、高档的界线是相对的,不同时期的划分标准有所不同。就目前的发展水平来看,数控系统可以根据表1-1中的一些功能和指标进行区分。其中,中、高档数控一般被称为全功能数控或标准型数控。在我国还有经济型数控的提法,经济型数控属于低档数控,是由单片机和步进电机组成的数控系统,或其他功能简单、价格低的数控系统。经济型数控主要用于车床、线切割机床及旧机床改造等。

表1-1 不同档次数控系统的功能及指标表

功 能	低 档	中 档	高 档
系统分辨率	10 μm	1 μm	0.1 μm
G00 速度	3~8 m/min	10~24 m/min	24~100 m/min
伺服类型	开环及步进电机	半闭环及交流伺服电机	全闭环及交流伺服电机
联动轴数	2~3 轴	2~4 轴	5 轴或 5 轴以上
通信功能	无	RS-232 或 DNC	RS-232、DND、MAP
显示功能	数码管显示	CRT:图形、人机对话	CRT:三维图形、自诊断
内装 PLC	无	有	功能强大的内装 PLC
CPU	8 位、16 位	16 位、32 位	32 位、64 位
结构	单片机或单板机	单微处理器或多微处理器	分布式多微处理器

(三)数控铣床/加工中心的结构与技术参数

数控铣床/加工中心按机床形态可分为立式、卧式和龙门式三种。其中,立式、卧式数控铣床/加工中心应用较广泛。立式数控铣床主轴处于垂直位置,适合加工板类零件;卧式数控铣床主轴处于水平位置,结构比立式数控铣床复杂,占地面积较大,价格较高,适合加工箱体类零件;龙门式数控铣床适合加工特大型零件,如工程机械结构件。本书主要以立式数控铣床为例,卧式与龙门式数控铣床的编程与此基本相同。

立式加工中心一般具有自动换刀及自动改变工件加工位置的功能,它能对需要做镗孔、铰孔、攻螺纹、铣削等作业的工件进行多工序的自动加工,数控铣床与加工中心的主要区别是数控铣床无刀库和自动换刀装置。

1. 立式数控铣床/加工中心的结构

以 VMC850E 型立式数控铣床/加工中心为例,机床外形如图 1-9 所示。它主要由基础部件、主轴部件、数控系统、自动换刀系统、辅助装置等组成。基础部件由床身、立柱、工作台等组成,主要承受数控加工中心的静载荷及在加工时产生的切削负荷,因此,必须要有足够的刚度。主轴部件由主轴伺服电机、主轴箱、主轴和主轴轴承等组成,主轴的启动、停止和变换转速等动作均由数控系统控制,并且通过装在主轴上的刀具参与切削运动。数控系统由

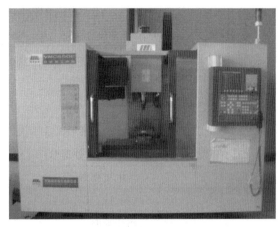

图 1-9　VMC850E 型立式数控铣床/加工中心

CNC 装置、输入/输出装置、伺服系统、辅助控制装置及操作面板等组成,它是执行顺序控制动作,完成加工过程的控制中心。自动换刀系统由刀库、机械手等组成,完成自动换刀动作。辅助控制装置由润滑、冷却、排屑、防护、液压、气动、检测系统等组成,它们虽然不直接参与切削运动,但对机床的加工效率、加工精度、可靠性等起着极为重要的作用。

2. 立式数控铣床/加工中心的技术参数

VMC850E 型立式数控铣床/加工中心的技术参数见表 1-2。

表 1-2　VMC850E 型立式数控铣床/加工中心的技术参数

项目名称		技术参数
主轴	主轴锥孔(7∶24)	BT40
	主轴转速	50~8 000 r/min
工作台	工作台面积(宽×长)	500 mm×1 000 mm
	T 型槽数/宽度/间距	5 个/18 mm/150 mm
	T 型槽间距	100 mm
	工作台允许最大承重	600 kg

续表

项目名称		技术参数
行程	工件 X 轴行程	800 mm
	工件 Y 轴行程	500 mm
	工件 Z 轴行程	500 mm
	主轴端面至工作台面的距离	150~650 mm
	主轴中心至立柱导轨面的距离	550 mm
刀库	刀库容量	16 把
	换刀时间	5 s
进给速度	进给速度范围	1~10 000 mm/min
	快速移动速度（X 轴、Y 轴）	24 m/min
	快速移动速度（Z 轴）	15 m/min
精度	定位精度 X、Y 轴	±0.005/300 mm
	定位精度 Z 轴	±0.005/300 mm
	重复定位精度	±0.003/300 mm
	分辨率	0.001 mm
主轴电机功率		7.5 kW
X/Y/Z 方向进给电机功率		2.5/2.5/1.8 kW
机床电源		50 Hz 380 V
机床尺寸		2 700 mm×2 300 mm×2 700 mm
机床质量		5 500 kg

（四）FANUC 0i 系统操作面板

1. 数控铣床操作面板

数控铣床操作面板大部分位于铣床控制面板的下方，如图 1-10 所示，主要用于控制铣床的运动状态，由模式选择按钮、运行控制开关等多个部分组成。

图 1-10　数控铣床操作面板

（1）显示器。显示器一般位于机床操作面板的左上部，用于显示机床的各种参数和状态，如显示数控程序、坐标值、数控系统参数、加工轨迹模拟图形及各种故障报警信息等。

（2）MDI 键盘。MDI 键盘一般位于机床操作面板的右上部，MDI 键盘的大部分键具有上档键功能，而且在显示器的正下方有一些软键按钮，用于各种功能查找。MDI 键盘用于数控程序的输入与编辑、各种参数设置和系统管理操作等。

图 1-11 所示为 MDI 键盘的布局情况，键盘上各键的名称、符号和功能说明见表 1-3。

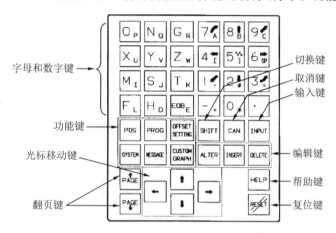

图 1-11　MDI 键盘的布局

表 1-3　操作面板按键说明

序号	名称及符号		功能说明
1	复位键"RESET"		按下"RESET"键，可以使 CNC 系统复位、光标快速返回至程序头、取消报警等
2	帮助键"HELP"		当对 MDI 键盘的操作不明白时，按下"HELP"键，可以获得帮助
3	功能软键◀…▶		根据不同的画面，软键有不同的功能，软键功能显示在屏幕的底部。按下功能键之后，再按下与屏幕底部文字相对应的软键，就可以选择与所选功能相关的屏幕
4	字母和数字键，如"O_P""7_A"等		按下这些键，可以输入字母、数字或者其他字符
5	切换键"SHIFT"		在键盘上的某些键具有两个功能。按下"SHIFT"键，可以在这两个功能之间进行切换
6	输入键"INPUT"		当需要修改机床参数，按"INPUT"，如刀补输入、工件坐标系数据输入、机械参数输入等
7	取消键"CAN"		按取消键"CAN"，删除最后一个进入输入缓存区的字符或符号
8	编辑键	替换键"ALTER"	按此键，将光标所在的字符替换为输入域的字符
		插入键"INSERT"	按此键，将输入域的字符插入程序中
		删除键"DELETE"	按此键，将光标所在字符删除

续表

序号	名称及符号		功能说明
9	功能键（用于选择将要显示的画面）	位置画面"POS"	按此键，显示位置画面（坐标值）
		程序画面"PROG"	按此键，显示程序画面
		偏置/设置画面"OFFSET/SETTING"	按此键，显示偏置/设置画面
		系统画面"SYSTEM"	按此键，显示系统画面
		信息画面"MESSAGE"	按此键，显示信息画面
		用户/图形画面"CUSTOM/GRAPH"	按此键，显示用户/图形画面
10	光标移动键	"←"	按此键，光标向左或往回移动
		"→"	按此键，光标向右或向前移动
		"↑"	按此键，光标向上或往回移动
		"↓"	按此键，光标向下或向前移动
11	翻页键	"↑ PAGE"	按此键，屏幕显示的页面向前翻一页
		"↓ PAGE"	按此键，屏幕显示的页面向后翻一页
12	分号键"EOB$_E$"		按此键，程序段结束并换行
13	输入缓冲区		当按下一个字母和数字键时，与此键相应的字符就立即被送入输入缓冲区。同时，输入缓冲区的内容显示在屏幕的底部。为了标记这是由键盘键入的数据，在该字符前面会显示一个符号">"，在输入数据的末尾显示一个闪烁的符号"_"，标记下一个输入字符的位置。 为了输入同一个键上右下方的字符，首先按下切换键"SHIFT"，然后按下需要输入的字符键即可。例如，要输入 D，首先按"SHIFT"键，然后按"H$_D$"键，缓冲区内就可显示字母 D。按一下取消键"CAN"，可取消缓冲区输入的最后一个字符或符号

2. 数控机床操作面板

数控机床操作面板大部分位于机床控制面板的下方，如图 1-12 所示，主要用于控制机床的运动状态，由模式选择开关、手脉倍率开关等多个部分组成，各主要按钮的功能介绍如下。

（1）模式选择开关。模式选择开关用于选择机床操作方式。在操作机床时必须选择与之对应的工作方式，否则机床不能工作。数控系统一般把机床的操作分为九种方式，即编辑、自动、手动数据输入、手轮、手动连续进给、快速、回零、纸带、示教。

（2）进给速度倍率。它有两种用途：在机床采用自动运行方式时，程序中用 F 给定进给速度，用此开关可以以 0%~150%的百分比修调在程序中给定的进给速度；在机床采用手动运行方式时，用此开关选择手动进给速度。

图 1-12 数控机床操作面板

（3）主轴转速倍率。采用自动或手动运行方式时，以 50%～120% 修调主轴转速。

（4）手轮轴选择。在手轮工作方式下，每次只能操纵一个轴运动，用此开关选择用手轮移动的轴。

（5）手脉倍率开关。将手脉倍率开关旋转到非"OFF"状态可以进入手轮进给方式，选择发生脉冲数的倍率，即手轮每转一格发生的脉冲数，一个脉冲当量为 0.001 mm。比如选"×100"挡，手轮转一格发生 100 个脉冲，刀具移动"100×0.001 mm"的距离。

（6）手摇脉冲发生器。当工作方式为手脉或手脉示教方式时，转动手脉，可以正方向或负方向进给各轴。

（7）"循环启动"/"进给保持"键。"循环启动"键在自动加工模式和 MDI 模式用来执行程序，"进给保持"键用来在程序执行过程中暂停刀具相对工件的进给运动。

（8）主轴旋转键。正转，即按下该键，主轴正转；停止，即按下该键，主轴停转；反转，即按下该键，主轴反转。

（9）系统"启停"按钮、"急停"按钮。系统"启停"按钮用来启动与关闭数控系统。红色"急停"按钮形状似蘑菇，右旋此按钮即弹起，急停功能关闭，按下此按钮即压入，急停功能打开。在程序运行过程中遇到紧急情况，按下"急停"按钮，机床立即停止运动。

（10）面板上的指示灯。

① 机床状态指示灯。电源灯：当电源开关闭合后，该灯亮。准备灯：当按下机床复位按钮后，机床无故障时灯亮。

② 报警指示灯。主轴灯：主轴报警指示。控制器灯：控制器报警指示。润滑灯：润滑泵液面低报警指示。

③ 回零指示灯。分别指示各轴回零结束，灯亮表示该轴刀具已回零。

二、数控铣床安全操作规程

数控铣床安全操作规程如下：

（1）数控铣床是一种精密的加工设备，对数控铣床的操作必须做到定人、定机、定岗。

(2) 操作者必须经过专业培训且能熟练操作,非专业人员勿动。

(3) 在操作前必须确认一切正常后,再装夹工件。

(4) 操作者必须熟悉铣床使用说明书和铣床的一般性能、结构,严禁超性能使用。

(5) 工作前穿戴好个人的防护用品,长发职工戴好工作帽,将头发压入帽内,切削时戴防护眼镜,严禁戴手套操作。

(6) 开机前要检查润滑油、冷却液是否充足,若发现不足,应及时补充。

(7) 打开数控铣床电器柜上的电器总开关。

(8) 按下数控铣床控制面板上的"ON"按钮,启动数控系统,等自检完毕后进行数控铣床的强电复位。

(9) 手动回零。先返回"+Z"方向,然后返回"+X"和"+Y"方向。

(10) 手动操作时,在 X 轴、Y 轴移动前,必须使 Z 轴处于安全位置,以免撞刀。

(11) 数控铣床出现报警时,要根据报警号,查找原因,及时排除警报。

(12) 更换刀具时应注意操作安全。在装入刀具时应将刀柄和刀具擦拭干净。

(13) 在自动运行程序前,必须认真检查程序,确保程序的正确性。在操作过程中必须集中注意力,谨慎操作。运行过程中,一旦发生问题,及时按下复位键。

(14) 加工完毕后,应把刀架停放在远离工件的换刀位置。

(15) 实训学生在操作时,旁观者禁止按控制面板上的任何按钮、旋钮,以免发生意外及事故。

(16) 严禁任意修改、删除机床参数。

(17) 生产过程中产生的废机油和切削油,要集中存放到废液标识桶中,倾倒过程中防止滴漏到废液标识桶外,严禁将废液倒入下水道,以防污染环境。

(18) 关机前,应使刀具处于安全位置,工作台停在中间位置,把工作台上的切屑清理干净,把机床擦拭干净。

(19) 关机时,先关闭系统电源,再关闭电器总开关。

(20) 做好铣床清扫工作,保持清洁,认真执行交接班手续,填好交接班记录。

任务实施

(1) 首先,指导教师对学生开展有关数控机床操作的安全文明生产教育,同时模拟现场各种不安全行为,讲解典型事故案例。其次,组织学生对此进行讨论,吸取案例中的经验教训。最后,进行笔试、口试,成绩合格后,方可进行下一步。

(2) 先由指导教师选取数控加工车间的一台数控铣床,简要说明其组成结构、每部分的作用及数控铣床加工零件的过程;再引导学生通过个人自学、小组讨论等方式,对本组负责的数控铣床的基本结构(包括性能参数、工艺范围等)、每个组成部分的具体作用及整个工作过程等进行学习,同时指导教师以随机提问等方式,检查学生的学习效果。

(3) 先由指导教师选取一台数控铣床,演示操作,介绍数控铣床系统面板和操作面板知识,再以小组为单位,学生逐个操作数控铣床和机床操作面板各按键,来熟悉各按键的名称和功能。

项目 1 平面零件的数控加工工艺设计与编程

（4）在上述工作过程中，通过自我评价、组内互评及教师点评，让每名学生发现不足、促进交流及共同提高。

任务小结

本任务主要介绍了数控机床基础知识和安全操作规程。在数控铣床操作中，学生往往没有安全意识或安全意识淡薄，安全知识缺乏且安全技能低下，多数情况下安全还停留在口头上，在设备使用中容易发生安全事故。在教学中必须坚持安全第一、预防为主、综合治理为辅的方针。在第一次数控铣床实践课上，必须对学生进行安全教育，学生应当认真学习数控铣床安全操作规程的相关知识，安全考试合格后方可进行实践操作。

了解数控机床的组成与分类，了解数控铣床/加工中心的结构与技术参数是数控铣床操作和机床选择的基础，熟悉数控铣床、机床操作面板是进行数控铣床操作的关键。因此，辨识数控铣床各组成部分的名称和作用，知道技术参数所代表的含义，熟悉面板各按键的名称和功能，是至关重要的。

任务 1.2 平面零件的数控加工工艺设计

任务描述

如图 1-13 所示为一模板零件，材料为 45 钢，数量为 5 件，毛坯尺寸为 95 mm×95 mm×25 mm，要求设计该零件的数控加工工艺。

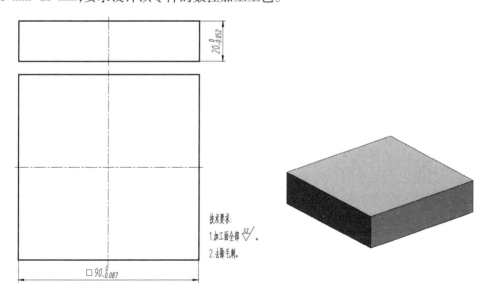

图 1-13 模板零件

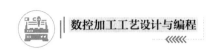

一、数控加工工艺基础

数控加工工艺是使用数控机床加工零件的一种工艺方法。

在数控机床加工中,无论是手动编程还是自动编程,在编程前都要对加工零件进行工艺设计,并把加工零件的全部工艺过程、工艺参数、刀具参数、切削用量及位移参数等编入程序中,以数字信息的形式存储在数控系统的存储器内,以此来控制数控机床进行加工。所以数控加工工艺设计是一项十分重要的工作,合格的程序员首先应是一个合格的工艺人员,否则难以做到全面周到地考虑零件加工的全过程,以及正确、合理地编制零件的数控程序。

(一) 数控加工工艺的特点及内容

1. 数控加工工艺的特点

数控加工工艺的内容十分明确且具体。数控加工程序是数控机床的指令性文件,数控机床受控于程序指令,加工的全部过程都是按程序指令自动进行的,而数控程序的编制基础是工艺设计。因此,工艺的内容要十分详细、具体,不仅要包括零件加工的工艺过程,还要包括刀具选择、切削用量、走刀路线及机床的运动过程等。

工艺设计相当准确而严密。数控机床虽然自动化程度较高,但自适应性较差。它不能根据加工过程中出现的问题,灵活适时地进行人为调节。即使现代数控机床在自适应性方面做了不少努力与改进,自由程度也不大。所以,在数控加工的工艺设计中必须注意加工过程的每一个细节,力求准确无误,使数控加工顺利进行。

编程尺寸的数学处理是数控加工工艺的又一显著特点。编程尺寸并不是零件图上基本尺寸的简单再现。编程前,要根据零件尺寸公差要求和零件形状的几何关系,对零件图进行数学处理和计算,合理确定编程尺寸。同时,在基本不改变零件原来性能的前提下,对零件的形状、尺寸、结构等做适用于数控加工的修改。

数控加工的工序相对集中。例如,采用镗铣加工中心加工,工件在一次装夹下能完成钻、铰、镗、攻螺纹等多种加工,因此数控加工工艺具有复合性,即数控加工工艺的工序把普通机床加工中工序集成了,这使加工所需的专用夹具数量大大减少,零件装夹次数和周转时间也大大减少,从而提高了加工精度和加工效率。

实践证明,数控加工中出现失误的主要原因多为工艺方面考虑不周和计算、编程粗心大意,编程人员除必须具备较扎实的工艺知识和较丰富的实际工作经验外,还必须具有耐心、细致的工作作风和高度的工作责任感。

2. 数控加工工艺的内容

数控机床加工与普通机床加工在方法和内容上既有相似之处,也有许多不同之处。其主要区别在控制方式上。以切削加工为例,用普通机床加工零件时,其工步的安排、机床运动的先后次序、位移量、走刀路线和切削参数的选择等,由操作者手工操作进行控制。用数控机床加工,则情况就完全不同了。在用数控机床加工零件之前,首先要把工步划分的顺序、走刀路线、位移量和切削参数等，用一定的编程语言编制成数控加工程序，然后将程序输入数控系统，控制伺服机构驱动机床运动，加工出所需要的零件。一般数控加工工艺主要包括以下几个方面的内容。

（1）分析零件工艺，包括选择、确定数控加工的内容。

（2）拟定工艺路线，包括选择定位基准、选择加工方法、划分工序及安排加工顺序等。

（3）设计加工工序，包括确定工序尺寸及公差，选择数控机床，选择夹具与刀具，设计走刀路线，确定切削用量、对刀点与换刀点，计算工时定额，等等。

（4）填写工艺文件。

（二）数控加工零件的工艺分析

数控加工零件的工艺分析涉及面很广，下面结合编程的可能性和方便性提出一些必须分析和审查的内容。

1. 尺寸标注应符合数控加工的特点

在数控编程中，所有点、线、面的尺寸和位置都是以编程原点为基准的。因此，零件图样上最好直接给出坐标尺寸，或尽量以同一基准标注尺寸。

2. 轮廓几何要素的条件应完整、准确

在程序编制中，编程人员必须充分掌握构成零件轮廓的几何要素参数及各几何要素间的关系。因为在自动编程时要对零件轮廓的所有几何元素进行定义，手工编程时要计算出每个基点的坐标，只要有一点不明确或不确定，编程都无法进行。但由于零件设计人员在设计过程中考虑不周，常常会出现参数不全或不清楚，如圆弧与直线、圆弧与圆弧是相切、相交还是相离。因此，在分析与审查图纸时，一定要仔细，发现问题及时与设计人员联系。

3. 几何类型和尺寸要统一

零件的内腔和外形最好采用统一的几何类型和尺寸，以减少刀具规格和换刀次数，提高加工效率。

4. 内槽圆角半径不应过小

内槽圆角半径的大小决定着刀具直径的大小，如果内槽圆角半径太小，则刀具刚度不足，影响表面加工质量，工艺性较差。因而，内槽圆角半径应大一些。如图1-14(a)所示，当工件的被加工轮廓高度H较小，圆角半径R较大时，则可采用直径较大、切削刃长度较小的立铣刀加工。这样刀具刚度好，加工内槽底面的走刀次数较少，表面质量也较好，因此，工艺性较好。反之，如图1-14(b)所示，加工工艺性较差。通常，当$R>0.2H$时，认为零件工艺性较好。

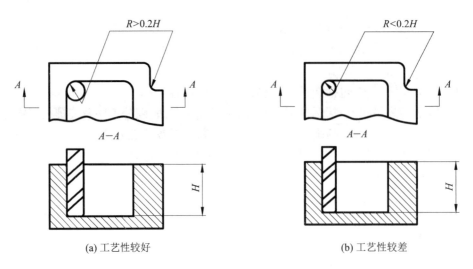

图 1-14 数控加工工艺性对比

5. 铣削零件的内槽底面时槽底圆角半径 r 不应过大

如图 1-15 所示,圆角半径 r 越大,铣刀端刃铣削平面的能力就越差,加工效率也越低。因为刀具铣削平面的有效直径 $d=D-2r$,当铣刀直径 D 一定时,r 越大,铣刀端刃铣削面积越小,工艺性就越差。

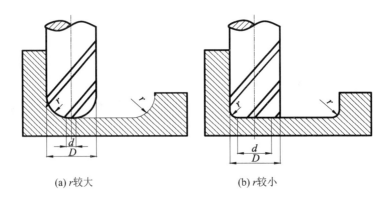

图 1-15 槽底圆角半径 r 对加工工艺的影响

(三) 数控加工的工艺路线设计

1. 加工方法的选择

加工方法的选择原则是保证加工表面的加工精度与表面粗糙度的要求。由于获得同样精度所用的加工方法有很多,因而在实际选择时,要结合零件的形状、尺寸大小、热处理要求等全面考虑。例如,对 IT17 级精度的孔采用镗削、铰削、磨削等加工方法均可达到要求,箱体上的孔一般采用镗削或铰削,而不宜采用磨削。一般小尺寸的箱体孔选择铰孔;当孔径较大时,则应选择镗孔。此外,还应考虑生产率和经济性的要求,以及生产设备等实际情况。通常,数控车床适合加工形状比较复杂的轴类零件和由复杂曲线回转形成的模具内型腔;立式数控铣床适合加工平面凸轮、样板、形状复杂的平面或立体零件,以及模具的内、外型腔等;卧式数控铣床则适合加工箱体、泵体和壳体类零件;多坐标联动的加工中心还可以用于加工各种复杂的曲线、曲面、叶轮和模具等。

零件上比较精确的表面的加工,常常是通过粗加工、半精加工和精加工逐步完成的。确定加工方案时,首先应根据主要表面的精度和表面粗糙度的要求,初步确定为达到这些要求所需的加工方法。常用加工方法的经济加工精度和表面粗糙度可查阅有关工艺手册。

2. 工序划分的原则与方法

(1) 工序划分的原则。工序划分的原则有工序集中原则和工序分散原则两种。

① 工序集中原则。工序集中原则是指每道工序包括尽可能多的加工内容,从而使工序的总数减少。采用工序集中原则的优点:有利于采用高效的专用设备和数控机床,提高生产效率;减少工序数目,缩短工艺路线,简化生产计划和生产组织工作;减少机床数量、操作工人数和占地面积;减少工件装夹次数,这不仅保证了各加工表面间的相互位置精度,而且减少了夹具数量和装夹工件的辅助时间。采用工序集中原则的缺点:专用设备和工艺装备投资大,调整维修比较麻烦,生产准备周期较长,不利于转产。

② 工序分散原则。将工件的加工分散在较多的工序内进行,每道工序的加工内容很少。采用工序分散原则的优点:加工设备和工艺装备结构简单,调整和维修方便,操作简单,转产容易;有利于选择合理的切削用量,缩短机动时间。采用工序分散原则的缺点:工艺路线较长,所需设备及工人人数多,占地面积大。

(2) 工序划分的方法。在数控机床上加工零件,应按工序集中原则划分工序,在一次安装下尽可能完成大部分甚至全部表面的加工。划分方法如下。

① 按所用刀具划分。以同一把刀具加工的那一部分工艺过程为一道工序。有些零件虽然能在一次安装中加工出很多待加工表面,但考虑到程序太长,会受到某些限制,如控制系统的限制(主要是内存容量的限制)、机床连续工作时间的限制(如一道工序在一个工作班内不能结束)等。这种方法适用于零件的待加工表面较多、机床连续工作时间较长、加工程序的编制和检查难度较大等情况。

② 按零件装夹定位方式划分。以一次装夹完成的加工内容作为一道工序。这种方法适合加工内容不多的工件,加工完成后就能达到待检状态。由于每个零件结构形状不同,各表面的技术要求也有所不同,故加工时其定位方式各有差异。一般在加工外形时,以内形定位;在加工内形时,则以外形定位。因而可根据定位方式的不同来划分工序。有同轴度要求的内外圆柱面或外圆和端面之间有垂直度要求的,尽可能在一次装夹中完成。

③ 按粗、精加工划分。根据零件的加工精度、刚度、变形等因素来划分工序时,可按粗、精加工分开的原则来划分工序,即先粗后精。这种划分方法适用于加工后变形较大,需粗、精加工分开的零件,如毛坯为铸件、焊接件或锻件类零件,粗加工后,应搁置一段时间使内应力部分释放或进行去应力退火后进行半精加工和精加工。如果工件刚性较好,或加工精度不高,可在一次装夹中完成粗加工、半精加工工序。

④ 按加工部位划分。以完成相同型面的那一部分工艺过程为一道工序,对于加工表面多而杂的零件,可按其结构特点(如内形、外形、曲面、平面等)划分成多道工序。

3. 加工工序的安排

零件的加工工序通常包括切削加工工序、热处理工序和辅助工序，工序的安排直接影响零件的加工质量、生产效率和加工成本。下面介绍切削加工工序的安排原则。

① 基面先行原则。要首先加工用作精基准的表面，因为定位基准的表面越精确，装夹误差就越小。例如，轴类零件顶尖孔的加工。

② 先粗后精原则。零件各表面的加工顺序按照先粗加工，再半精加工，最后精加工和光整加工的顺序依次进行，逐步提高表面的加工精度和减小表面粗糙度。

③ 先主后次原则。应先加工零件的装配基面和主要工作表面，穿插加工次要表面。由于次要表面加工工作量小，且又常与主要表面有位置精度要求，所以一般在主要表面半精加工之后、精加工之前进行。

④ 先面后孔原则。对于箱体、支架、底座等零件，应先加工用作定位的平面和孔的端面，再加工孔。这样可使工件定位夹紧可靠，有利于保证孔与平面的位置精度，减小刀具的磨损，特别是钻孔，孔的轴线不易偏斜。

在安排加工工序时还应注意下列问题：

① 上道工序的加工不能影响下道工序的定位与夹紧，中间穿插有通用机床加工工序的也要综合考虑。

② 以相同的定位和夹紧方式或同一把刀具加工的工序，最好连续进行，以减少重复定位与换刀引起的误差。

③ 在同一次安装中进行的多道工序，应先安排对工件刚性破坏较小的工序，确保工件在足够刚度条件下逐步加工完毕。

④ 先进行内形内腔加工工序，再进行外形加工工序。总之，工序的安排应根据零件的结构和毛坯状况，以及定位与夹紧的需要进行综合考虑。

（四）数控加工的工序设计

1. 零件的定位与数控夹具的选择

（1）定位与夹紧方案的选择。在数控机床上加工零件时，定位安装的基本原则与普通机床相同，也要合理选择定位基准和夹紧方案。为提高数控机床的效率，在确定定位基准与夹紧方案时应注意下列问题。

① 尽可能使设计基准、工艺基准与编程原点统一，以减少基准不重合误差和数控手动编程中的计算工作量。

② 减少装夹次数，尽可能在一次装夹后能加工出全部待加工表面。

③ 避免采用因人工装夹调整工件而占用机床时间长的装夹方案，以免影响加工效率。

④ 夹紧力的作用点应落在工件刚性较好的部位。

（2）选择夹具的基本要求。数控加工对夹具提出了两个基本要求：一是要保证夹具的坐标方向与机床的坐标方向相对固定；二是要能协调零件和机床坐标系的尺寸关系。除此之外，还要考虑以下几点。

① 单件小批量生产时优先选用组合夹具、可调夹具和其他通用夹具，以缩短生产准备时间和节省生产费用。在成批生产时，才考虑采用专用夹具，并力求结构简单。

② 零件的装卸要快速、方便、可靠,以缩短机床的停顿时间和辅助时间。

③ 夹具上各零部件应不妨碍机床对零件各表面的加工,其定位、夹紧机构元件不能影响加工中的走刀(如产生碰撞等)。

④ 为提高数控加工效率,批量较大的零件加工可采用气动或液压夹具、多工位夹具。

⑤ 为满足数控加工精度要求,夹具定位过程应尽可能快、夹具定位精度应尽可能高。

此外,为提高数控加工的效率,在成批生产中,还可采用多位、多件夹具。例如,在数控铣床或立式加工中心的工作台上,可安装一块与工作台大小一样的平板,既可用它作为大的基础板,也可将它作为多个中小工件的公共基础板,依次加工并排装夹的多个中小工件。

2. 工步顺序的安排和走刀路线的设计

数控机床采用工序集中的原则划分工序,这时工步的顺序就是工序分散时的顺序,可以按一般切削加工顺序安排的原则进行,即基面先行、先粗后精、先主后次、先面后孔等。

走刀路线是刀具在整个加工工序中相对于工件的运动轨迹和方向,也称为加工路线、进给路线,它不但包括了工步的内容,而且反映了工步的顺序。走刀路线是编写程序的重要依据之一,包括刀具切削加工的路径及切入、切出等非切削路径。

工步顺序的安排和走刀路线的设计主要遵循以下几个原则:

① 使工件表面获得所要求的加工精度和表面质量。例如,避免刀具从工件轮廓法线方向切入、切出及在工件轮廓处停刀,以防留下刀痕;先完成对刚性破坏小的工步,后完成对刚性破坏大的工步,以免工件刚性不足影响加工精度;等等。

② 尽量使进给路线最短,减少空进给时间,以提高加工效率。

③ 使数值计算容易,以减少数控编程中的计算工作量。

有关数控铣削、数控孔加工及数控车削的走刀路线设计详见各项目。

3. 刀具与切削用量的选择

对于数控机床加工来说,被加工材料、切削刀具、切削用量是三大要素。这些条件决定着加工时间、刀具寿命和加工质量。经济的、有效的加工方式,要求必须合理地选择切削条件。

(1) 刀具的选择。选择刀具通常要考虑数控机床的加工能力、工序内容和工件材料等因素。一般优先选用标准刀具,必要时也可采用各种高生产率的复合刀具和其他专用刀具。另外,应结合生产实际,尽可能选择各种先进刀具,如可转位机夹刀具、小直径整体硬质合金刀具、陶瓷刀具等。刀具的类型、规格和精度应符合加工要求,刀具材料应与工件材料相适应。数控加工不仅要求刀具的精度高、刚度好、耐用度高,而且要求尺寸稳定、安装调整方便。

(2) 切削用量的选择。切削用量主要包括背吃刀量、进给速度(进给量)和切削速度(主轴转速)。切削用量的大小直接影响机床性能、刀具磨损、加工质量和生产效率。数控加工中选择切削用量时,就是在保证加工质量和刀具耐用度的前提下,充分发挥机床性能和刀具切削性能,使切削效率最高,加工成本最低。

(3) 切削用量的选择原则。

① 粗加工时切削用量的选择原则。粗加工时切削用量的选择一般考虑以提高生产

效率为主,兼顾经济性。切削速度对刀具耐用度影响最大,切削深度对刀具耐用度影响最小。因此,选择粗加工的切削用量时,首先,选取一个尽可能大的背吃刀量;其次,要根据机床动力和刚性的限制条件等,选取尽可能大的进给速度;最后,根据刀具耐用度确定最佳的切削速度。

② 精加工时切削用量的选择原则。精加工时切削用量的选择要保证加工质量,兼顾生产效率和刀具寿命。首先,根据粗加工后的余量确定背吃刀量;其次,根据已加工表面的粗糙度要求,选取较小的进给速度;最后,在保证刀具耐用度的前提下,尽可能选取较高的切削速度。

编程人员在确定每道工序的切削用量时,应根据刀具的耐用度和机床说明书中的规定范围来选择,也可以结合实际经验用类比法确定切削用量。在选择切削用量时要充分保证刀具能加工完一个零件,或保证刀具耐用度不低于一个工作班的工作时间,最少不低于半个工作班的工作时间。

数控铣削加工和数控车削加工的切削用量的选择将在相应的项目中做具体介绍。

4. 对刀点、刀位点与换刀点的确定

(1) 对刀点。对刀点是指通过对刀确定刀具与工件相对位置的基准点。对于数控机床来说,在加工开始时,确定刀具与工件的相对位置是很重要的,这一相对位置是通过确认对刀点来实现的。对刀点可以设置在被加工零件上,也可以设置在夹具上与零件定位基准有一定尺寸联系的某一位置,有时对刀点就选择在零件的加工原点。对刀点的选择原则如下。

① 所选的对刀点应使程序编制简单。

② 对刀点应选择在容易找正、便于确定零件加工原点的位置。

③ 对刀点应选择在加工时检验方便、可靠的位置。

④ 对刀点的选择应有利于提高加工精度。

(2) 刀位点。刀位点是指刀具的定位基准点。在进行数控加工编程时,往往是将整个刀具浓缩为一个点,那就是刀位点。它是在刀具上用于表现刀具位置的点。一般来说,立铣刀、端铣刀的刀位点是刀具轴线与刀具底面的交点;球头铣刀的刀位点是球头的球心点或球头顶点;钻头的刀位点是钻尖或钻头底面中心;线切割的刀位点则是线电极的轴心与零件面的交点。常见刀具的刀位点如图 1-16 所示。

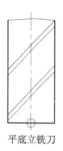 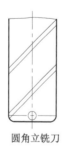  

平底立铣刀　　圆角立铣刀　　球头铣刀　　钻头

图 1-16　刀位点

在使用对刀点确定加工原点时,就需要进行"对刀"。所谓对刀,是指使刀位点与对刀点重合的操作。每把刀具的半径与长度尺寸都是不同的,刀具装在机床上后,应在控制系统中设置刀具的基本位置。

(3) 换刀点。换刀点可以是某一固定点(如加工中心,其换刀机械手的位置是固定的),也可以是任意的一点(如数控车床)。为防止换刀时碰伤零件及其他部件,换刀点常常设置在被加工零件或夹具的轮廓之外,并留有一定的安全间隙。

(五) 数控加工工艺文件的填写

将工艺设计的内容填入一定格式的卡中,即成为生产准备和工艺实施所依据的工艺文件。常见的数控加工工艺文件有数控加工工序卡和数控加工刀具卡,目前,它们还没有统一的标准格式,都是各个企业结合本单位实际自行确定的,其参考格式见各项目。另外,数控加工进给路线图和数控加工程序单也属于数控加工工艺文件。进给路线图主要反映数控加工过程中刀具运动的轨迹,其作用一方面方便编程人员编程;另一方面可帮助操作人员了解刀具的进给运动轨迹,了解刀具从哪里下刀、在哪里抬刀、哪里是斜下刀等,以便确定工件装夹位置和夹紧元件的高度。

(六) 数控编程中的数值计算

编程时的数学处理就是根据零件图样,按照已设计的加工路线和编程误差,计算出编程时所需数据的过程。其中,主要计算零件轮廓或刀位点的基点和节点坐标。

1. 基点和节点坐标的计算

零件的轮廓是由直线、圆弧、二次曲线等几何要素组成的,各几何要素之间的连接点称为基点。例如,两直线的交点,直线与圆弧、圆弧与圆弧的交点或切点,圆弧与其他二次曲线的交点或切点,等等。如图 1-17 所示,A、B、C、D、E 是基点,它们的坐标值是编程中必需的重要数据。

如果零件的轮廓是由直线和圆弧以外的其他曲线构成的,而数控系统又不具备该曲线的插补功能,就需要进行一定的数学处理。数学处理的方法是:将构成零件的轮廓曲线,按系统插补功能的要求,在允许的编程误差下,用若干直线段或圆弧段去逼近零件轮廓非圆曲线,这些逼近线段与被加工曲线的交点或切点被称为节点。如图 1-18 所示,对图中曲线用直线逼近时,其交点 P_1,P_2,P_3,$\cdots$,P_{11} 即为节点。

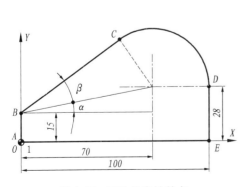

图 1-17 零件轮廓的基点

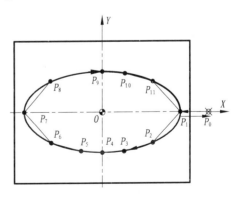

图 1-18 零件轮廓的节点

在编程时,一般按节点划分程序段,节点的多少是由逼近线段的数目决定的。逼近线段的近似区间越大,则节点数越少,程序段也会越少,但逼近误差 δ 应小于或等于编程允许误差 $\delta_允$。考虑到工艺系统及计算误差的因素,一般取编程允许误差 $\delta_允$ 为零件公差的 $1/5 \sim 1/10$。

2. 刀位点轨迹的计算

零件图上的数据是按零件轮廓尺寸给出的,加工时刀具是按刀位点轨迹运动的,零件的轮廓形状是由刀具切削刃进行切削形成的。对于具有刀具半径补偿功能的数控机床而言,只要在编写程序时,在程序的适当位置写入建立刀具补偿的有关指令,就可以保证在加工过程中,使刀位点按一定的规则自动偏离编程轨迹,达到正确加工的目的。这时可直接按零件轮廓的形状,计算各基点和节点坐标,并作为编程时的坐标数据。

对于没有刀具半径补偿功能的数控机床,编程时,须按刀具的刀位点轨迹计算基点和节点坐标值,作为编程时的坐标数据,按零件轮廓的等距线编程。

3. 辅助计算

辅助计算包括增量坐标计算和辅助程序段的数值计算。增量坐标计算是指用增量坐标编程时,将绝对坐标数据转换成增量坐标数据的计算。有时,在增量坐标系或绝对坐标系中,某些数据要求以增量方式输入时,也要进行由绝对坐标数据向增量坐标数据的转换。辅助程序段是指刀具从对刀点到切入点或从切出点回到对刀点而特意安排的程序段。因此,也需要对该辅助程序段刀位点轨迹坐标进行数值计算。

二、平面的数控铣削工艺

数控铣床/加工中心可以对工件进行铣、钻、扩、铰、锪、镗、攻螺纹等加工。其加工对象主要是:平面类零件(加工面与水平面的夹角为定角的零件,如盘、套、板类零件);变斜角类零件(加工面与水平面的夹角呈连续变化的零件);箱体类零件;复杂曲面(凸轮、整体叶轮、模具类、球面等);异形件(外形不规则,大都需要点、线、面多工位混合加工)。下面主要介绍平面的数控铣削工艺。

平面的数控铣削工艺

(一) 平面加工方法的选择

平面铣削是最常用的铣削类型,用于铣削与刀具平行的平面。经粗铣的平面,尺寸精度可达 IT10~IT12,表面粗糙度可达 $6.3 \sim 25~\mu m$;经粗铣→精铣或粗铣→半精铣→精铣的平面,尺寸精度可达 IT7~IT9,表面粗糙度可达 $1.6 \sim 6.3~\mu m$。需要注意的是,当零件表面粗糙度要求较高时,应采用顺铣方式,因为顺铣的工艺性优于逆铣的工艺性。

(二) 平面铣削的刀具选择

平面铣削加工一般采用面铣刀和立铣刀,分别如图1-19和图1-20所示。铣削较大平面或单次走刀时选择面铣刀,铣削较小平面时可选立铣刀。面铣刀主要用于立式数控铣床上加工平面、台阶面等。面铣刀的圆周表面和端面上都有切削刃,多制成套式镶齿结构,刀齿为高速钢或硬质合金,刀体为40 Cr。

高速钢面铣刀按国家标准规定,直径范围为80~250 mm,螺旋角为10°,刀齿数为 10~26。

硬质合金面铣刀与高速钢面铣刀相比,铣削速度较高,加工效率高,加工表面质量也较高,并可加工带有硬皮和淬硬层的工件,故得到广泛应用。目前广泛应用的可转位式硬质合金面铣刀结构如图 1-19 所示。它将可转位刀片通过夹紧元件夹固在刀体上,当刀片的一个切削刃用钝后,可直接在机床上将刀片转位或更换新刀片。可转位式铣刀要求刀片定位精度高、夹紧可靠、排屑容易、更换刀片迅速等,同时各定位、夹紧元件通用性要好,制造要方便,并且应经久耐用。

面铣刀的基本参数包括切削直径 D 及附属的基本参数,如主偏角(典型值为 10°、45°、90°)、最大背吃刀量和齿数等,标准可转位面铣刀的切削直径范围为 16~630 mm,常见的直径规格有 $\phi50$ mm、$\phi63$ mm、$\phi80$ mm、$\phi100$ mm、$\phi125$ mm、$\phi160$ mm、$\phi250$ mm 等。面铣刀的刀片选择涉及刀片材料、刀片形状、刀尖形状及前刀面形状(如断屑槽)等内容,相关内容见刀具手册或刀具样本。

面铣刀铣削平面一般采用先粗铣后精铣的加工方案。粗铣时沿工件表面连续走刀,应选好每一次走刀宽度和铣刀直径,使接刀痕不影响精铣加工精度,当加工余量大且不均匀时铣刀直径要选小一些。精铣时铣刀直径要大一些,最好能包容加工面的整个宽度,一般来说,面铣刀的直径应比切削宽度大 20%~50%。

图 1-19 可转位式硬质合金面铣刀

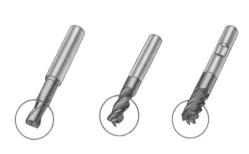

图 1-20 立铣刀

(三) 平面加工的走刀路线

1. 单次平面铣削的走刀路线

单次平面铣削选用面铣刀,路线可根据面铣刀进入材料时的铣刀切入角来做相应的调整。

面铣刀的切入角由刀具刀心位置相对于工件边缘的位置决定。当刀心位置在工件内时(但不与工件中心重合),切入角为负,如图 1-21(a)所示;当刀心位置在工件外时,切入角为正,如图 1-21(b)所示;当刀心位置与工件边缘线重合时,切入角为零。

(1) 如果工件铣削只需一次走刀,应该避免刀心轨迹与工件中心线重合。刀具中心处于工件中间位置时将会引起颤动,从而导致加工质量较差。因此,刀具轨迹应偏离工件中心线。

(2) 当刀心轨迹与工件边缘线重合时,切削镶刀片进入工件材料时的冲击力最大,这是最不利于刀具加工的情况。因此,应该避免刀具中心线与工件边缘线重合。

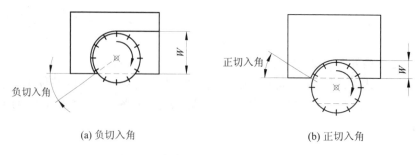

图 1-21 切削切入角（W 为切削宽度）

（3）如果切入角为正，刚切入工件时，刀片相对于工件材料的冲击速度大，引起的碰撞力也较大。正切入角容易使刀具破损或产生缺口，所以在拟定刀心轨迹时，应避免刀心在工件之外。

（4）如果切入角为负，已切入工件材料镶刀片承受的切削力较大，而刚切入（撞入）工件的刀片受力较小，引起的碰撞力也较小，从而可延长镶刀片的寿命，且引起的振动也会小一些。

因此，首选负切入角切入。通常尽量让面铣刀中心在工件区域内，这样就可确保切入角为负，且工件只需一次切削时避免刀具中心线与工件中心线重合。比较如图 1-22 所示的两个刀路，虽然都使用负切入角，但图 1-22(a) 中面铣刀整个宽度全部参与铣削，刀具容易磨损；图 1-22(b) 所示的走刀路线是正确的。

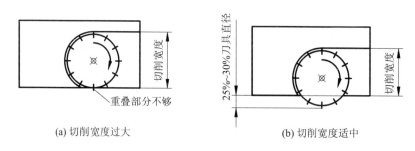

图 1-22 负切入角的两种走刀路线的比较

2. 多次平面铣削的走刀路线

铣削大面积工件平面时，铣刀往往不能一次切除所有材料，因此，在工件同一深度需要多次走刀。分多次铣削的刀路有多种，每一种方法在特定环境下具有各自的优点。最为常见的方法为同一深度的单向多次铣削和双向多次铣削，如图 1-23 所示。

如图 1-23(a) 和图 1-23(b) 所示，单向多次切削时，切削起点在工件的同一侧，另一侧为终点的位置，每完成一次切削后，刀具从工件上方回到切削起点的一侧，这是平面铣削中常见的方法，频繁、快速返回运动导致效率降低，但这种走刀路线能保证面铣刀的切削总是顺铣。

如图 1-23(c) 和图 1-23(d) 所示，双向多次切削也称为 Z 形切削，此种方式也很常用。它的效率比单向多次切削要高，但铣削中顺铣、逆铣交替，从而在精铣平面时影响加工质量，因此对平面质量要求高的平面精铣通常并不使用这种走刀路线。

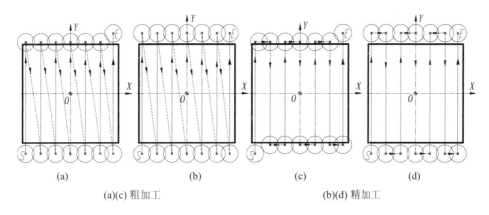

(a)(c) 粗加工　　　　　　　　　　　(b)(d) 精加工

图 1-23　平面铣削的多次走刀路线

不管使用哪种切削方法,起点 S、终点 E 与工件都应有安全间隙,以确保刀具安全和加工质量。

一、零件图工艺分析

本零件属于板类零件,尺寸标注完整、清楚,6 个平面有一定的加工精度要求,经查表,尺寸公差等级均为 IT9 级,所有平面的表面粗糙度均为 3.2。由此可知,该零件工艺性良好。

二、平面零件的工艺设计

（一）确定生产类型

零件数量为 5 件,属于单件小批量生产。

（二）设计工艺路线

1. 确定工件的定位基准

铣削顶面,以毛坯工件底面和后侧面为粗基准,底面限制 3 个自由度,后侧面限制 2 个自由度,为不完全约束,满足定位要求,不完全定位是允许的。

铣削前侧面,以已加工的工件顶面和未加工的后侧面为基准,工件顶面与固定钳口接触,后侧面与钳口底面或底面上的垫块接触,共限制 5 个自由度,保证顶面与前侧面垂直。

铣削后侧面,以已加工的顶面和前侧面为精基准,工件顶面与固定钳口接触,前侧面与钳口底面或底面上的垫块接触,共限制 5 个自由度,保证后侧面与前侧面平行,与顶面垂直,控制宽度方向的尺寸。

铣削底面,以已加工的顶面和前侧面为精基准,工件顶面与钳口底面或底面上的垫块接触,前侧面与固定钳口接触,共限制 5 个自由度,保证底面与顶面平行,与前侧面垂直,控制高度尺寸。

铣削左侧面,以已加工的顶面和前侧面为基准,工件顶面与固定钳口接触,通过刀口

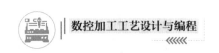

尺使前侧面垂直定位,共限制 5 个自由度,可保证左侧面与底面、顶面、前侧面、后侧面垂直。

铣削右侧面,以已加工的顶面和左侧面为基准,工件顶面与固定钳口接触,左侧面与钳口底面或底面上的垫块接触,共限制 5 个自由度,可保证右侧面与底面、顶面、前侧面、后侧面垂直,与左侧面平行,并控制长度尺寸。

上面的平面加工均是端铣。此外,左、右侧面也可采用侧铣,采用侧铣的定位基准选择如下。

铣削左侧面,以已加工的顶面和前侧面为基准,工件顶面与钳口底面或底面上的垫块接触,前侧面与固定钳口接触,共限制 5 个自由度,工件左侧面露出钳口左侧面,可保证左侧面与底面、顶面、前侧面、后侧面垂直。

铣削右侧面,以已加工的顶面和前侧面为基准,工件顶面与钳口底面或底面上的垫块接触,前侧面与固定钳口接触,共限制 5 个自由度,工件右侧面露出钳口右侧面,共限制 5 个自由度,可保证右侧面与底面、顶面、前侧面、后侧面垂直,与左侧面平行,并控制长度尺寸。

2. 选择加工方法

该零件的加工表面为 6 个平面,有尺寸精度和粗糙度要求,加工平面采用的方法为先粗铣后精铣。

3. 确定工艺过程

工序 1:按 95 mm×95 mm×25 mm 下料。

工序 2:数控铣削工件 6 个平面。

工序 3:去毛刺,检验。

(三) 设计数控铣削加工工序

1. 选择加工设备

选择南通机床厂生产的 VM600 型数控铣床,数控系统为 FANUC 0i。

2. 选择工艺装备

(1) 夹具选择。该零件为规则长方体,单件小批量生产,故选用平口钳装夹。

(2) 刀具选择。考虑到本零件平面较小,故选择直径为 16 mm 的高速钢立铣刀。

(3) 量具选择。根据工件尺寸,选择量程为 150 mm、分度值为 0.02 mm 的游标卡尺。

3. 确定工步

工步 1:粗、精加工顶面。

工步 2:粗、精加工前侧面。

工步 3:粗、精加工后侧面。

工步 4:粗、精加工底面。

工步 5:粗、精加工左侧面。

工步 6:粗、精加工右侧面。

(四) 确定切削用量

精加工余量留 0.3 mm,根据计算和加工经验,切削用量确定如下:粗铣平面时,背吃刀量 a_p 取 2.2 mm,主轴转速 S 取 400 r/min,进给速度 F 取 100 mm/min。精铣平面时,背吃刀量 a_p 取 0.3 mm,主轴转速 S 取 600 r/min,进给速度 F 取 60 mm/min。

(五)填写工艺文件

填好的数控加工工序卡见表1-4,数控加工刀具卡见表1-5。

表1-4 数控加工工序卡

××学院	数控加工工序卡		产品名称或代号		零件名称	材料	零件图号
					平面零件	45钢	M01
工序号	程序号	夹具名称	夹具编号		加工设备	数控系统	车间
1	O1001	平口钳	MJ01		VM600	FANUC 0i	数控车间
工步号	工步内容		刀具号	刀具名称、规格	主轴转速 $S/(\text{r/min})$	进给速度 $F/(\text{mm/min})$	背吃刀量 a_p/mm	量具
1	顶面粗加工		T01	立铣刀 ϕ16 mm	400	100	2.2	
2	顶面精加工		T01	立铣刀 ϕ16 mm	600	60	0.3	
3	前侧面粗加工		T01	立铣刀 ϕ16 mm	400	100	2.2	
4	前侧面精加工		T01	立铣刀 ϕ16 mm	600	60	0.3	
5	后侧面粗加工		T01	立铣刀 ϕ16 mm	400	100	2.2	游标卡尺 0~150 mm
6	后侧面精加工		T01	立铣刀 ϕ16 mm	600	60	0.3	
7	底面粗加工		T01	立铣刀 ϕ16 mm	400	100	2.2	游标卡尺 0~150 mm
8	底面精加工		T01	立铣刀 ϕ16 mm	600	60	0.3	
9	左侧面粗加工		T01	立铣刀 ϕ16 mm	400	100	2.2	
10	左侧面精加工		T01	立铣刀 ϕ16 mm	600	60	0.3	
11	右侧面粗加工		T01	立铣刀 ϕ16 mm	400	100	2.2	游标卡尺 0~150 mm
12	右侧面精加工		T01	立铣刀 ϕ16 mm	600	60	0.3	
编制	日期	审核	日期	批准	日期	共1页	第1页

表1-5 数控加工刀具卡

零件名称	零件图号	数控加工刀具卡		程序号	车间	加工设备
模板	M01			O1001	数控车间	VM600
工步号	刀具号	刀具名称、规格	数量	刀补地址、补偿量/mm		加工部位	备注
				半径	长度		
1-12	T01	立铣刀 ϕ16 mm	1		H01	6个平面	刀心编程
编制	日期	审核	日期	批准	日期	共1页	第1页

任务小结

平面加工是数控铣削工艺中最为常见的加工内容之一,首先,掌握数控加工工艺的基础知识,如数控加工工艺的内容及特点、零件工艺分析、工序的划分、加工顺序的安排、夹具的选择、刀具与切削用量的选择等;其次,掌握平面加工的走刀路线设计方法,尤其是下刀点的合理确定,通过完成平面零件的工艺设计,来掌握平面的数控铣削工艺设计方法。

任务 1.3 平面零件的数控程序编制

任务描述

根据任务 1.2 所设计的平面零件数控加工工艺,完成该平面零件的数控程序编制。

知识准备

一、数控编程的概念、步骤和方法

（一）数控编程的概念

数控机床之所以能加工出不同形状、不同尺寸和精度的零件,是因为有编程人员为它编制不同的数控程序。所以说数控编程工作是数控机床使用中最重要的一环,对于产品质量控制有着重要的作用。数控编程涉及机械制造技术、计算机技术、数学等众多知识。

数控编程的步骤和方法

在数控编程以前,首先,对零件图纸规定的技术要求、几何形状、加工内容、加工精度等进行分析。在分析的基础上确定加工方案、加工路线、对刀点、刀具和切削用量等。其次,进行必要的坐标计算。最后,在完成工艺分析并获得坐标的基础上,将确定的工艺过程、工艺参数、刀具位移量与方向及其他辅助动作,按走刀路线和所用数控系统规定的指令代码及程序格式编制出程序单,通过 MDI、RS-232C、CF 卡、DNC 接口等多种方式输入数控系统,以控制机床自动加工。这种从分析零件图纸开始,到获得数控机床所需的数控加工程序的全过程叫作数控编程。

（二）数控编程的步骤

数控编程的步骤如图 1-24 所示。具体步骤与要求如下。

1. 分析零件图纸

拿到零件图纸后,先要进行数控加工工艺分析,然后根据零件的材料、毛坯种类、形状、尺寸、精度、表面质量和热处理要求确定合理的工艺方案,并选择合适的数控机床。

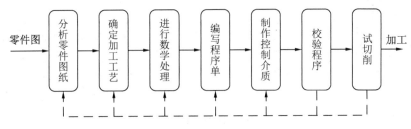

图 1-24　数控编程的步骤

2. 确定加工工艺

（1）加工方法和工艺路线的确定。按照能充分发挥数控机床功能的原则，确定合理的加工方法和工艺路线。

（2）刀具、夹具的设计和选择。确定数控加工刀具时要综合考虑加工方法、切削用量、工件材料等因素，以满足调整方便、刚性好、精度高、耐用度好等要求。设计和选择数控加工夹具时，应能迅速完成工件的定位和夹紧过程，以减少辅助时间，并尽量使用组合夹具，以缩短生产准备周期。此外，所用夹具应易于安装在机床上，便于协调工件和机床坐标系的尺寸关系。

（3）对刀点的选择。对刀点是程序执行的起点，选择时应以简化程序编制、容易找正、在加工过程中便于检查、减小加工误差为原则。

对刀点可以设置在被加工工件上，也可以设置在夹具或机床上。为了提高零件的加工精度，对刀点应尽量设置在零件的设计基准或工艺基准上。

（4）走刀路线的确定。确定走刀路线时要保证被加工零件的精度和表面粗糙度的要求；尽量缩短走刀路线，减少空走刀行程；有利于简化数值计算，减少程序段的数目和编程工作量。

（5）切削用量的确定。切削用量包括切削深度、主轴转速及进给速度。切削用量的具体数值应根据数控机床使用说明书的规定、被加工工件材料、加工内容及其他工艺要求，并结合经验数据综合考虑。

3. 进行数学处理

数学处理就是根据零件的几何尺寸和确定的加工路线，计算数控加工所需的输入数据。一般数控系统都具有直线插补、圆弧插补和刀具补偿功能。因此，对于加工由直线和圆弧组成的较简单的二维轮廓零件，只需计算出零件轮廓上相邻几何元素的交点或切点（称为基点）坐标值。对于较复杂的零件或零件的几何形状与数控系统的插补功能不一致时，就需要进行较复杂的数值计算。例如，对于非圆曲线，需要用直线段或圆弧段做逼近处理，在满足精度的条件下，计算出相邻逼近线段或圆弧的交点或切点（称为节点）坐标值。对于自由曲线、自由曲面和组合曲面的程序编制，其数学处理更为复杂，一般须通过自动编程软件进行拟合和逼近处理，最终获得直线或圆弧坐标值。

4. 编写程序单

在完成工艺设计和数学处理工作后，应根据所使用机床的数控系统的指令、程序段格式，逐段编制零件加工程序。编程前，编程人员要了解数控机床的性能、功能及程序指令，从而编制出正确的数控加工程序。

5. 制作控制介质

程序编完后,需制作控制介质,作为数控系统输入信息的载体。目前主要有磁盘、U盘、移动硬盘等。早期使用的穿孔纸带、磁带等,现已基本被淘汰。数控加工程序还可直接通过数控系统操作键盘手动输入存储器,或通过 RS-232C、DNC 接口输入。

6. 校验程序和试切削

数控加工程序一般应经过程序校验和试切削才能用于正式加工。通常采用空走刀、空运转画图等方式以检查机床运动轨迹与动作的正确性。在具有图形显示功能和动态模拟功能的数控机床上或 CAD/CAM 软件中,用图形模拟刀具切削工件的方法进行检验更为方便。但这些方法只能检验出运动轨迹是否正确,不能检查被加工零件的加工精度。因此,在正式加工前一般还需要进行零件的试切削。当发现有加工误差时,应分析误差产生的原因,及时采取措施加以纠正。

(三) 数控编程的方法

数控编程的方法主要分为手动编程和自动编程两大类。

1. 手动编程

手动编程是指由人工完成数控编程的全部工作,包括零件图纸分析、加工工艺设计、数学处理、程序编制等。对于几何形状或加工内容比较简单的零件,数值计算也较简单,程序段不多,采用手动编程较容易完成。因此,在点位加工或由直线与圆弧组成的二维轮廓加工中,手动编程仍广泛使用。但对于形状复杂的零件,特别是具有非圆曲线、列表曲线或列表曲面的零件,用手动编程困难较大,出错的可能性增大,效率低,有时甚至无法编出程序。因此,必须采用自动编程方法编制数控程序。

2. 自动编程

自动编程是指由计算机来完成数控编程的大部分或全部工作,如数学处理、加工仿真、数控程序生成等。自动编程方法减轻了编程人员的劳动强度,缩短了编程时间,提高了编程质量,同时解决了手动编程无法解决的复杂零件的编程难题,也利于与 CAD 的集成。工件表面形状愈复杂,工艺过程愈烦琐,自动编程的优势就愈明显。

自动编程方法种类很多,发展也很迅速。根据信息输入方式及处理方式的不同,主要分为语言编程、图形交互式编程等。语言编程以数控语言为基础,需要编写包含几何定义语句、刀具运动语句、后置处理语句的"零件源程序",经编译处理后生成数控加工程序。这是数控机床出现早期普遍采用的编程方法。图形交互式编程是基于某一 CAD/CAM 软件或 CAM 软件,人机交互完成加工图形定义、工艺参数设定,后经软件自动处理,生成刀具轨迹和数控加工程序。图形交互式编程是目前最常用的方法之一。

二、数控机床的坐标系统

数控机床的坐标系统包括坐标系、坐标原点和运动方向,对于数控机床编程与操作,这是十分重要的知识。数控工艺员和数控机床操作者,都必须对数控机床的坐标系有一个完整、正确的理解;否则,编制程序时将发生混乱,操作时更容易发生事故。机床的运动形式多种多样,为了描述刀具与零件的相对运动、简化编程,我国已根据国际标准化组织(ISO)统

数控机床的坐标系

一规定了数控机床坐标轴的代码及其运动方向。

1. 坐标系建立的原则

数控机床坐标系是为了确定工件在机床中的位置、机床运动部件的特殊位置(如换刀点、参考点等)及运动范围(如行程范围)等而建立的几何坐标系。

（1）刀具相对于静止的零件而运动的原则。由于机床的结构不同,有的是刀具运动,零件固定;有的是刀具固定,零件运动;等等。为了编程方便,一律规定为刀具运动,零件固定。

（2）标准坐标系采用右手直角笛卡儿坐标系。大拇指指向 X 轴的正方向,食指指向 Y 轴的正方向,中指指向 Z 轴的正方向。

（3）刀具与工件之间的距离增大的方向为坐标轴的正方向。

2. 坐标系的建立

数控机床的坐标系采用右手直角笛卡儿坐标系,如图 1-25(a)所示。它规定直角坐标 X、Y、Z 三轴正方向用右手定则判定,围绕 X、Y、Z 各轴的回转运动及其正方向$+A$、$+B$、$+C$用右手螺旋定则判定。与$+X$、$+Y$、$+Z$,$+A$、$+B$、$+C$ 相反的方向相应用带"'"的$+X'$、$+Y'$、$+Z'$,$+A'$、$+B'$、$+C'$表示。图 1-25(b)所示为立式铣床坐标系。

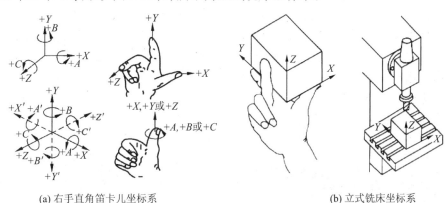

(a) 右手直角笛卡儿坐标系　　　　　　　　(b) 立式铣床坐标系

图 1-25　数控机床的坐标系

对机床的具体结构,无论是工作台静止、刀具运动,还是工作台运动、刀具静止,我们均假设工作台静止、刀具运动,即数控机床的坐标运动指的是刀具相对于工件的运动。

ISO 对数控机床的坐标轴及其运动方向均有一定的规定,图 1-26 描述了三坐标数控镗铣床(或加工中心)的坐标轴及其运动方向。

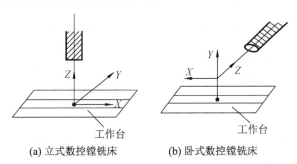

(a) 立式数控镗铣床　　　(b) 卧式数控镗铣床

图 1-26　数控镗铣床的坐标轴及其运动方向

Z 轴为平行于机床主轴的坐标轴,如果机床有一系列主轴,则选尽可能垂直于工件装夹面的主轴为 Z 轴,其正方向定义为从工作台到刀具夹持的方向,即刀具远离工作台的运动方向。

X 轴为水平的、平行于工件装夹平面的坐标轴,它平行于主要的切削方向,且以此方向为正方向。Y 轴的正方向则根据 X 和 Z 轴按右手定则确定。

旋转坐标轴 A、B 和 C 的正方向相应地在 X、Y、Z 坐标轴正方向上,按右手螺旋前进的方向来确定。有关附加直线轴和附加旋转轴,ISO 均有相应的规定,读者可查阅相关参考资料。

3. 附加运动坐标

一般我们称 X、Y、Z 为主坐标或第一坐标,如有平行于第一坐标的第二组和第三组坐标,则分别指定为 U、V、W 和 P、Q、R。

4. 机床原点与机床坐标系

现代数控机床一般都有一个基准位置,称为机床原点,机床原点是机床制造商设置在机床上的一个定义点,与机床参考点重合或不重合,其作用都是使机床与控制系统同步,建立测量机床运动坐标的起始点。机床坐标系建立在机床原点之上,是机床上固有的坐标系。机床坐标系的原点位置在各坐标轴的正向最大极限处,用 M 表示,如图1-27所示。

与机床原点相对应的还有一个机床参考点,用 R 表示,如图1-28所示,它是机床制造商在机床上用行程开关设置的一个物理位置,与机床原点的相对位置是固定的,由机床制造商在机床出厂之前精密测量确定。机床参考点一般不同于机床原点。一般来说,加工中心的参考点为机床的自动换刀位置。

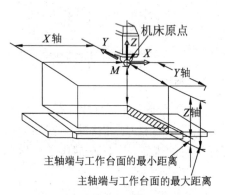

图1-27 立式铣床的机床原点

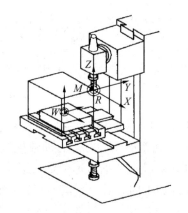

图1-28 机床参考点与工件原点的关系

5. 编程原点与工件坐标系

对于数控编程来说,还有一个重要的原点就是编程原点,编程原点是编程人员在数控编程过程中定义在工件上的几何基准点,也称为工件原点。编程时一般选择工件上的某一点作为编程原点,并以这个原点作为坐标系的原点,建立一个新的坐标系,称为工件坐标系(编程坐标系),工件坐标系也遵循右手定则和右手螺旋定则,与机床坐标系相比仅仅是原点位置不同。

三、数控程序的格式与指令

(一) 数控程序的格式

1. 数控程序的组成

一个完整的数控程序由程序名、程序主体和程序结束符组成,程序主体又由若干程序段组成。例如,某正方形凸台数控程序如表1-6所示。

程序的格式与指令(1)　程序的格式与指令(2)

其中"O0001"是整个程序的程序名,也叫程序号,由地址码O和4位数字组成,数字范围为0000~9999。每一个独立的程序都应有程序号,作为识别、调用该程序的标志。

不同的数控系统,程序号地址码可不相同。如FANUC系统用"O",西门子系统用"%"。编程时应根据数控系统说明书的规定使用,否则系统将不识别。

每个程序段以程序段号"N××××"开头,用";"表示程序段结束(有的系统用LF、CR等符号表示),每个程序段中有若干个指令字,每个指令字表示一种功能,所以也称功能字。功能字的开头是英文字母,其后是数字,如G90、G01、X100等。一个程序段表示一个完整的加工工步或加工动作。

一个程序长度的最大值取决于数控系统中零件程序存储区的容量。现代数控系统的存储区容量已足够大,一般情况下已足够使用。一个程序段的字符数也有一定的限制,如某些数控系统规定一个程序段的字符数不大于90个,一旦大于限定的字符数时,则把它分成两个或多个程序段。

表1-6　正方形凸台数控程序

程序段	程序说明	程序的组成
O0001;	加工方形凸台轮廓	程序名
N1 G91 G28 Z0;	刀具从当前点Z轴回零(回参考点)	程序主体(由程序段组成,程序段由指令字组成,每个指令字由字母、数字、符号组成)
N2 G17 G21 G40 G49 G80;	程序初始化	
N3 G90 G00 G54 X0 Y-55 S400 M03;	建立工件坐标系,刀具在XY平面内快速运动到下刀点,设置主轴转速为400 r/min,正转	
N4 Z50;	刀具快速运动至Z50	
N5 /M08;	开冷却液	
N6 Z5;	刀具快速至Z5	
N7 G01 Z-4 F50;	刀具沿Z轴切削进给到切削深度	
N8 G01 G41 Y-40 D01 F80;	刀具从下刀点至切削起点以G01方式建立刀具半径补偿	
N9 G01 X-40 F80;	执行刀具半径补偿,沿轮廓走刀路线进行加工	
N10 Y40;		
N11 X40;		
N12 Y-40;		
N13 X0;		

续表

程序段	程序说明	程序的组成
N14 G40 G01 Y-55 F500;	刀具从切削终点至起始点以 G01 方式取消刀具半径补偿	
N15 G00 Z50;	刀具抬刀至 Z50	
N16 /M09	关冷却液	
N17 M05;	主轴停转	
N18 G00 Z200;	刀具沿 Z 轴快速运动至安全位置,如 Z200	
N19 M30;	程序结束	程序结束符

2. 程序段格式

程序段格式是指一个程序段中指令字的排列顺序和表达方式。目前数控系统广泛采用的是字地址程序段格式。

字地址程序段格式由一系列指令字(或称功能字)组成,程序段的长短、指令字的数量都是可变的,对指令字的排列顺序也没有严格要求。各指令字可根据需要选用,不需要的指令字及与上一程序段相同的续效指令字可以不写。这种格式的优点是程序简短、直观、可读性强、易于检验、修改。字地址程序段的一般格式如图 1-29 所示。

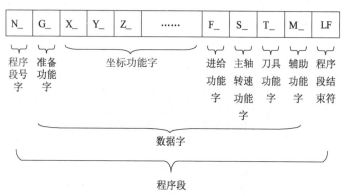

N—程序段号字;G—准备功能字;X、Y、Z—坐标功能字;F—进给功能字;S—主轴转速功能字;T—刀具功能字;M—辅助功能字;LF—程序段结束符,FANUC 0i 系统结束符为分号";"(EOB)。

图 1-29 程序段格式

程序段也可以认为由程序字组成,程序字由地址和数字组成,地址由字母表示。常用地址码及其含义见表 1-7。

表 1-7 常用地址码及其含义

功　能	地址码	说　明
程序号	O、P	程序编号,子程序号的指定
程序段号	N	程序段顺序号
准备功能	G	指令动作的方式

续表

功　能	地址码	说　明
坐标尺寸字	X、Y、Z、U、V、W、P、Q、R	直线坐标轴
	A、B、C、D、E	旋转坐标轴
	R	加工圆弧的半径
	I、J、K	圆弧圆心相对起点的坐标
辅助功能	M	主轴的正转、冷却液的开关等
补偿功能	H 或 D	补偿值地址
切削用量	S F	主轴转速 进给量或进给速度
刀具功能	T	刀库中的刀具编号
暂停功能	P、X	指定暂停时间
循环次数	L	子程序及固定循环的重复次数

3. 主程序和子程序

零件数控程序也可由主程序和子程序组成。在一个数控程序中，如果有几个连续的程序段在多处重复出现，则可将这些重复的若干程序段按规定的格式独立编制成子程序，输入数控系统的子程序存储区中，以备调用。程序中子程序以外的部分便称为主程序。在执行主程序的过程中，如果需要，可调用子程序，并可以多次重复调用，如图 1-30 所示。有些数控系统，子程序执行过程中还可以调用其他的子程序，即子程序嵌套，如图 1-30 所示，嵌套的层数依据不同的数控系统而定。通过采用子程序，可以加快程序编制，简化和缩短数控程序，方便程序更改和调试。

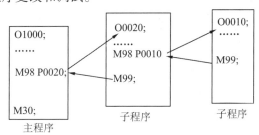

图 1-30　子程序的调用与嵌套

(二) 数控程序的指令

1. 准备功能字 G 代码

G 代码（亦称 G 指令）是在数控系统插补运算之前需要预先规定，为插补运算做好准备的工艺指令，如坐标平面的选择、插补方式的指定、孔加工固定循环功能的指定等。G 代码由地址 G 与两位数字组成，范围为 G00~G99，共 100 种。现代数控系统有的已扩展至 3 位数字。

G 代码按功能类别分为模态代码和非模态代码。如表 1-8 所示为《数控机床穿孔带程序段格式中的准备功能 G 和辅助功能 M 的代码》（JB/T 3208—1999）标准中规定的 G 代码。表 1-8 内第二栏中所示的 9 组模态，同一组对应的 G 代码称为模态代码，它表示组内某 G 代码（如 c 组中 G17）一旦被指定，功能一直保持到出现同组其他任一代码（如 G18

或 G19)时才失效;否则,继续保持有效。所以在编写下一个程序段时,若需使用同样的 G 代码,则可省略不写,这样可以简化加工程序编制。而非模态代码只在本程序段中有效。

表 1-8 准备功能字 G 代码

代码	模态	非模态	功能	代码	模态	非模态	功能
G00	a		点定位	G50	#(d)	#	刀具偏置 0/-
G01	a		直线插补	G51	#(d)	#	刀具偏置 +/0
G02	a		顺时针方向圆弧插补	G52	#(d)	#	刀具偏置 -/0
G03	a		逆时针方向圆弧插补	G53	f		直线偏移,注销
G04		*	暂停	G54	f		直线偏移 X
G05	#	#	不指定	G55	f		直线偏移 Y
G06	a		抛物线插补	G56	f		直线偏移 Z
G07	#	#	不指定	G57	f		直线偏移 XY
G08		*	加速	G58	f		直线偏移 XZ
G09		*	减速	G59	f		直线偏移 YZ
G10~G16	#	#	不指定	G60	h		准确定位 1(精)
G17	c		XY 平面选择	G61	h		准确定位 2(中)
G18	c		ZX 平面选择	G62	h		快速定位(粗)
G19	c		YZ 平面选择	G63		*	攻丝
G20~G32	#	#	不指定	G64~G67	#	#	不指定
G33	a		螺纹切削,等螺距	G68	#(d)	#	刀具偏置,内角
G34	a		螺纹切削,增螺距	G69	#(d)	#	刀具偏置,外角
G35	a		螺纹切削,减螺距	G70~G79	#	#	不指定
G36~G39	#	#	永不指定	G80	e		固定循环注销
G40	d		刀具补偿/刀具偏置注销	G81~G89	e		固定循环
G41	d		刀具补偿—左	G90	j		绝对尺寸
G42	d		刀具补偿—右	G91	j		增量尺寸
G43	#(d)	#	刀具偏置—正	G92		*	预置寄存
G44	#(d)	#	刀具偏置—负	G93	k		时间倒数,进给率
G45	#(d)	#	刀具偏置 +/+	G94	k		每分钟进给
G46	#(d)	#	刀具偏置 +/-	G95	k		主轴每转进给
G47	#(d)	#	刀具偏置 -/-	G96	i		恒线速度
G48	#(d)	#	刀具偏置 -/+	G97	i		每分钟转数(主轴)
G49	#(d)	#	刀具偏置 0/+	G98~G99	#	#	不指定

注:① 表中凡有小写字母 a,c,d,f,h,e,j,k,i 指示的 G 代码为同一组代码,称为模态指令,同组代码可相互注销。
② 表中"#"代表如选作特殊用途,必须在程序格式说明中说明。
③ 表中括号中字母(d)可以被同一栏中没有括号的字母 d 所注销或代替,亦可被有括号的字母(d)所注销或代替。
④ 表中"不指定""永不指定"代码分别表示在将来修订标准时,可以被指定新功能和永不指定功能。
⑤ 当数控系统没有 G53~G59、G63 功能时,可以指定作其他用途。

2. 辅助功能字 M 代码

辅助功能字 M 代码以地址 M 为首,后跟两位数字,共 100 种(M00~M99)。表 1-9 是 JB/T 3208—1999 标准中规定的 M 代码。它是控制机床辅助动作的指令,如主轴正转、反转及停止,冷却液的开、关,工作台的夹紧与松开,换刀,计划停止,程序结束,等等。

表 1-9 辅助功能 M 代码

代码	功能开始时间		模态	非模态	功能	代码	功能开始时间		模态	非模态	功能
	与程序段指令运动同时开始	在程序段指令运动完成后开始					与程序段指令运动同时开始	在程序段指令运动完成后开始			
M00		*		*	程序停止	M30		*		*	程序结束
M01		*		*	计划停止	M31	#	#		*	互锁旁路
M02		*		*	程序结束	M32~M35	#	#	#	#	不指定
M03	*		*		主轴正转	M36	*		*		进给范围 1
M04	*		*		主轴反转	M37	*		*		进给范围 2
M05		*	*		主轴停止	M38	*		*		主轴速度范围 1
M06	#	#		*	换刀	M39	*		*		主轴速度范围 2
M07	*		*		2 号切削液开	M40~M45	#	#	#	#	如有需要,可作为齿轮换挡,此外不指定
M08	*		*		1 号切削液开						
M09		*	*		切削液关						
M10	#	#	*		夹紧	M46~M47	#	#			不指定
M11	#	#	*		松开	M48		*	*		注销 M49
M12	#	#	#	#	不指定	M49	*		*		进给率修正旁路
M13	*		*		主轴正转,切削液开	M50	*			*	3 号切削液开
M14	*		*		主轴反转,切削液开	M51	*			*	4 号切削液开
M15	*			*	正运动	M52~M54	#	#	#	#	不指定
M16	*			*	负运动	M55	*			*	刀具直线位移,位置 1
M17~M18	#	#	#	#	不指定						
M19		*	*		主轴定向停止	M56	*			*	刀具直线位移,位置 2
M20~M29	#	#	#	#	永不指定						

续表

代码	功能开始时间		模态	非模态	功能	代码	功能开始时间		模态	非模态	功能
	与程序段指令运动同时开始	在程序段指令运动完成后开始					与程序段指令运动同时开始	在程序段指令运动完成后开始			
M57~M59	#	#	#	#	不指定	M71	*		*		工件角度位移,位置1
M60		*		*	更换工件						
M61	*		*		工件直线位移,位置1	M72	*		*		工件角度位移,位置2
M62	*		*		工件直线位移,位置2	M73~M89	#	#	#	#	不指定
M63~M70	#	#	#	#	不指定	M90~M99	#	#	#	#	永不指定

注：① #号表示，如选作特殊用途，必须在程序说明中说明。
② M90~M99 可指定为特殊用途。

由于辅助功能指令与插补运算无直接关系，所以可写在程序段的后面。

在数控程序中正确使用 M 代码是非常重要的，否则数控机床不能进行加工。编程时必须了解清楚所使用数控系统的 M 代码和应用特点，才能正确使用。常用的 M 代码指令功能及应用如下。

① M00——程序停止。在 M00 所在程序段其他指令执行后，用于停止主轴转动，关冷却液，停止进给，进入程序暂停状态，以便执行诸如手动变速、换刀、测量工件等操作，如果要继续执行，须重按"循环启动键"。

② M01——计划停止。M01 指令与 M00 相似，差别在于 M01 指令执行时，操作者要预先接通控制面板上"任选停止"按钮，否则 M01 功能不起作用。该指令常用于一些关键尺寸的抽样检测及交接班临时停止等情况。

③ M02——程序结束。该指令编在最后一个程序段中。当全部程序执行完后，用此指令使主轴、进给、冷却液均停止，并使数控系统处于复位状态。

④ M03、M04、M05——主轴正转、反转和停止指令。

⑤ M06——换刀指令。常用于加工中心的自动换刀。

⑥ M07、M08、M09——雾状冷却液开、液状冷却液开及冷却液停的指令。

⑦ M30——程序结束。它与 M02 功能虽相似，但 M30 可使光标返回到程序头。

3. F、S、T 代码

（1）进给功能字指令 F。

进给功能字指令 F 用来指定刀具相对于工件的切削进给进度，为模态指令，有两种指定方式，即直接给定法和代码法。现代 CNC 机床在进给速度范围内一般都实现了无级变速，故采用直接指定方式。直接指定方式是在 F 后面直接写上进给速度值。在低档数控系统中多数还采用代码法来指定进给速度,用 F00~F99 表示 100 种进给速度。

在数控铣床 FANUC 0i 系统中进给功能有每分钟进给和每转进给两种指令模式,需要说明的是,数控铣编程时通常采用每分钟进给模式。

① 每分钟进给模式(G94)。

编程格式:

G94 F_;(进给速度)

说明:F 后面的数值表示刀具的进给速度,单位为 mm/min。G94 为模态指令,在程序中指定后,直到 G95 被指定前,一直有效。机床开机后缺省方式为 G94。例如:

G94 F80;(表示刀具切削进给速度为 80 mm/min)。

② 每转进给模式(G95)。

编程格式:

G95 F_;(进给量)

说明:F 后面的数值表示主轴的每转进给量,单位为 mm/r。G95 为模态指令,在程序中指定后,直到 G94 被指定前,一直有效。例如:

G95 F0.1;(表示刀具切削进给量为 0.1 mm/r)。

从本质上讲,进给功能的每转进给量和每分钟进给量是一样的,即知道主轴转速 n 和每转进给量 f_r($f_r = f_z \times z$,其中 f_z 为每齿进给量,z 为刀具刃数),就可以算出每分钟进给量 v_f($v_f = n \times f_r$),同理,知道主轴转速 n 和每分钟进给量 v_f,就可以算出每转进给量 f_r($f_r = v_f/n$),进一步地,也可以算出每齿进给量 f_z($f_z = f_r/z$)。

注意:① 编程时,第 1 次遇到 G01 或 G02/G03 插补指令时,必须书写 F 指令,如果没有书写 F 指令,那么数控系统认为 F 为 0。G00 指令的快速进给速度由数控系统指定,与程序中的 F 指令无关。② F 指令为模态指令,实际进给率可以根据机床切削状态,通过机床操作面板上的进给倍率旋钮在 0~120% 调整。

(2) 主轴转速功能字指令 S。

主轴转速功能字指令 S 用来指定主轴转速或速度,单位为 r/min 或 m/min。中档以上数控机床的主轴转速采用直接指定方式。例如,S1500 表示主轴转速为 1 500 r/min。对于中档以上的数控机床,还有一种使切削线速度保持不变的所谓恒线速度功能,这时需用 G96 和 G97 指令配合 S 指令来指定主轴转速。例如,G96 S160 表示控制主轴转速,使切削点的线速度始终保持在 160 m/min;G97 S1000 表示注销 G96,即主轴不是恒线速度,其转速为 1 000 r/min。

应该指出的是,当由 G96 转为 G97 时,应对 S 码赋值,否则将保留 G96 指令的最终值;当由 G97 转为 G96 时,若没有 S 指令,则按前一 G96 所赋 S 值进行恒线速度控制。

(3) 刀具功能字指令 T。

刀具功能字指令 T 后面跟若干位数字,主要用来选择刀具,也可用来选择刀具偏置。例如,数控铣床 T2 用作铣刀时表示 2 号刀具;数控车床若用四位数字时,如 T0101,前两位 01 表示刀具号,后两位 01 表示刀具补偿号。

四、平面加工常用指令

(一) 尺寸单位的选择（G21、G20）

编程格式：

G21;（公制,单位为 mm）

G20;（英制,单位为 inch）

说明：G21、G20 为同组模态代码，可相互注销，开机后默认为 G21。另外，1 inch = 25.4 mm。

(二) 工件坐标系的设置与偏置（G54~G59）

数控机床一般可以预置 6 个工件坐标系（G54~G59），这些工件坐标系都存储在机床数控系统的存储器内，都以机械原点（机床坐标系原点）为基准，分别用各自坐标轴与机械原点的偏移量来表示，如图 1-31 所示。在程序中可以选用一个或多个工件坐标系。需要说明的是本书图上的符号"⊕"均表示坐标原点

注意：这是一组模态指令，可相互注销，开机默认为 G54。

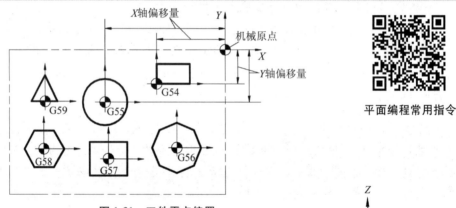

图 1-31 工件零点偏置

(三) 坐标平面的选择（G17、G18、G19）

G17、G18、G19 主要用于选择圆弧插补、刀具半径补偿的平面。G17 选择 XY 平面，G18 选择 XZ 平面，G19 选择 YZ 平面，如图 1-32 所示。本组指令为模态指令，开机后默认为 G17。

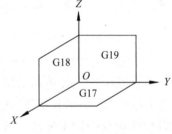

图 1-32 插补平面的选择

(四) 绝对和增量编程方式（G90、G91）

G90、G91 表示坐标轴的移动方式。使用绝对坐标指令（G90）编程时，程序段中的尺寸字为绝对坐标值，即刀具所有轨迹点的坐标值，均以编程原点为基准。使用增量坐标指令（G91）编程时，程序段中的尺寸字为增量坐标值，即刀具当前点的坐标值，是以前一点为坐标原点而得到的。

编程格式：

$\begin{Bmatrix} G90 \\ G91 \end{Bmatrix}$ X_ Y_ Z_ ;

例 1-1 如图 1-33 所示,表示刀具从 A 点以 G01 直线插补的方式移动到 B 点,试用以上两种方式编程分别表示。

答:
G90 G01 X10.0 Y40.0;(绝对坐标编程)
G91 G01 X-30.0 Y30.0;(增量坐标编程)

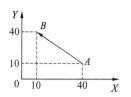

图 1-33 绝对、增量坐标

在选用编程方式时,应根据具体情况加以选用,同样的路径选用不同的方式其编制的程序有很大区别。一般绝对坐标编程适合在所有目标点相对编程原点的位置都十分明确的情况下使用;反之,采用增量坐标编程(如子程序)。需要注意的是,在编制程序时,在程序数控指令开始的时候,必须指明编程方式,缺省为 G90。

(五) 快速定位指令 (G00)

刀具以系统预先设定的速度以点位控制方式从当前所在位置快速移动到指令给出的目标位置。快速定位指令只能用于快速定位,不能用于切削加工,进给速度 F 对 G00 指令无效。该指令常使用在程序开头和结束处,程序开始时,刀具快速接近工件;程序结束时,刀具快速离开工件。

编程格式:

3 轴:G00 X_ Y_ Z_;

2 轴:G00 X_ Y_; G00 X_ Z_; G00 Y_ Z_;

单轴:G00 Z_; G00 Y_; G00 X_;

例如:

G90 G00 X0 Y0 Z100;(使刀具以绝对编程方式快速定位到(0,0,100)的位置)。

由于刀具的快速定位运动,一般不直接使用 G90 G00 X0 Y0 Z100 的方式,以避免刀具在安全高度以下快速运动,而与工件或夹具发生碰撞。

一般用法:

G90 G00 Z100;(刀具首先快速移动到 Z = 100 mm 高度的位置)

X0 Y0;(刀具接着快速定位到工件原点的上方 100 mm 处)

G00 指令一般在需要将刀具快速移动时使用,可以同时控制 1~3 轴,即可在 X 或 Y 方向移动,也可以在空间做三轴联动快速移动。而刀具的移动速度由数控系统内部参数设定,在数控机床出厂前已设置完毕,一般为 5 000~10 000 mm/min。

(六) 直线插补指令 (G01)

功能:刀具以 F 指定的进给速度,从当前点沿直线移动到目标点。

编程格式:

空间直线段:G01 X_ Y_ Z_ F_;

平面内直线段:G01 X_ Y_ F_;G01 X_ Z_ F_;G01 Y_ Z_ F_;

一维直线段:G01 X_ F_;G01 Y_ F_;G01 Z_ F_;

一般用法:G01、F 指令均为模态指令,具有继承性,即如果上一段程序为 G01,则本程序段可以省略不写。X、Y、Z 为终点坐标值,也同样具有继承性,即如果本程序段的 X(或 Y、Z)的坐标值与上一程序段的 X(或 Y、Z)坐标值相同,则本程序段可以不写 X(或 Y、Z)坐标。F 为进给速度,单位为 mm/min,同样具有继承性。

注意： ① G01 与坐标平面的选择无关。② 切削加工时，一般要求进给速度恒定，因此，在一个稳定的切削加工过程中，往往只在程序开头的某个插补（直线插补或圆弧插补）程序段写出 F 值。

例 1-2 如图 1-34 所示，采用 G90 方式，编写刀具从起点(50,10)直线移动到目标点(10,50)的程序段。

答：G90 G01 X10 Y50 F100；[刀具以 100 mm/min 的进给速度从起点(50,10)沿直线运动到目标点(10,50)]

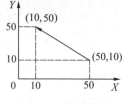

图 1-34　直线插补

例 1-3 已知待加工工件轮廓如图 1-35 所示，走刀路线为 A→B→C→D→E→F→G→H→A，铣削深度为 3 mm，主轴转速为 500 r/min，Z 轴和 XY 平面内的进给速度分别为 50 mm/min、80 mm/min，要求采用绝对编程方式按给定的走刀路线编制其数控程序。

答：① 建立工件坐标系。

如图 1-35 所示，工件坐标系为 XOY。

② 确定走刀路线。

刀具走刀路线已给定，路线为 A→B→C→D→E→F→G→H→A。

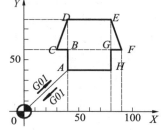

图 1-35　直线插补编程示例

③ 确定基点坐标。

根据图形和编程原点，确定各基点坐标分别为 A:X40Y40；B:X40Y60；C:X30Y60；D:X40Y90；E:X80Y90；F:X90Y60；G:X80Y60；H:X80Y40；A:X40Y40。

④ 编写数控程序。

O1001；（程序名）

G91 G28 Z0；（刀具沿 Z 轴回零）

G54 G90 G00 X0 Y0 S500 M03；（G54：建立工件坐标系。G90：绝对坐标编程。G00 X0 Y0：刀具快速运动到工件原点。S500 M03：主轴转速为 500 r/min、正转）

G00 Z50；（刀具沿 Z 轴快速运动至 Z50）

G00 Z5；（考虑安全，刀具沿 Z 轴快速运动至 Z5）

G01 Z-3 F50；（刀具沿 Z 轴以 G01 方式运动至 Z-3，进给速度为 50 mm/min）

G01 X40 Y40 F80；（刀具以 80 mm/min 的进给速度，以 G01 方式进给运动至 A 点）

G01 X40 Y60 F80；（刀具以 G01 方式进给运动至 B 点）

G01 X30 Y60 F80；（刀具以 G01 方式加工运动至 C 点）

X40 Y90；（刀具以 G01 方式进给运动至 D 点）

X80 Y90；（刀具以 G01 方式进给运动至 E 点）

X90 Y60；（刀具以 G01 方式进给运动至 F 点）

X80 Y60；（刀具以 G01 方式进给运动至 G 点）

X80 Y40；（刀具以 G01 方式进给运动至 H 点）

X40 Y40；（刀具以 G01 方式进给运动至 A 点）

X0 Y0;(刀具以 G01 方式进给运动至 O 点)

G00 Z50;(刀具快速运动至 Z50)

M09;(关冷却液)

M05;(主轴停转)

G00 Z200;(刀具以 G00 方式快速运动至安全点 Z200)

M30;(程序结束)

(七) 暂停指令（G04）

编程格式：

G04 P_;(非模态指令,仅在本程序段有效)

G04 X_;

说明：P 表示暂停时间,单位为 ms；X 表示暂停时间,单位为 s。

例如,加工沉孔时,当刀具进给到规定深度后,用暂停指令使刀具做非进给运动,然后退刀,来保证孔底光整。例如,刀具欲停留 2 s 时,程序段为"G04 P2000;"或"G04 X2"。

(八) 关于回参考点（回零）的指令

1. 自动返回参考点指令（G28）

该指令可使刀具沿坐标轴自动返回参考点。

编程格式：

G90（G91）G28 X_ Y_ Z_;(至少必须指定一根轴)

说明：

① X、Y、Z 为刀具返回参考点时所经过的中间点坐标,中间点坐标的指定既可以是 G90 方式,也可以是 G91 方式。G90 方式下,X、Y、Z 值是指中间点在工件坐标系里的绝对坐标值；G91 方式下,X、Y、Z 值是指中间点相对刀具当前点的增量坐标值。

② 为了安全起见,在执行该指令以前应该取消刀具补偿功能。

③ 该指令执行后,刀具所有受控轴都将快速定位到中间点,然后再从中间点快速返回至参考点。

例 1-4 已知：在 G54 工件坐标系里,刀具当前点 A 的绝对坐标为(30,30),中间点 B 的绝对坐标为(85,30)。试分别采用 G90 和 G91 方式来编写刀具从当前点 A 经由中间点 B 自动返回参考点的程序段。

答：G90 方式编程：

G54 G90 G28 X85 Y30;

G91 方式编程：

G91 G28 X55 Y0;

对于加工中心,G28 指令一般用于自动换刀,如果需要刀具从当前位置直接返回参考点,相当于中间点与当前点重合,一般采用增量方式指令,其编程格式如下：

G91 G28 Z0;(刀具从当前位置沿 Z 轴直接回参考点)

G91 G28 X0 Y0;(刀具从当前位置沿 X、Y 轴直接回参考点)

2. 返回参考点检查（G27）

数控机床通常是长时间连续工作，为了提高加工的可靠性及保证零件的加工精度，可用 G27 指令来检查工件零点的正确性。

编程格式：

G90（G91）G27 X_ Y_ Z_；（至少必须指定一根轴）

说明：

① 在 G90 方式下，X、Y、Z 值是指机床参考点在工件坐标系里的绝对坐标值；在 G91 方式下，X、Y、Z 值是指机床参考点相对刀具当前位置的增量坐标值。

② G27 指令使刀具以快速进给速度（G00）方式自动返回参考点，如果刀具到达了参考点位置，则操作面板上的参考点指示灯会亮；如果工件原点位置在某一轴向有误差，则该轴对应的指示灯不亮，并且系统中断程序运行，发出报警提示。

③ 在刀具补偿状态下，刀具补偿对 G27 指令同样有效，因此，使用 G27 指令之前应该取消刀具补偿功能（半径补偿和长度补偿）。

④ 使用 G27 指令前，机床必须已经回过一次参考点（手动或自动）。

3. 从参考点返回指令（G29）

此指令的功能是使刀具由机床参考点经过中间点到达目标点。

编程格式：

G29 X_ Y_ Z_；

说明：X、Y、Z 是指刀具的目标点坐标。

这里经过的中间点就是 G28 指令所指定的中间点，故刀具可经过这一安全路径到达欲切削加工的目标点位置。因此，使用 G29 指令之前，必须先用 G28 指令，否则 G29 会因不知道中间点的位置而发生错误。

4. 返回第 2、3、4 参考点（G30）

此指令的功能是刀具由当前位置经过中间点返回参考点。故与 G28 指令相似，区别在于 G28 指令是使指令轴返回第 1 参考点，而 G30 指令是使指令轴返回第 2、3、4 参考点。

编程格式：

G30 P2/P3/P4 X_ Y_ Z_；

说明：P2/P3/P4 即选择第 2、3、4 参考点，选择第 2 参考点时，P2 可省略不写；X、Y、Z 坐标值是指中间点位置的坐标。

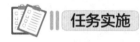 任务实施

一、建立工件坐标系

建立的工件坐标系如图 1-36 所示，X、Y 轴原点位于工件的几何中心，Z 轴零点在工件的顶面上。

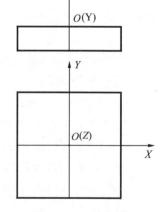

图 1-36　工件坐标系

二、走刀路线的设计

(一) Z 轴的走刀路线

1. 刚开始的时候

刀具快速上升到零点→刀具快速下降到离工件顶面 50 mm 处→刀具快速下降到离工件顶面 5 mm 处→刀具切削进给至切削深度 -2.2 mm 处。上述用 G 代码表示如下。

G91 G28 Z0;(刀具快速上升到机床零点)

G90 G00 Z50;(刀具快速下降到离工件顶面 50 mm 处)

G00 Z5;(刀具快速下降到离工件顶面 5 mm 处)

G01 Z-2.2 F50;(刀具切削进给至切削深度 -2.2 mm)

2. 工件加工结束后

刀具快速抬刀至离工件顶面 50 mm 处→刀具快速抬刀至安全位置,如离工件顶面 200 mm 处。上述用 G 代码表示如下。

G00 Z50;(刀具快速抬刀至离工件顶面 50 mm 处)

M09;(关切削液)

M05;(主轴停转)

G00 Z200;(刀具快速抬刀至离工件顶面 200 mm 处)

M30;(程序结束。注意区分:M03 主轴正转)

(二) XY 平面内走刀路线

设计的顶面粗铣加工走刀路线如图 1-37 所示,为 $S \to P_1 \to P_2 \to P_3 \to \cdots \to P_{12} \to P_{13}$。这里步距取为 13 mm,在确定下刀点 S 的 X 坐标时要考虑预留安全间隙 2~5 mm,这里取值 5 mm,保证刀具在工件外下刀。在确定切削终点 P_{13} 时也要考虑预留安全间隙 2~5 mm,这里取值 5 mm,使刀具完全切出工件,以保证平面加工无残留。根据基点 P_n 的 Y 坐标值是否大于或等于工件边沿坐标与刀具半径的差值,来判断平面是否加工完毕,即当大于差

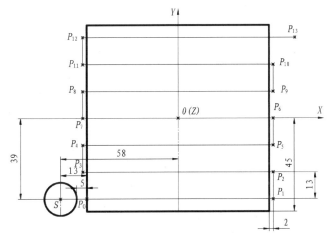

图 1-37 平面铣削走刀路线图

值时,平面加工完毕;当等于差值时,刀具边沿与工件边沿重合,此刻步距要增大一点,避免因刀具磨损和工件尺寸误差而留有残料;当小于差值时,平面未加工完毕,继续走刀。

三、确定基点坐标

采用 G90 绝对坐标方式编程,根据上述走刀路线图,确定各基点坐标如下:$S(-58,-39)$、$P_0(-45,-39)$、$P_1(47,-39)$、$P_2(47,-26)$、$P_3(-47,-26)$、$P_4(-47,-13)$、$P_5(47,-13)$、$P_6(47,0)$、$P_7(-47,0)$、$P_8(-47,13)$、$P_9(47,13)$、$P_{10}(47,26)$、$P_{11}(-47,26)$、$P_{12}(-47,39)$、$P_{13}(58,39)$。

四、编写程序单

编写平面零件的粗加工的数控程序,如表 1-10 所示。

表 1-10 平面零件的粗加工的数控程序

单位名称	×××技术学院			编制	××
零件名称	模板	零件图号	M01	编制日期	××年××月××日
程序号	O1001			ϕ16 mm 立铣刀	
程序段号	程序内容			程序说明	
N1	G17 G21 G40 G49 G69 G80;			程序初始化	
N2	G91 G28 Z0;			刀具快速运动到机床零点	
N3	G54 G90 G00 X-58 Y-39 S400 M03;			(建立工件坐标系,设置主轴转速为 400 r/min、正转,刀具快速至下刀点 X-58 Y-39)	
N4	G00 Z50;			刀具快速下降到离工件顶面 50 mm 处	
N5	G00 Z5;			刀具快速下降到离工件顶面 5 mm 处	
N6	G01 Z-2.2 F50;			刀具切削进给至切削深度-2.2 mm 处	
N7	G01 X-45 F50;			$S \to P_0$,刀具刚切入工件有碰撞,故设置缓冲点 P_0,以较低的进给速度切入工件	
N8	X47 F80;			$P_0 \to P_1$	
N9	Y-26;			$P_1 \to P_2$	
N10	X-47;			$P_2 \to P_3$	
N11	Y-13;			$P_3 \to P_4$	
N12	X47;			$P_4 \to P_5$	
N13	Y0;			$P_5 \to P_6$	
N14	X-47;			$P_6 \to P_7$	
N15	Y13;			$P_7 \to P_8$	
N16	X47;			$P_8 \to P_9$	

续表

程序段号	程序内容	程序说明
N17	Y26;	$P_9 \to P_{10}$
N18	X-47;	$P_{10} \to P_{11}$
N19	Y39;	$P_{11} \to P_{12}$
N20	X58;	$P_{12} \to P_{13}$
N21	G00 Z50;	刀具快速抬刀至离工件顶面 50 mm
N22	M09;	关冷却液
N23	M05;	主轴停转
N24	G00 Z200;	刀具快速抬刀至返回点 Z200 mm
N25	M30;	程序结束

任务小结

本任务主要介绍了数控编程基础知识和平面加工常用指令，编程基础主要包括程序编制的内容和方法，数控机床的坐标系及程序格式与指令，平面加工常用指令包括G54～G59、G90、G91、G00、G01、G28。必须牢记指令的格式和掌握指令的应用方法。各指令的编程要点可通过编程训练习得，而工艺能力必须在理论—实践—再理论—再实践中才能得以提高。通过经历平面的数控程序编制过程，来掌握平面铣削的编程方法。

任务 1.4 数控铣床的手动操作

任务描述

已知：工件毛坯尺寸为 95 mm×95 mm×25 mm，工件材料为 45 钢，试通过手动操作模式完成如图 1-5 所示模板的六个表面加工。

知识准备

一、数控铣床的开关机操作

（一）数控铣床的开机操作

数控铣床的开机操作步骤如表 1-11 所示。

数控铣床的开关机
及回零操作

表 1-11　数控铣床的开机操作步骤

序号	操作步骤	操作内容
1	接通供给电源	合上供电柜闸刀,接通供给电源,若已接通,则本步省略
2	打开铣床电源	面对数控铣床,将铣床右后侧的电源开关从 OFF 旋至 ON 位置
3	打开 NC 电源	按下操作面板上的"启动"按钮(绿色),此刻面板上的电源指示灯亮,NC 系统开始自检
4	右旋"急停"按钮	右旋"急停"按钮后,等待位置画面的显示。位置画面未正常显示前,请勿动任何按钮。若"急停"按钮已弹起,则右旋"急停"按钮的操作省略
5	按下铣床复位键	位置画面显示后,若屏幕显示报警,则按复位键,解除报警,此时可以对铣床进行操作了

(二)数控铣床的关机操作

数控铣床的关机操作步骤与开机步骤相反,见表 1-12。

表 1-12　数控铣床的关机操作步骤

序号	操作步骤	操作内容
1	关机前检查	检查程序运行是否停止、所有可移动部件是否都处于停止状态、外部设备是否关闭。只有当程序运行停止、所有可移动部件都处于停止状态和外部设备关闭时,方可关机
2	按下"急停"按钮	将铣床 X、Y、Z 轴移动到适当的位置,按下"急停"按钮,画面上 EMG 闪烁,表示急停报警
3	关闭 NC 电源	按下操作面板上的"停止"按钮(红色),此时操作面板上的电源指示灯灭
4	关闭铣床电源	面对数控铣床,将铣床右后侧的电源开关从 ON 旋至 OFF 位置
5	关闭供给电源	如果数控铣床较长时间不使用,那么可关闭铣床供给电源

二、数控铣床的回零操作

采用增量编码器的数控铣床,开机后必须回零。回零又称回参考点,其目的是建立机床坐标系,它是建立工件坐标系的基准。如果没有正确回零,轻则加工工件报废,重则出现碰撞事故。因此,必须牢记回零的 4 种情况:① 开机后;② 按下"急停"按钮,右旋"急停"按钮后;③ "机床锁住+空运行"校验程序后,且在回零前需要关闭机床锁住、空运行功能;④ 超程,哪个坐标轴超程,哪个坐标轴就需要重新回零。

需要注意的是,如果刀具在参考点或离参考点很近,则要通过手摇让刀具离开参考点 100 mm 以上,确保回零成功。那么如何判断回零成功呢?有两种判断方法:一种是回零指示灯亮,另一种是机床坐标值为零(零点与参考点重合)或为参考点在机床坐标系中的坐标值(一般机床制造商设定,零点与参考点不重合)。

为安全起见,数控铣床回零一定要先进行 Z 轴回零,FANUC 0i 系统数控铣床的回零操作步骤见表 1-13。

表1-13 数控铣床的回零操作步骤

序号	操作步骤	操作内容
1	按位置键	查看机床坐标值,若刀具离零点太近,则需要移动刀具,使各轴机床坐标值在-50 mm以上
2	选择回零模式	转动"模式选择"开关到"回零"处
3	调整快速进给速度	调整"快速倍率"旋钮到快速进给倍率25%或50%处
4	Z轴回零	先按下Z轴按钮,再按下"+"方向键按钮,此时Z轴将回零。回零成功的标志是零点指示灯"Z"亮,同时,CRT时屏幕上的Z轴机床坐标变为"0.000"
5	Y轴回零	先按下Y轴按钮,再按下"+"方向键按钮,此时Y轴将回零。回零成功的标志是零点指示灯"Y"亮,同时,CRT时屏幕上的Z轴机床坐标变为"0.000"
6	X轴回零	先按下X轴按钮,再按下"+"方向键按钮,此时X轴将回零。回零成功的标志是零点指示灯"X"亮,同时,CRT时屏幕上的Z轴机床坐标变为"0.000"

三、数控铣床的坐标轴进给运动操作

数控铣床的坐标轴进给运动操作主要有快速进给、手动进给和手轮进给三种模式,其操作方法分别如下。

数控铣床的坐标轴运动及MDI操作

(一)快速进给

快速进给主要用于刀具的远距离快速运动,其操作步骤见表1-14。

表1-14 快速进给的操作步骤

序号	操作步骤	操作内容
1	选择"快速"模式	旋转"模式选择"开关到"快速"挡位
2	选择轴和移动的方向	先按下要移动的轴"X""Y""Z"按钮,此时对应的指示灯亮;再按住方向键"+"或"-"不松手,则主轴或工作台快速运动,松开方向键,机床停止运动。同时,在机床快速运动时,可用快速倍率旋钮调节机床的移动速度

(二)手动进给

FANUC 0i系统数控铣床的手动进给的操作步骤见表1-15。

表1-15 手动进给的操作步骤

序号	操作步骤	操作内容
1	选择"手动"模式	旋转"模式选择"开关到"手动"挡位
2	选择轴和移动的方向	先按下要移动的轴"X""Y""Z"按钮,此时对应的指示灯亮;再按住方向键"+"或"-"不松手,则主轴或工作台连续运动,松开方向键,机床停止运动。同时,在机床手动运动时,可用进给速度倍率旋钮调节机床的移动速度
3	控制主轴运动	在MDI模式下输入程序"S400;M30;",并执行之,详见"数控铣床的MDI操作"中的介绍;再按主轴"正转""停止""反转"按钮,来控制主轴的运动

(三) 手轮进给

在手动进给或对刀时,如果需要精确调节刀具位置,则可以用手轮模式调节。FANUC 0i 数控铣床的手轮进给的操作步骤见表 1-16。

表 1-16 手轮进给的操作步骤

序号	操作步骤	操作内容
1	选择"手轮"模式	旋转"模式选择"开关到"手轮"处
2	选择轴	将手轮上选择旋钮旋至进给轴"Z",控制 Z 轴移动;同理,将轴的选择旋钮旋至"X""Y",分别控制 X、Y 轴移动
3	选择步进量	通过手轮倍率来调节进给速度,如倍率×1、×10、×100 表示手轮每转 1 格,刀具分别移动 0.001 mm、0.01 mm、0.1 mm
4	控制轴移动	顺时针转动手轮时,机床沿各轴的正方向运动;逆时针转动手轮时,机床沿各轴的负方向运动

四、数控铣床的 MDI 操作

在 MDI 模式下,通过 MDI 面板最多可输入 6 行程序段的程序并执行,程序的格式与普通程序一样。MDI 运行适用于简单的测试操作,如验证工件坐标系的正确性、指令回零、设置主轴转速等。在 MDI 模式下编写的程序不能被保存,只能使用 1 次,该程序运行完后消失。

(一) MDI 运行操作

例 1-5 设置主轴转速为 400 r/min,旋向为正转,操作步骤见表 1-17。

表 1-17 MDI 运行(主轴旋转)的操作步骤

序号	操作步骤	操作内容
1	选择"MDI"模式	转动"模式选择"开关到"MDI"处
2	选择 MDI 画面	按键盘上的功能键"PROG",若未出现 MDI 画面,按"MDI"软键
3	输入程序内容	按键盘上的键"EOB""INSERT"换行;按键盘上的键输入"S400 M03;"
4	光标回程序头	为了从头执行程序,将光标移动到程序头
5	运行程序	按下机床操作面板上的"循环启动"按钮,主轴即正转

(二) 其他操作

1. 删除 MDI 运行方式中建立的程序

为了删除 MDI 运行方式中建立的程序,有两种方法可以实现:方法一,先按键盘上的键"O_P",然后按删除键"DELETE"即可;方法二,按键盘上的键"RESET"即可。注意,使用该方法时,须预先设定参数 3203#7 为 1。

2. 中途暂停或结束 MDI 程序运行

(1) 中途暂停 MDI 程序运行。

按操作面板上的"进给暂停"按钮,此时,进给暂停灯亮而循环启动灯灭。机床的响应如下:当机床正在移动时,进给立即减速并停止;当程序正处于暂停时,暂停继续;当 M、S、T 辅助功能执行时,在 M、S、T 功能完成之后停止操作。

(2) 结束 MDI 程序运行。

按键盘上的复位键"RESET",自动运行结束并进入复位状态。若在移动期间复位时,则机床移动减速,然后停止。

任务实施

以小组为单位,每组 3~4 名学生,组内成员循环逐个练习 2~3 遍,具体实施过程如下:

(1) 开机。
(2) 回零。
(3) 装夹刀具。
(4) 装夹工件。
(5) 在 MDI 模式下设置主轴转速。
(6) 手动或手轮方式切削平面。
(7) 训练结束后清理机床,关机,打扫车间卫生。

说明:加工前刀具靠近工件和加工结束后刀具远离工件,采用快速模式(25%、50%)或手轮模式(×100);刀具进刀切入工件和切削工件,采用手轮模式(×10)或手动模式(进给倍率调整进给速度大小)。

任务小结

本任务主要介绍了数控铣床的开关机、回零、快速进给、手动进给、手轮进给、MDI 运行操作方法,通过实操数控铣床训练,掌握手动操作方法和步骤,为后续学习数控铣削编程打下基础。

任务 1.5 平面零件的数控程序输入与校验

录入并校验任务 1.3 所编制的平面零件的数控程序。

数控程序输入与校验

一、创建新程序

创建一个新程序的操作步骤见表 1-18。

表1-18 创建一个新程序的操作步骤

序号	操作步骤	操作内容
1	选择"编辑"方式	转动"方式选择"旋钮到"编辑"处
2	选择程序画面	按键盘上的功能键"PROG",若未显示程序画面,则按"程序"软键
3	输入程序号	按键盘上的地址键"O",并在其后输入程序号××××。按"INSERT"键后,"O××××"被输入程序显示区。注意:程序号不要与已有的程序号重复,且程序号无分号";"
4	以程序段为单位依次输入各程序字	每输入一个程序段的各程序字后,按"EOB"键和"INSERT"键,则该程序段输入CNC装置,并显示在程序画面上,同时程序换行

二、编辑程序

(一) 打开程序并编辑

打开程序并编辑的操作步骤见表1-19。

表1-19 打开程序并编辑的操作步骤

序号	操作步骤	操作内容
1	选择"编辑"方式	转动"方式选择"旋钮到"编辑"处
2	选择程序画面	按键盘上的功能键"PROG",若未显示程序画面,则按"程序"软键
3	打开程序	如果要编辑的程序为当前程序(即要编辑的程序已显示在屏幕上),那么直接执行第4步;如果要编辑的程序未显示在屏幕上,那么输入程序号,并按显示屏下方的"O检索"软键,则该程序将被调出并显示在屏幕上
4	移动光标到修改字	按"PAGE"翻页键、按"→""←""↑""↓"扫描键,移动光标到要修改处或检索程序字
5	执行程序字的替换、插入或删除操作	插入:输入数据,按"INSERT"键 替换:输入数据,按"ALTER"键 删除:选中要删除的字,按"DELETE"键 删除输入域中的数据:按"CAN"键

(二) 扫描程序

扫描当前程序的操作步骤见表1-20。

表1-20 扫描当前程序的操作步骤

序号	操作步骤	操作内容
1	按下光标键"→"	每按一下该键,光标向后移动一个程序字
2	按下光标键"←"	每按一下该键,光标向前移动一个程序字
3	按下光标键"↓"	检索下一个程序段的第一个字
4	按下光标键"↑"	检索上一个程序段的第一个字
5	按向上翻页键"PAGE↑"	检索上一页的第一个字
6	按向下翻页键"PAGE↓"	检索下一页的第一个字

（三）检索字

在程序很长、要查找一个程序字时,该功能非常高效。如果程序中有需要检索的代码,则光标停留在找到的代码处;如果程序中光标所在位置前、后没有要检索的代码,则光标停留在原处。检索一个字的操作步骤见表1-21。

表1-21 检索一个字的操作步骤

序号	操作步骤	操作内容
1	输入要检索的代码	按MDI键盘上的地址键或数字键,输入代码。代码可以是一个字母或一个完整的字,如"N0010""F""M06"等
2	检索代码	若按下光标键"↓"或者"检索↓"软键,则从光标所在位置向后检索;若按下光标键"↑"或者"检索↑"软键,则从光标所在位置向前检索

（四）光标返回到程序头

当光标处于程序非程序头的其他位置,而需要将其返回到程序头,除了采用扫描程序外,还可以采用以下两种快捷方法:第一种方法是按复位键"RESET",光标立即返回到程序头,这种方法最为常用;第二种方法是连续按最右侧的菜单扩展键"+",直至软键对应的画面底部出现"Rewind",按此软键,光标即可返回到程序头。

（五）删除一个或多个连续程序段

首先,要打开一个需要编辑的程序;其次,删除一个或多个连续程序段。删除一个或多个连续程序段的操作步骤见表1-22、表1-23。

1. 删除一个程序段

删除一个程序段的操作步骤见表1-22。

表1-22 删除一个程序段的操作步骤

序号	操作步骤	操作内容
1	调光标到需要删除的程序段头	通过检索或扫描,将光标调到需要删除的程序段头
2	按程序段结束符键	按键盘上的键"EOB"
3	删除一个程序段	按键盘上的键"DELETE",该程序段被删除

2. 删除多个连续程序段

删除多个连续程序段的操作步骤见表1-23。

表1-23 删除多个连续程序段的操作步骤

序号	操作步骤	操作内容
1	调光标到需删除的程序段头	通过检索或扫描将光标调到需要删除的第一个程序段头,如N5
2	输入需要删除的最后一个程序段的程序段号	按键盘上的地址键"N",再输入将要删除的最后一个程序段的顺序号,如105
3	删除多个连续程序段	按键盘上的删除键"DELETE",则从N5到N105的程序段均被删除

三、管理程序

（一）检索程序

检索程序号的操作步骤见表 1-24。

表 1-24　检索程序号的操作步骤

序号	操作步骤	操作内容
1	选择"编辑"或"自动"方式	转动"方式选择"开关到"编辑"或"自动"处
2	选择程序画面	按键盘上的功能键"PROG"，若未显示程序画面，则按"程序"软键
3	输入程序号	按键盘上的地址键"O"，并在其后输入程序号×××
4	执行程序检索	按光标键或"O 检索"软键，开始检索。系统找到程序后，"O××××"显示在屏幕左上角程序号位置，程序内容显示在屏幕上

（二）删除程序

1. 删除 CNC 装置中的一个程序

删除一个程序的操作步骤见表 1-25。

表 1-25　删除一个程序的操作步骤

序号	操作步骤	操作内容
1	选择"编辑"方式	转动"方式选择"开关到"编辑"处
2	选择程序画面	按键盘上的功能键"PROG"，若未显示程序画面，则按"程序"软键
3	输入程序号	按键盘上的地址键"O"，并在其后输入程序号××××
4	删除一个程序	按键盘上的删除键"DELETE"，则程序"O××××"被删除

2. 删除 CNC 装置中的多个程序

删除指定范围内的多个程序的操作步骤见表 1-26。

表 1-26　删除指定范围内的多个程序的操作步骤

序号	操作步骤	操作内容
1	选择"编辑"方式	转动"方式选择"开关到"编辑"处
2	选择程序画面	按键盘上的功能键"PROG"，若未显示程序画面，则按"程序"软键
3	输入起始程序号和终止程序号	输入"O××××,O××××"，其中，前面的××××表示将要删除程序的起始程序号，后面的××××表示将要删除程序的终止程序号
4	删除多个程序	按键盘上的删除键"DELETE"

3. 删除 CNC 装置中的全部程序

删除全部程序的操作步骤见表 1-27。

表 1-27 删除全部程序的操作步骤

序号	操作步骤	操作内容
1	选择"编辑"方式	转动"方式选择"开关到"编辑"处
2	选择程序画面	按键盘上的功能键"PROG",若未显示程序画面,则按"程序"软键
3	输入"O-9999"	依次按键盘上的键,输入"O-9999"
4	删除全部程序	按键盘上的删除键"DELETE",则全部程序被删除

四、校验程序

在自动加工数控机床前,必须对数控程序进行认真校验,以保证程序正确。校验程序常用的有三种方法:① 空运行校验,先装夹工件、刀具,并对刀,然后将工件原点偏离工件上表面约 50 mm,再空运行程序,注意要防撞;② Z 轴锁住+空运行校验,先装夹工件、刀具,并对刀,再运行程序,此时 Z 轴不动;③ 机床锁住+空运行校验,因为 X、Y、Z 轴均锁住,所以运行程序前可以不对刀。使用这三种方法都不能加工工件,只能检查程序语法与刀轨是否正确。

(一) 空运行校验程序

空运行校验程序的操作步骤见表 1-28,该方法校验前需要对刀。

表 1-28 空运行校验程序的操作步骤

序号	操作步骤	操作内容
1	显示偏置/设置屏幕	按下功能键"OFFSET/SETTING"
2	显示工件坐标系设定屏幕	按下显示屏下方的"坐标系"软键,屏幕显示工件系 G54~G59 之一,则设置画面
3	将光标移动到番号为"00"的"Z"处	按光标键"→""←""↑""↓"
4	输入 Z 数值	将光标移到 Z 右边,按数字键,输入"50",按输入键"INPUT"
5	调出要校验的程序(若为当前程序,此步省略)	① 选择"编辑",按键"PROG",显示程序画面,若未显示,按"程序"软键 ② 按下键"O"和数字键,输入程序号 ③ 按屏幕下方的"O 检索"软键
6	选择"自动"方式与空运行	旋转"方式选择"开关到"自动"处,并按空运行键
7	单步/连续运行程序	若按下键"单步""循环启动",则程序单步运行;若取消单步,则程序连续运行
8	程序运行轨迹图形模拟	若要观察程序运行轨迹,可按下用户/图形功能键"CUSTOM/GRAPH";若需要按下"图形"软键,屏幕切换至图形模拟画面,显示程序运行轨迹

(二) Z 轴锁住+空运行校验程序

将机床 Z 轴锁住,校验数控程序的操作步骤见表 1-29,该方法校验前需要对刀。

表 1-29 Z 轴锁住+空运行校验程序的操作步骤

序号	操作步骤	操作内容
1	选择"手动"方式	旋转"方式选择"开关到"手动"处
2	使刀具沿 Z 轴正向远离工件	① 按下轴选择按钮"Z",选择 Z 轴 ② 按下操作面板上手动的"+"按钮,使刀具沿 Z 轴正向远离工件
3	调出要校验的程序（若为当前程序,则此步省略）	① 选择"编辑",按键"PROG",显示程序画面,若未显示,按"程序"软键 ② 按下键"O"和数字键,输入程序号 ③ 按屏幕下方的"O 检索"软键,该程序将被调出来并显示在显示屏上
4	选择"自动"方式	转动"方式选择"开关到"自动"处
5	将 Z 轴锁住	按下键"Z 轴锁住"
6	设置空运行	按下键"空运行"。刀具按系统参数指定的速度移动,而与程序中的指令的进给速度无关
7	运行并检查程序	按下键"循环启动",程序自动运行,此时,Z 轴不移动,其他各轴正常移动,但是在屏幕上 Z 轴的位移在变化,就像刀具在运行一样
8	程序运行轨迹图形模拟	若要观察程序运行轨迹,可按下用户/图形功能键"CUSTOM/GRAPH";若需要按下"图形"软键,屏幕切换至图形模拟画面,显示程序运行轨迹

（三）机床锁住+空运行校验程序

该方法校验前不需要对刀。机床锁住+空运行校验程序的操作步骤与表 1-29 类似,区别在于:在表 1-29 中,将序号 5 改为"将机床锁住",即按下键"机床锁住"。其他步骤相同。此时,程序运行时,各轴不移动,但在屏幕上显示的各轴坐标值在变化,通过观察各轴坐标值的变化,检查程序是否正确,也可以通过观察程序运行轨迹来检查程序。

任务实施

以小组为单位,每组 3~4 名学生,组内成员循环逐个练习 2~3 遍,具体实施过程如下：

（1）开机,回零。

（2）将工作台和主轴停在中间位置,保持机床平衡,并按下机床锁住和空运行键。

（3）新建数控加工程序号 O1001。

（4）逐段录入、编辑平面加工程序全部程序段。

（5）校验程序。若报警,则仔细检查程序有无输入错误,直至程序正确运行,且刀具轨迹无误。

（6）组内成员逐个训练程序输入、编辑与校验操作,教师指导、检查。

（7）训练结束,保养机床,关机,并打扫车间卫生。

任务小结

本任务主要介绍了数控铣床程序录入、编辑及校验的操作方法与步骤,通过实操训练,掌握程序录入、编辑及校验的方法,为后续学习数控铣床编程与加工打下基础。

任务 1.6 数控铣床对刀及自动加工

任务描述

完成如图 1-38 所示工件的左下边角点和中心对刀,并基于中心对刀运行任务 1.5 校验好的数控程序,完成平面零件的加工。

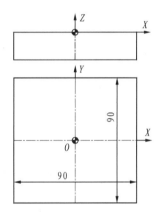

图 1-38 工件对刀点示意图

知识准备

一、数控铣床对刀方法

数控铣床对刀包括基准刀具的对刀和各个刀具相对偏差的测量两部分。对刀时,先从某零件加工所用到的众多刀具中选取一把作为基准刀具进行对刀操作;再分别测出其他各个刀具与基准刀具刀位点的位置偏差值,如长度、直径等。这样就不必对每把刀具都去做对刀操作。如果某零件的加工,仅需一把刀具就可以的话,则只要对该刀具进行对刀操作即可。如果所要换的刀具是加工暂停时临时手工换上的,则该刀具的对刀也只需要测出其与基准刀具刀位点的相对偏差,再将偏差值存入刀具数据库。下面对基准刀具的对刀方法进行说明。

机床开机后正确回零,并且工件和基准刀具(或对刀工具,如寻边器)都安装好后,就可以按下述方法进行对刀。

(一) X、Y 轴的对刀

1. 以工件的对称中心为对刀点,使用电子寻边器对刀

将电子寻边器和普通刀具一样装夹在主轴上,其柄部和触头之间有一个固定的电位差,当触头与金属工件接触时,即通过床身形成回路电流,电子寻边器上的指示灯就被点

亮;逐步降低步进增量,使触头与工件表面处于极限接触(进一步即点亮,退一步则熄灭),即认为定位到工件表面的位置处。

如图1-39所示,电子寻边器先后定位到工件正对的两侧表面,即X向左右侧面,Y向前后侧面,记下对应的机床坐标值X_1、X_2、Y_1、Y_2,则对称中心(对刀点)在机床坐标系中的坐标为$[(X_1+X_2)/2,(Y_1+Y_2)/2]$。需要说明的是,直接使用刀具的中心对刀方法与电子寻边器一样,但会损伤工件表面,当对刀为精加工表面时,不宜采用对刀。

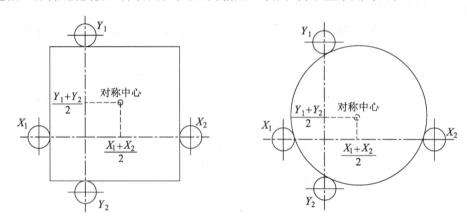

图1-39 电子寻边器找对称中心

2. 以相互垂直的边线的交点为对刀点,采用刀具或电子寻边器对刀

(1) 采用刀具试切对刀。如果对刀精度要求不高,为了方便操作,可以采用刀具试切对刀,如图1-40所示。

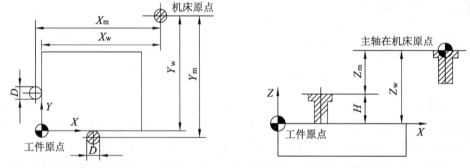

(a) 工件原点与机床原点的位置关系(X、Y视图)　　(b) 工件原点与机床原点的位置关系(X、Z视图)

图1-40 工件原点与机床原点之间的位置关系

对刀过程如下:

① 手轮操作使刀具微接触到工件左侧面,记录此时刀具在机床坐标系中的横坐标X_m,并手轮操作使刀具离开工件左侧面。

② 用同样的方法,记录纵坐标Y_m,并让刀具离开工件的前侧面,返回刀至安全的位置。

③ 计算基准边线交点的坐标:$X_w = X_m + D/2$,$Y_w = Y_m + D/2$,其中D为刀具的直径,这里

坐标 X_m、Y_m、Z_m 为负值,是因为机床的工作区域在机床坐标系中处于第Ⅲ象限。

④ 将 (X_w, Y_w) 坐标输入工件坐标系 G54~G59 之一,要求与程序中的工件坐标系指令一致,如程序为 G54,则对刀值输入 G54 中。

(2) 采用电子寻边器对刀。其操作过程与用刀具对刀一样,这里不再重复,只是将刀具更换成电子寻边器,这种对刀方法简便,不损伤工件表面,对刀精度较高。

(二) Z 轴的对刀

Z 轴对刀点通常都是以工件的上、下表面为基准的,Z 轴对刀可以采用直接试切对刀,也可以利用图 1-41 所示的 Z 轴设定器进行精确对刀,其工作原理与电子寻边器相同。图 1-41 中的指示灯亮时,刀具刀位点在工件坐标系中的坐标 $Z=100$,然后进入 OFFSET 界面进行 G54~G59 对刀参数设置,输入 Z100,按"测量"软键即可。

Z 轴试切对刀,如图 1-40(b) 所示。工件原点的机床坐标值 $Z_w = -|Z_m+H|$;如果不计刀具长度,则 $Z_w = -|Z_m|$(一般常用)。其中,H 表示基准刀具长度;Z_m 表示主轴中心的机床坐标值(沿 Z 轴移动的距离)。

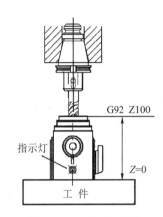

图 1-41 Z 轴对刀设定

注:在计算中假设所有的坐标值为正值。

(三) 边角点试切对刀实例

工件毛坯尺寸为 100 mm×100 mm×30 mm,刀具直径为 16 mm,刀具长度为 90 mm,刀具偏移设置如图 1-42 所示,简述工件 X、Y 轴原点在工件左下边角点,Z 轴原点在工件上表面的对刀操作步骤。

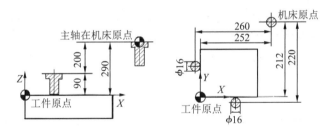

图 1-42 工件原点在工件左下边角点

(1) 将工件正确固定于夹具上。

(2) 在 JOG 方式下进行装刀。

(3) 在 MDI 方式下启动主轴。

(4) 移动刀具,使刀具与工件 X 轴(左侧)基准面相切。

(5) 沿 Z 轴提刀,计算 X 轴工件原点的机床坐标值(-252 mm)。

(6) 在工件坐标系 G54 画面(图 1-43)中 X_偏置设定内输入 -252,按输入键。

(7) 对 Y 轴与 X 轴操作方法相同。

(8) Y 轴设定好以后,提刀使刀具端面与工件上表面相切。

(9) 在工件坐标系 G54 画面中 Z_偏置设定内输入 "-200",按输入键。

(10) 在 MDI 方式下,输入 G54 G90,按循环启动键,使 G54 坐标值生效。

(11) 手动将刀具移动到工件坐标 X0、Y0、Z0 进行刀具检验。

(12) 如果不正确,则重复操作第 4~11 步。

(13) 如果正确,则将刀具提升,并使主轴停止正转。

```
WORK COORDINATES                    O1234 N56789
(G54)
       NO.      DATA          NO.         DATA
       00   X   0.000         02    X     0.000
       (EXT) Y  0.000         (G55) Y     0.000
             Z  0.000               Z     0.000

       01   X   0.000         03    X     0.000
       (G54) Y  0.000         (G56) Y     0.000
             Z  0.000               Z     0.000

> Z100.                                S 0 T0000
MDI **** *** ***                       16:05:59
[ NO.SRH ] [ MEASUR ] [       ] [ +INPUT ] [ INPUT ]
```

图 1-43　FANUC 0i 系统工件坐标系设置界面

二、数控铣床对刀与自动运行操作

(一) 工件中心为对刀点的试切对刀操作

数控程序一般按工件坐标系编程,对刀就是建立工件坐标系与机床坐标系之间的关系。一般数控铣床/加工中心常采用试切对刀、寻边器对刀、刚性棒对刀的方法。下面仅介绍工件上表面中心设为工件系零点的试切对刀方法。同样地,将工件的其他点(如毛坯相互垂直的基准边线的交点)设为工件系零点的对刀方法也类似。

数控铣床对刀

首先,将工件装夹好。其次,选择好所需刀具,将刀具安装好。最后,进行对刀,主要步骤如下:

1. X 轴对刀

直接用刀具试切法进行 X 轴对刀,其操作步骤如表 1-30 所示。

表 1-30　X 轴对刀的操作步骤

序号	操作步骤	操作内容
1	设置主轴转速	置 MDI 模式→按程序键"PROG"("MDI"软键),显示 MDI 画面→输入"S400;M30;",按插入键"INSERT"→按程序启动按钮,若已设置,则省略此步
2	选择"手动"("快速")模式	转动"模式选择"开关到"手动"("快速")处,若已选择,则省略此步
3	显示位置画面	按位置键"POS",若已选择,则省略此步
4	使刀具靠近工件的左侧面	选择适当的"X""Y""Z"轴,配合方向按键"+""-",将刀具移动到接近工件的位置,需要说明的是,该操作同时只能移动一个轴,若刀具已靠近工件,则省略此步

续表

序号	操作步骤	操作内容
5	选择"手轮"模式,使主轴正转	转动"模式选择"开关到"手轮"(HANDLE)处,按下机床操作面板上的顺时针旋转按钮"CW",此时主轴转速为400 r/min、正转。若已选"手轮"模式,且主轴正转,则省略此步
6	控制刀具试切工件的左侧面	通过手轮上的轴选旋钮和倍率旋钮选择合适的轴和倍率,顺时针或逆时针旋转手轮,使刀具试切工件的左侧面
7	控制刀具沿 Z 轴方向抬刀	在手轮模式下,通过手轮上的轴选旋钮和倍率旋钮选择合适的轴和倍率,旋转手轮,将刀具沿 Z 轴方向抬离工件表面
8	显示相对坐标	按显示器屏幕下方的"相对"或"综合"软键,若已显示,则该步省略
9	X 的相对坐标归零	按键盘上的键"X",此时屏幕上 X 的相对坐标闪烁,按显示器屏幕下方的"起源"软键,这时显示 X 的相对坐标为"0.000"
10	控制刀具试切工件的右侧	继续在"手轮"模式下移动刀具,试切工件的右侧,接着刀具 Z 轴抬刀,并保持刀具 X 轴不动,观察位置画面,可得到 X 的相对坐标为 a
11	设定 X 轴的原点坐标偏置值	按偏置/设置键"OFFSET/SETTING",按屏幕下方的"坐标系"软键,按"PAGE""↑""↓""→""←",把光标调到 G54~G59 之一,输入"Xa/2",按屏幕下方的"测量"软键

2. Y 轴对刀

Y 轴对刀方法与 X 轴对刀方法相同。

3. Z 轴对刀

采用试切法 Z 轴对刀的操作步骤见表 1-31。

表 1-31 试切法 Z 轴对刀的操作步骤

序号	操作步骤	操作内容
1	设置主轴转速	置 MDI 模式→按程序键"PROG"("MDI"软键),显示 MDI 画面→输入"S400;",按插入键"INSERT"→按循环启动按钮,若已设置,则省略此步
2	选择"手动"("快速")模式	转动"模式选择"开关到"手动"("快速")处,若已选择,则省略此步
3	显示位置画面	按位置键"POS",若已选择,则省略此步
4	使刀具靠近工件的上表面	选择适当的"X""Y""Z"轴,配合方向按键"+""-",将刀具移动到接近工件的位置,需要说明的是,该操作同时只能移动一个轴,若刀具已靠近工件,则省略此步
5	选择"手轮"模式,使主轴正转	转动"模式选择"开关到"手轮"(HANDLE)处,按下机床操作面板上的顺时针旋转按钮"CW",此时主轴转速为400 r/min、正转,若已选"手轮"模式,且主轴正转,则省略此步
6	控制刀具微接触工件的上表面	通过手轮上的轴选旋钮和倍率旋钮选择合适的轴和倍率,顺时针或逆时针旋转手轮,使刀具微接触工件的上表面,并保持 Z 轴不动
7	设定 Z 轴的原点偏置值	按偏置/设置键"OFFSET/SETTING",按屏幕下方的"坐标系"软键,按"PAGE""↑""↓""→""←",把光标调到 G54~G59 之一,输入 Z0,按屏幕下方的"测量"软键

通过该方法对刀后,该刀具在编程时不需要进行刀具长度值补偿,工件零点为工件上表面的中心点。采用电子寻边器对刀法与试切对刀法一样,只需将刀具更换为电子寻边器,但电子寻边器只能进行 X、Y 轴对刀,此时 Z 轴对刀可采用试切对刀法,试切对刀法损伤表面,因此,实际生产中常采用 Z 轴设定器和对刀块对刀。

另外,对刀操作过程中需要注意以下问题:① 根据加工要求使用正确的对刀工具,控制对刀误差;② 在对刀过程中,可通过改变微调进给量来提高对刀精度;③ 对刀时,需胆大心细,尤其刀具贴着工件或刀具在零点时,要注意移动方向,避免发生碰撞或超程;④ 对刀数据一定要存入与程序对应的存储地址,如程序中使用 G54,相应的对刀数据也必须设置到 G54 中,否则,往往会产生严重的后果。

(二) 数控程序的自动运行

1. 程序自动/连续运行

(1) 程序自动/连续运行的操作步骤。

程序自动/连续运行的操作步骤见表 1-32,一般校验程序时和程序试切削零件合格后采用此方式。

表 1-32 程序自动/连续运行的操作步骤

序号	操作步骤	操作内容
1	打开一个程序 (若当前程序为要运行的程序,则该步省略)	① 选择"编辑"(EDIT)或"自动"(AUTO)模式 ② 按程序键"PROG",显示程序画面,若未显示,按"程序"软键 ③ 按键"O"和数字键,输入程序名 ④ 按显示屏下方的软键"O 检索"
2	程序运行前检查确认	① 程序光标是否在程序头,若不在程序头,则按复位键"RESET" ② 机床是否正确回零,须回零的情况:开机、超程、紧停、校验程序 ③ 工件坐标系偏置画面中的番号 EXT 的 X、Y、Z 是否正确设置,一般应为零 ④ 空运行指示灯灭,空运行不能用于加工,否则撞刀 ⑤ 采用刀具补偿编程时,刀具半径补偿 D_ 是否正确设置 ⑥ 快速倍率、进给倍率选择是否合适
3	选择"自动"模式	旋转"模式选择"开关到"自动"处,按程序键"PROG",按"检视"软键,使屏幕显示正在执行的程序及坐标
4	自动运行程序	按"循环启动"按钮,机床自动运行,开始加工零件,可以根据加工情况通过倍率开关调整转速和进给速度。程序运行结束时,指示灯灭

(2) 中途暂停。

在程序自动运行过程中,若中途需要暂停程序,则按"进给保持"按钮,程序运行暂停;当程序继续向下执行时,按"循环启动"按钮即可。

(3) 终止程序运行。

在程序自动运行过程中,若要终止程序运行,则按复位键"RESET"即可。当机床在移动过程中,执行复位操作时,机床会减速直至停止运动。

2. 倍率开关控制程序

根据数控铣床的自动运行状况,编程的进给速度 F 值可以通过进给倍率旋钮进行适当的调整。例如,程序中指定的进给速度为 80 mm/min,若将进给倍率旋钮旋转至 50%,则刀具的实际进给速度为 80×50% = 40(mm/min);若将倍率旋钮旋至 0%,则刀具切削进给运动停止。

数控系统有五种快速移动方式:G00 指令的快速移动、固定循环指令中的快速移动、G27~G30 指令中的快速移动、手动快速移动、返回零点的快速移动。快速移动速度可通过快速倍率旋钮调整,倍率有 F0、25%、50% 和 100% 供选用,一般程序试切削时,选择较低的倍率(25%、F0);程序批量加工时,选择较高的倍率(50%、100%),以提高效率。

3. 程序自动/单段运行

一般在程序校验或程序试切削时,使用自动单段运行方式。先按下机床操作面板上的"单步"按钮,单步指示灯亮,再按下"循环启动"按钮,程序在执行完当前段后停止,然后按下"循环启动"按钮,又执行下一程序段……当次按下"单步"按钮时,单步指示灯灭,程序进入自动/连续运行方式,程序连续运行;当再按下"单步"按钮时,单步指示灯亮,程序进入自动/单段运行方式,即通过"单步"按钮可以实现程序自动/连续运行方式和自动/单段运行方式之间的切换。

4. 跳段执行程序

程序自动运行前,按下机床操作面板上的"跳步"触摸键,跳步指示灯亮。程序运行时,遇到有跳步符号"/"的程序段,则跳过此程序段不执行。例如,程序段"/M08;",在校验程序时,按下"跳步"触摸键,该程序段被跳过不执行。

任务实施

一、FANUC 0i 数控铣床的块状零件边角试切对刀训练

建立如图 1-25 所示零件的工件坐标系,工件坐标系零点设在毛坯表面左下边角上。以小组为单位,每组 3~4 名学生,实施过程如下:

(1) 开机,回零。

(2) 工件安装和校正。

① 将平口钳装在工作台上。

② 用百分表校正平口钳固定钳口,操作如下:将百分表的磁力座吸附在机床的主轴上,将百分表的触头和平口钳的固定钳口相接触,来回移动机床的纵向轴,校正平口钳的固定钳口,使之和工作台纵向进给方向平行。要求夹紧夹牢。

将毛坯装上平口钳,要求毛坯表面要平整,选择正确的垫块,保证毛坯沿 Z 轴露出钳口的高度大于工件待加工的深度。

(3) 装夹刀具。

选择好所需刀具,并将刀具装夹好,要求夹紧夹牢。

(4) 组内学生依次进行边角对刀训练 3~4 遍,教师巡回指导。

(5) 结束后关机,清理机床,整理工具,打扫车间卫生。

二、FANUC 0i 数控铣床的块状零件中心试切对刀训练

建立如图 1-25 所示零件的工件坐标系,工件零点设在毛坯表面中心上。以小组为单位,每组 3~4 名学生,实施过程如下:

(1) 开机,回零。
(2) 装夹工件。
(3) 装夹刀具。
(4) 组内学生依次进行中心对刀训练 3~4 遍,教师巡回指导。
(5) 结束后关机,清理机床,整理工具,打扫车间卫生。

三、零件平面的自动加工

以小组为单位,每组 3~4 名学生,实施过程如下:

(1) 开机,回零。为安全起见,刀具先沿 Z 轴回零。牢记必须回零的情况:开机、超程、急停、校验程序。

(2) 装夹工件、刀具。要求夹紧夹牢。

(3) 程序录入与校验。前述平面程序已校验好,本步省略。程序校验后不要忘记回零,空运行时一定不能用于加工,空运行指示灯必灭。

(4) 对刀。设置对刀参数须注意:EXT:X、Y、Z 坐标值均为 0;对刀参数设置在 G54~G59 之一。

(5) 程序自动加工。首先让刀具沿 Z 轴远离工件,然后自动加工。为了保证加工过程的可靠性,首件切削时,刚开始可以采用单段运行的方式进行,确认程序无误后,再采用连续运行方式进行加工。

(6) 组内学生依次自动加工训练 2~3 遍,教师巡回指导。

(7) 整理现场。结束后保养机床,关机,整理工具,打扫车间卫生。

任务小结

本任务主要介绍了数控铣床对刀、数控铣床自动加工的操作方法与步骤。对刀是学习的重点和难点,对刀时要注意以下几点:① 工件及刀具装夹牢固;② 正确回零;③ EXT 坐标系偏置值一定为 0;④ XY 对刀计算的相对坐标有正负。首件加工操作是学习的重点,加工前要注意以下几点:① 程序开始时,一般选择单步执行,确认无误后,程序再连续运行;② 快速倍率为 25%;③ 是否建立机床坐标系和工件坐标系,且 EXT:X、Y、Z 坐标值均为 0;④ 光标是否在程序头,若不在,则按复位键"RESET";⑤ 空运行指示灯灭,空运行不能用于加工;⑥ 刀具补偿 D01 设置正确。通过实操训练,掌握数控铣床的对刀与自动加工操作,为后续深入学习数控编程与加工打下良好的基础。

思考与训练

一、选择题

1. 数控机床有不同的运行形式,需要考虑工件与刀具相对运动关系及坐标方向,编制程序时,采用( )的原则编制程序。
   A. 刀具固定不动,工件移动
   B. 工件固定不动,刀具移动
   C. 分析机床运动关系后再根据实际情况确定
   D. 由机床说明书说明

2. 数控机床主轴以 500 r/min 的转速正转时,其指令是( )。
   A. M03 S500
   B. M04 S500
   C. M05 S500

3. M 代码控制机床各种( )。
   A. 运动状态
   B. 刀具更换
   C. 辅助运动状态
   D. 固定循环

4. 数控铣床回零操作时,为安全起见,应先让( )最先回零。
   A. X 轴
   B. C 轴
   C. Y 轴
   D. Z 轴

5. 如果需要加工运行数控程序,应选择机床在( )工作模式下。
   A. 编辑
   B. 自动

6. 如果想录入数控程序,数控铣床工作应在( )模式下。
   A. 手动
   B. 编辑

7. 加工中心与数控铣床的主要区别是( )。
   A. 数控复杂程度不同
   B. 机床精度不同
   C. 有无自动换刀和刀库系统

8. G00 在指令机床运动时( )
   A. 不允许加工
   B. 允许加工
   C. 由用户事先规定

9. 按( )键可以进入工件坐标系偏置设置界面。
   A. OFFSET/SETTING
   B. INPUT
   C. POS
   D. PROG

10. 执行程序段 N1 G90 G01 X30 Z5 F100;N2 G01 Z20 F500;刀具沿 Z 方向的实际移动量为( )。
   A. 15 mm
   B. 5 mm
   C. 20 mm
   D. 26 mm

11. 某数控铣床加工宽度等于键槽铣刀 $\phi 8$ mm 的沟槽。已知:刀具中心先在安全平面上到达 $X、Y$ 起始坐标(0,0),再慢速下降到切削深度 4 mm,接着直线插补加工的坐标依次为(0,40),(40,40),(40,0),(0,0),则下列说法正确的是( )。
   A. 刀具的中心轨迹为边长 80 mm 的长方形
   B. 刀具的中心轨迹为边长 40 mm 的正方形
   C. 槽的外边轮廓为边长 32 mm 的正方形
   D. 槽的里边轮廓为边长 48 mm 的倒圆正方形

12. 在数控机床的操作面板上"SPINDLE"表示( )。
   A. 主轴
   B. 手动进给
   C. 回零点
   D 手轮进给

13. 数控系统已经在"编辑"模式下,如果想查看数控系统内的数控程序,应按下数控系统面板上的(　　)键。

A. POS　　　　　　　　　　　　　　B. PROG

C. OFFSET/SETTING　　　　　　　　D. CUSTOM/GRAPH

14. 一个程序段指令录完后,应按下数控系统面板上的(　　)键。

A. EOB　　　　B. ↓　　　　C. INSERT　　　　D. ALTER

15. 如果想删除数控程序中的字符,应按下数控系统面板上的(　　)键。

A. CAN　　　　B. INSERT　　　　C. DELETE　　　　D. INPUT

16. G91 G01 X12.0 Y16.0 F80 执行后,刀具移动了(　　)mm。

A. 22　　　　B. 25　　　　C. 20　　　　D. 28

17. 编程人员在编程时使用的,并由编程人员在工件上指定某一基准点为坐标原点所建立的坐标系称为(　　)。

A. 工件坐标系　　B. 机床坐标系　　C. 极坐标系　　D. 绝对坐标系

二、判断题

1. 用端铣刀铣平面时,铣刀刀齿参差不齐,对铣出平面的平面度好坏没有影响。(　　)

2. M 功能又叫准备功能。(　　)

3. 粗铣平面时,因加工表面余量不均,选择铣刀直径要小一些。精铣平面时,铣刀直径要大,最好能包住整个加工面宽度。(　　)

4. 为了在正式加工前校验程序语法的正确性,程序空运行时,正确的操作应将"急停"按钮按下。(　　)

5. 在"手动"模式下,可以通过 MDI 键盘录入数控程序。(　　)

6. 为了在正式加工前校验程序语法的正确性,程序空运行时,不必将"机床锁住"开关打开。(　　)

7. 机床参考点是机床坐标系中一个固定不变的位置点,是对机床工作台、滑板与刀具相对运动的测量系统进行标定和控制的点,因此,数控机床开机后,必须先进行手动回参考点操作,才能建立机床坐标系,但不能消除由于种种原因产生的基准偏差。(　　)

8. 使用电子寻边器对刀的好处是不损伤工件表面。(　　)

9. 数控铣床与数控加工中心是完全不同的两类机床,其数控程序完全不兼容。(　　)

10. 在数控机床上也能精确测量刀具的长度。(　　)

11. 在编辑模式下,按"INSERT"键,可把输入缓存的内容插入光标所在代码前面。(　　)

12. 在编辑模式下,按"ALTER"键,可把输入缓存的内容插入光标所在代码前面。(　　)

13. 在编辑模式下,输入"O-9999",再按"DELETE"键,会把系统中所有程序删除。(　　)

14. 数控编程时,首先应确定数控机床,然后分析加工零件的工艺特性。(　　)

15. 编制数控程序时一般以机床坐标系作为编程的坐标系。(　　)

16. 数控程序的程序段顺序号必须按顺序排列。(　　)

17. 在首次运行数控程序时,为了便于发现问题,可以选择"单段运行"模式。(　　)

18. 数控机床在"自动"模式和"MDI"模式下都可以执行数控程序。(　　)

19. 一旦发现数控机床的运行状态出现异常,应立即按下"急停"按钮。（　　）

20. 数控机床操作面板上有倍率修调开关,操作人员加工时可随意调节主轴或进给的倍率。（　　）

三、项目训练题

如图 1-44、图 1-45 所示为平面零件,已知材料为 45 钢,毛坯长、宽、高分别比零件尺寸大 5 mm。要求设计其数控加工工艺,编制数控程序,并操作数控铣床完成零件加工。

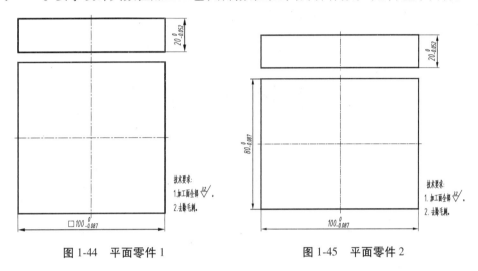

图 1-44　平面零件 1　　　　　　　　图 1-45　平面零件 2

考核评价

本项目评价内容包括基础知识与技能评价、学习过程与方法评价、团队协作能力评价和工作态度评价。评价方式包括学生自评、小组互评和教师评价。具体见表 1-33,供参考。

表 1-33　考核评价表

姓名				学号		班级		时间	
考核项目	考核内容		考核要求		分值	小计	学生自评30%	小组互评30%	教师评价40%
基础知识与技能评价	安全操作知识与技能		掌握机床安全操作规程		6	40			
	工艺文件		模仿设计平面的工艺		6				
	数控程序		模仿编制平面的程序		6				
	手动操作		掌握数控铣床开关机、回零、手动、快速、手轮、MDI 等操作		6				
	程序编辑与校验		掌握数控铣床程序编辑与校验		6				
	对刀与自动加工		掌握数控铣床对刀与自动加工操作		10				

续表

考核项目	考核内容	考核要求	分值	小计	学生自评30%	小组互评30%	教师评价40%
学习过程与方法评价	各阶段学习状况	严肃、认真,保质保量按时完成每个阶段的学习任务	15	30			
	学习方法	掌握正确有效的学习方法	15				
团队协作能力评价	团队意识	具有较强的协作意识	10	20			
	团队配合状况	积极配合团队成员共同完成工作任务,为他人提供帮助,能虚心接受他人的意见,乐于贡献自己的聪明才智	10				
工作态度评价	纪律性	严格遵守学校和实训室的各项规章制度,不迟到、不早退、不无故缺勤	5	10			
	责任性、主动性与进取心	具有较强的责任感,不推诿、不懈怠;主动完成各项学习任务,并能积极提出改进意见;对学习充满热情和自信,积极提升综合能力与素养	5				
合计							
教师评语					得分		
					教师签名		

项目 2 轮廓零件的数控加工工艺设计与编程

  学习目标

1. 能力目标

(1) 根据给定零件图,能够合理设计平面轮廓零件的数控加工工艺。
(2) 根据设计的数控加工工艺,能够运用刀具半径补偿指令编制平面轮廓的数控程序。
(3) 能够使用子程序简化编程。
(4) 能严格遵守安全操作规程,独立操作数控铣床,加工出合格的零件。

2. 知识目标

(1) 了解平面内、外轮廓的铣削加工工艺知识,掌握其走刀路线设计知识。
(2) 掌握 CAD 确定基点坐标的方法。
(3) 掌握圆弧插补、倒圆与倒角、极坐标指令及应用(G02/G03、",R/C"、G16/G15)。
(4) 掌握刀具补偿功能及应用(G40~G42、G43/G49)。
(5) 掌握子程序知识及应用(M98/M99)。
(6) 掌握平面轮廓零件的工艺设计方法和编程方法。
(7) 掌握数控铣床刀具长度补偿对刀方法。

使用数控铣床加工零件,一般来说都需要经过 3 个主要的工作环节,即确定工艺设计、编制加工程序、实际操作机床加工。本项目要求学生主要学习轮廓零件的数控加工工艺设计和数控程序编制,并完成零件的实际加工。

任务 2.1 轮廓零件的数控加工工艺设计

 任务描述

如图 2-1 所示为一平面轮廓零件,已知材料为 45 钢,数量为 5 个,毛坯尺寸为 90 mm×90 mm×20.5 mm,分析零件的工艺性,拟定工艺路线,设计数控加工工序,填写工艺文件。

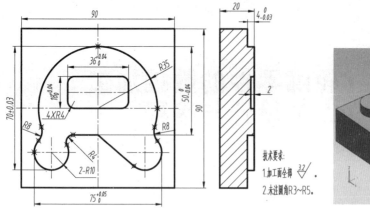

图 2-1　平面轮廓零件图

一、刀具的选择

铣削平面类零件周边轮廓一般采用立铣刀,如图 2-2 所示。立铣刀按端部切削刃的不同分为过中心刃和不过中心刃两种。过中心刃的立铣刀可在实体上直接轴向进刀,考虑到底刃切削能力比较差,轴向进给速度要小一些。不过中心刃的立铣刀工作时不能做轴向进给,在实体上轴向进刀时需要预钻工艺孔。立铣刀按螺旋角大小可分为 30°、40°、60°等形式;按齿数可分为粗齿、中齿、细齿三种。立铣刀的圆柱表面和底端面上均有切削刃,二者可同时进行切削,也可单独进行切削(如垂直下刀)。

选取立铣刀时,要使刀具的尺寸与被加工工件的形状、表面尺寸相适应,立铣刀的主要结构参数有直径、长度、刃数和螺旋角。

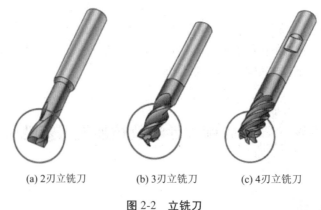

(a) 2刃立铣刀　　(b) 3刃立铣刀　　(c) 4刃立铣刀

图 2-2　立铣刀

1. 立铣刀直径的选择

立铣刀直径的选择主要考虑工件加工尺寸的要求,并且刀具切削所需功率在数控机床的额定范围内。如果是小直径立铣刀,则应重点考虑机床的最高转速能否达到刀具的最低切削速度要求(如合金刀切碳钢切削速度约为 60 m/min)。刀具半径 R 须小于或等于轮廓内凹的最小曲率半径 $\rho_{\min}$,一般可取 $R = (0.8 \sim 0.9)\rho_{\min}$。

如果轮廓内凹的最小曲率半径 $\rho_{\min}$ 过小,为了提高加工效率,首先,应采用大直径刀具进行粗加工;其次,按上述要求选择小直径刀具,对轮廓上残留余量过大的局部区域进行二次粗加工;最后,对整个轮廓进行精加工。

2. 立铣刀长度的选择

对不通孔(深槽),选取 $L = H + (5 \sim 10)$ mm,其中 L 为刀具切削刃长度,H 为零件最大的加工深度或高度。加工通孔及通槽时,选择 $L = H + r_\varepsilon + (5 \sim 10)$ mm,其中 r_ε 为刀具圆角半径。刀具与零件的接触长度 $H' \leqslant (4 \sim 6)R$,R 为零件轮廓的内转角圆弧半径,以保证刀具有足够的刚度。

在刀具切削刃满足最大深度的前提下,尽量缩短立铣刀从刀柄下端面伸出的长度,立铣刀的长度越长,抗弯强度越小,受力弯曲程度越大,会影响工件的加工质量,并容易产生振动,加速切削刃的磨损。

3. 立铣刀刃数的选择

常用的立铣刀刃数一般为 2、3、4、6、8。刃数少,容屑空间较大,排屑效果好;刃数多,立铣刀的芯厚较大,刀具刚性好,适合大进给切削,但排屑较差。

一般按工件材料和加工性质选择立铣刀的刃数。例如,粗铣钢件时,首先保证容屑空间及刀齿强度,应采用刃数较少的立铣刀;精铣铸铁件或铣削薄壁铸铁件时,宜采用刃数较多的立铣刀。

4. 立铣刀螺旋角的选择

粗加工时,螺旋角可选用较小值;精加工时,螺旋角可选用较大值。

二、铣削方式的选择

铣削内、外轮廓时一般采用立铣刀侧刃进行切削。因刀具的运动轨迹和方向不同,有顺铣和逆铣两种方式,不同的铣削方式所得的零件表面质量也不同。

如图 2-3 所示,若切削刃上选定点的切削速度方向与工件进给方向相反,称为逆铣;若切削刃上选定点的切削速度方向与工件进给方向一致,称为顺铣。

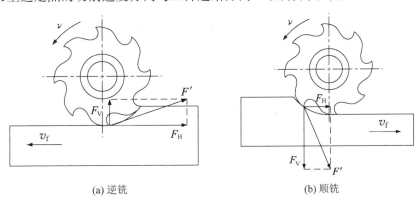

图 2-3 铣削方式

逆铣时,每个刀刃的切削厚度都是由小到大逐渐变化的,刀齿从已加工表面切入,对铣刀的使用有利。但由于铣刀的刀齿接触工件后不能马上切入金属层,而是在工件表面滑动一小段距离,在滑动过程中,由于强烈的摩擦,刀具容易磨损,不利于提高刀具的耐用度,并使已加工表面粗糙度值增大,同时,逆铣有一个向上抬工件的分力,容易使工件振动和松动,需要较大的夹紧力。

顺铣时,切削厚度是由大到小逐渐变化的,刀齿开始和工件接触时切削厚度最大,且从表面硬质层开始切入,刀齿受很大的冲击负荷,铣刀较快变钝,但刀齿在切入过程中没有滑移现象。顺铣的功率消耗要比逆铣的功率消耗小,在同等切削条件下,顺铣功率消耗要低 5%~15%,同时顺铣也更加有利于排屑,但由于水平铣削力的方向与工件进给运动方向一致,当刀齿对工件的作用力较大时,由于工作台丝杆与螺母间间隙的存在,工作台会产生窜动,这样不仅破坏了切削过程的平稳性,而且影响工件的加工质量,严重时甚至会损坏刀具。

目前,数控机床通常具有间隙消除机构,能可靠地消除工作台进给丝杆与螺母的间隙,防止铣削过程中产生振动。因此,对于工件毛坯表面没有硬皮,工艺系统具有足够刚性的条件下,数控铣削加工应尽量采用顺铣,以降低被加工零件表面的粗糙度,保证尺寸精度。但是在切削面上有硬质层、积渣或工件表面凹凸不平较显著时,如加工锻造毛坯,应采用逆铣法。

三、轮廓铣削走刀路线的设计

轮廓铣削走刀路线的设计

走刀路线是指加工过程中刀具相对于被加工工件的运动轨迹和方向,它是数控程序编制的重要依据,关系到零件加工质量和机床加工效率。确定合理的走刀路线的一般原则如下。

(1) 精加工要保证零件的加工精度和表面粗糙度要求。例如,精加工时,选择切向切入、切出工件,连续轮廓一次性走出,以避免接刀痕。

(2) 缩短切削进给路线,减少空行程时间,以提高效率。

(3) 方便基点坐标计算,减少编程工作量。例如,刀具切入点选在象限上。

(4) 尽量减少程序段数。例如,某段刀具路径重复出现时,可采用子程序简化编程,缩短程序的长度。

(一) 平面轮廓的走刀路线

铣削工件平面内外轮廓时,一般采用立铣刀侧刃加工。对于平面轮廓加工,走刀路线通常可以设计为:刀具 Z 轴回零→刀具快速定位至 XY 平面内起始点(下刀点)→刀具从 Z 轴零点快速运动至安全平面 $Z50$→刀具快速运动至进刀平面 $Z5$→刀具切削进给至切削深度→XY 平面内刀具切入工件→XY 平面内刀具沿轮廓切削→XY 平面内刀具切出工件至返回点,该点一般与下刀点重合→刀具 Z 轴抬刀至安全平面 $Z50$→刀具抬刀至 Z 轴返回点。

需要说明的是,刀具铣削外轮廓时,XY 平面内的下刀点(返回点)选在工件的外面,Z 轴凌空下刀;刀具铣削内轮廓时,XY 平面内的下刀点(返回点)只能选择内轮廓内部,若内轮廓内部有岛屿,要注意避让,避免产生过切。

由上可知，无论是外轮廓加工还是内轮廓加工，走刀路线的设计主要是 XY 平面走刀路线的合理设计，它一般由轮廓和切入/切出路径两部分组成，轮廓通常由零件给出，因此，XY 平面走刀路线的设计重点是切入/切出路径的设计。铣刀切入/切出工件一般有径向切入/切出、切向切入/切出和混合切入/切出三种路径。

1. 径向切入/切出路径

径向切入/切出路径就是刀具沿工件轮廓的法向切入/切出工件，如图 2-4 所示的走刀路线 $S \to P_1 \to P_2 \to P_3 \to \cdots \to P_6 \to P_1 \to S$，其中法向切入路径为 $S \to P_1$，法向切出路径为 $P_1 \to S$。这种路径的缺点是刀具在加工过程中有停顿，切削过程不够平稳，容易在工件表面形成刀痕，影响加工精度，不适合高速加工，一般用于工件精加工精度要求不高或粗加工的场合，优点是手工编程比较简单。

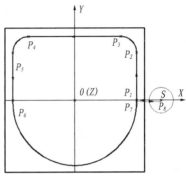

图 2-4　径向切入/切出的走刀路线

2. 切向切入/切出路径

切向切入/切出路径就是刀具沿工件轮廓的切向切入/切出，它有直线切向切入/切出和圆弧切向切入/切出两种方式。如图 2-5 所示为铣削外圆柱面采用的走刀路线，其切入/切出路径采取的是沿切向的直线段，切向直线切入路径为 $S \to A_1 \to A_2$，直线切向切出路径为 $A_2 \to A_3 \to E$，铣削外圆柱轮廓也可以采用圆弧切向切入/切出路径。如图 2-6 所示为铣削内圆柱面采用的走刀路线，其切向切入/切出路径不能再采用直线切入/切出；否则，零件被过切。因此，必须采用圆弧段，圆弧切向切入路径为 $O \to B_1 \to B_2$，圆弧切向切出路径为 $B_2 \to B_3 \to O$。实际编程时，为避免零件过切，内轮廓的切向切入/切出路径通常选择圆弧切入/切出路径。这种路径的优点是刀具切削过程平稳，在工件表面不会留下接刀痕，加工精度高，一般用于工件加工精度要求高或高速加工的场合，缺点是手工编程比法向切入/切出的走刀路线复杂些。

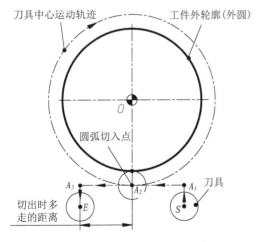

图 2-5　铣削外圆柱面走刀路线

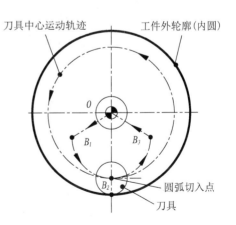

图 2-6　铣削内圆柱面走刀路线

3. 混合切入/切出路径

混合切入/切出路径就是刀具切入/切出工件轮廓时既不相切,也不是法向方向。混合切入/切出路径一般采用直线段,该直线段与轮廓为相交关系,一般用在粗加工场合。

此外,在铣削平面轮廓零件时,优先选择采用顺铣加工方式,这样可以提高零件表面的质量和加工精度。要选择合理的进、退刀位置,尽可能选在不太重要的位置,选在便于基点坐标计算的位置。同时,在轮廓加工过程中避免进给暂停,应平滑过渡;否则,刀具会在进给暂停处的零件轮廓上留下刀痕,甚至少量过切,影响表面质量。

(二) 平面型腔的走刀路线

型腔是指具有封闭边界轮廓的平底或曲底凹坑,而且可能存在一个或多个岛屿,如图 2-7 所示。平面型腔是指以平面封闭轮廓为边界的平底直壁凹坑。型腔类零件在模具、航空等工业中比较常见,有人甚至认为 80% 以上的机械加工可归结为型腔加工。

1. 型腔走刀路线的设计

平面型腔的加工包括型腔区域的加工与轮廓(包括边界内轮廓和岛屿外轮廓)的加工,一般采用立铣刀或环形刀(刀具的选取取决于型腔侧壁与底面间的过渡要求)进行加工。

平面型腔的切削分两步:第一步切削内腔,第二步切削轮廓。切削轮廓通常又分为粗加工和精加工两个工步。粗加工的刀具中心轨迹如图 2-8 中点画线所示,是从型腔边界轮廓向里及从岛屿轮廓向外偏置值为铣刀半径 R 加上精加工余量而形成,它是设计内腔区域走刀路线的重要依据。切削内腔区域时,常用的有行切法、环切法和混合法(先行切后环切),如图 2-9 所示。三种方法的特点如下。

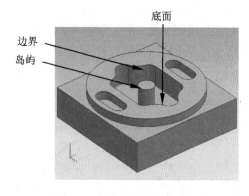

图 2-7 带岛屿的型腔示意图

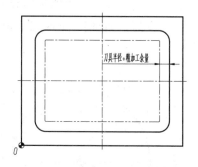

图 2-8 型腔轮廓粗加工刀具轨迹

① 共同点是都能切净内腔区域的全部材料,不留死角,不伤轮廓,同时尽量减少走刀的重叠量。

② 不同点是行切法的走刀路线比环切法要短,加工效率较高,但行切法将在每两次进给的起点与终点间留有残料,如图 2-9(a)所示,造成精加工余量不匀,从而导致加工精度不高。环切法加工之后,精加工余量均匀,因此,加工精度较高,但环切法的走刀路线长,加工效率比行切法要低,且刀位点的坐标计算稍微复杂些。

③ 采用如图 2-9(c)所示的混合法进给路线,即先行切再环切,是一种很好的选择,既

能满足进给路线较短的要求,又能保证较好的加工精度。

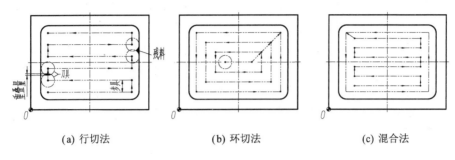

(a) 行切法　　　　　(b) 环切法　　　　　(c) 混合法

图2-9　内腔区域加工走刀路线

对于某一具体型腔,可采用各种不同的走刀方式,并以加工时间最短(刀具轨迹长度最短)作为评价目标进行比较,原则上可获得最优的走刀方案。设计走刀路线与所用刀具有很大关系,尽管采用大直径刀具可以获得较高的加工效率,但对于形状复杂的平面型腔,若采用大直径刀具将产生很多的欠切削区域,需进行后续加工处理,而若直接采用小直径刀具,则又会降低加工效率。因此,生产实践中,一般采用大直径刀具与小直径刀具混合使用的方案。

综上所述,对于较浅的型腔,可用键槽铣刀插削到底面深度,选择合适的走刀方法先铣削内腔区域,然后利用刀具半径补偿对垂直侧壁轮廓进行精铣加工。对于较深的型腔,则要先选择合适的走刀方法分层进行粗加工,此时还要定义每层加工深度及型腔深度,以便计算需要分多少层进行粗加工,如图2-10所示,D为刀具直径,R为由快进转换为工进的切换点。然后利用刀具半径补偿对垂直侧壁轮廓进行精铣加工,Z轴方向一般单层,或尽量少分层。

2. Z轴下刀方法的确定

与轮廓加工不同,型腔铣加工时要考虑沿Z轴如何切入工件实体的工艺问题,而且这一点很重要,通常选用垂直下刀、螺旋下刀和斜线下刀三种方法。

(1) 垂直下刀。

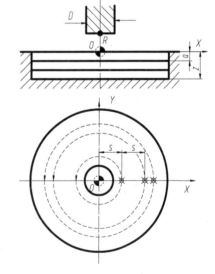

图2-10　深圆腔粗铣的走刀路线

① 小面积切削和零件表面粗糙度要求不高的情况。使用键槽铣刀沿Z轴垂直向下进刀切入工件,如图2-11(a)所示。虽然键槽铣刀其端部刀刃通过铣刀中心,有垂直吃刀的能力,但由于键槽铣刀只有两刃切削,加工时的平稳性较差,因而表面粗糙度较大;同时在同等切削条件下,键槽铣刀较立铣刀的每刃切削量大,因而刀刃的磨损也较大,在大面积切削中的效率较低。所以,采用键槽铣刀直接垂直下刀并进行切削的方式,通常只用于小面积切削或被加工零件表面粗糙度要求不高的情况。

② 大面积切削和零件表面粗糙度要求较高的情况。大面积的型腔一般采用加工时

具有较高的平稳性和较长使用寿命的立铣刀来加工,但由于立铣刀的底切削刃没有到刀具的中心,所以立铣刀在垂直进刀时没有切深的能力,因此,一般先采用键槽铣刀(或钻头)垂直进刀,预钻起始孔后,再换多刃立铣刀加工型腔。

(2)螺旋下刀。螺旋下刀方式是数控加工应用较为广泛的下刀方式,特别在模具制造行业中应用最为常见。刀片式合金模具铣刀可以进行高速切削,但和高速钢多刃立铣刀一样,在垂直进刀时没有较大切深的能力。但可通过螺旋下刀的方式,通过刀片的侧刃和底刃的切削,避开刀具中心无切削刃部分与工件的干涉,使刀具沿螺旋朝深度方向渐进,从而达到进刀的目的。这样,可以在切削的平稳性与切削效率之间取得一个较好的平稳点,如图2-11(b)所示。

螺旋下刀也有其固有的弱点,如切削路线较长、在比较狭窄的型腔加工中往往因为切削范围过小无法实现螺旋下刀等,所以有时需采用钻下刀孔等方法来弥补,在选用螺旋下刀方式时要注意灵活运用。

(3)斜线下刀。斜线下刀时刀具快速下降至离加工表面上方一段距离后,改为与工件表面成一定角度的方向,以斜线的方式切入工件来达到沿 Z 轴方向进刀的目的,如图2-11(c)所示。斜线下刀方式作为螺旋下刀方式的一种补充,通常用于因范围的限制而无法实现螺旋下刀时的长条形的型腔加工。

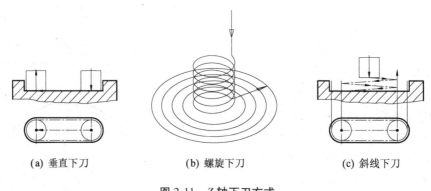

(a) 垂直下刀　　　　　(b) 螺旋下刀　　　　　(c) 斜线下刀

图 2-11　Z 轴下刀方式

斜线下刀主要的参数有:斜线下刀的起始高度、切入斜线的长度、切入和反向切入角度。起始高度一般设在加工面上方 0.5~1 mm;切入斜线的长度要视型腔空间大小及铣削深度来确定,一般斜线越长,进刀的切削路程就越长;切入角度选取得太小,斜线数增多,切削路程加长;角度太大,又会产生不好的端刀切削的情况,一般选 3°~20°为宜。通常进刀角度和反向进刀切入角度取相同的值。

四、切削用量的选择

切削用量包括背吃刀量(侧吃刀量)、进给速度和切削速度,在数控编程时,编程者必须确定每道工序的切削用量,并以指令的方式编入程序中。切削用量数值合理与否对加工质量、加工效率、生产成本等有着非常重要的影响。切削用量的确定通常有经验法和查表计算法。下面只介绍查表计算法确定切削用量的步骤。

1. 确定背吃刀量(端铣)和侧吃刀量(圆周铣)

背吃刀量和侧吃刀量根据工件的材料和工艺系统的刚度来决定,工艺系统是由机床、夹具、刀具和工件组成的。粗加工时,在数控铣床工艺系统刚度允许的条件下,应尽可能使背吃刀量或侧吃刀量与工件的加工余量相等,这样可得到较高的切削效率。精加工时,一般留 0.2~0.5 mm 精加工余量,且表面余量均匀,目的是保证加工表面质量。

对于型腔粗加工,一般让 Z 方向的背吃刀量不超过刀具的半径;直径较小的立铣刀,切削深度一般不超过刀具直径的 1/3。侧吃刀量与刀具直径大小成正比,与背吃刀量成反比,一般侧吃刀量取刀具直径的 0.6~0.9 倍。需要注意的是:型腔粗加工第一刀切削,为刀具全宽切削,切削力大,切削条件差,应适当减小进给量和切削速度。

对于型腔精加工,为了保证加工质量,避免工艺系统受力变形并减小振动,精加工背吃刀量应小些,数控机床的精加工余量可略小于普通机床,一般在深度、宽度方向留 0.2~0.5 mm 余量进行精加工。

2. 确定主轴转速

主轴转速的大小取决于切削速度和刀具直径。先根据刀具材料和工件材料查阅切削手册(刀具样本),选择合适的切削速度 v_c,或通过铣削的切削速度计算公式计算出切削速度 v_c;再将 v_c 代入式(2-1),即可算出主轴转速 n。

$$n = \frac{1\,000 \cdot v_c}{\pi d} \qquad (2-1)$$

式中,n 表示主轴转速(单位:r/min),v_c 表示刀具切削线速度(单位:m/min),d 表示刀具直径(单位:mm)。

例 2-1 在立式数控铣床上铣削平面,刀具选择 ϕ80 mm 的硬质合金盘铣刀,切削速度为 200 /min,试计算主轴转速 n。

解:
$$n = \frac{1\,000 \cdot v_c}{\pi d} = \frac{1\,000 \times 200}{3.14 \times 80} \approx 796(\text{r/min})$$

一般对转速 n 取整后作为编程主轴转速,因此,主轴转速取 800 r/min,并根据实际试切削情况加以调整。

3. 确定进给速度

进给速度主要根据零件的加工精度和表面粗糙度要求及刀具、工件的材料性质选取。查阅切削手册(刀具样本),选择合适的刀具每齿进给量 f_z,将每齿进给量 f_z 代入式(2-2),即可算出刀具进给速度 v_f,一般对进给速度 v_f 取整后作为编程进给速度,实际加工时可根据切削状况调整进给倍率开关来调节进给速度。精加工时进给量主要受表面粗糙度要求的限制。

$$v_f = f_z z n \qquad (2-2)$$

式中,f_z 表示刀具每齿进给量(单位:mm/z),z 表示刀具齿数,n 表示主轴转速(单位:r/min)。

为便于编程时确定切削用量,特列出高速钢立铣刀和硬质合金立铣刀的切削用量推荐表,分别见表 2-1 和表 2-2。

表 2-1 切削用量推荐表(高速钢立铣刀)

工件材料	硬度(HBS)	切削速度/(m/min)	每齿进给量/(mm/z)	
			粗铣	精铣
钢	<225	18~42	0.10~0.15	0.02~0.05
	225~325	12~36		
	325~425	6~21		
铸铁	<190	21~36	0.12~0.20	
	190~260	9~18		
	260~320	4.5~10		

表 2-2 切削用量推荐表(硬质合金立铣刀)

工件材料	切削速度/(m/min)	每齿进给量/(mm/z)		
		$d≤6mm$	$d≤12mm$	$d≤25mm$
铝、铝合金	365~173	0.005~0.050	0.050~0.102	0.102~0.203
黄铜、青铜	107~60	0.013~0.050	0.050~0.076	0.076~0.125
紫铜、紫铜合金	275~107	0.013~0.050	0.050	0.050~0.153
铸铁(低硬度)	153~60	0.013~0.050	0.020~0.050	0.076~0.203
铸铁(高硬度)	107~24	0.008~0.020	0.025~0.050	0.050~0.102
球墨铸铁	122~24	0.005~0.025	0.025~0.076	0.050~0.153
可锻铸铁	183~122	0.005~0.025	0.025~0.076	0.076~0.178
低碳钢	153~60	0.010~0.038	0.038~0.050	0.076~0.178
中碳钢	75~30	0.005~0.025	0.025~0.076	0.050~0.125
高碳钢	37~7	0.005~0.013	0.013~0.025	0.025~0.076
低硬度不锈钢	150~120	0.013~0.025	0.025~0.050	0.050~0.130
高硬度不锈钢	120~90	0.013~0.025	0.025~0.050	0.050~0.130

备注:当径向切削量较小时,应使用推荐的表内切削速度较高值;当径向切削量较大时,应使用推荐的表内切削速度较低值;铣槽时,切削速度应比最低值低约 20%;建议轴向切削深度不超过刀具直径的 1.0~1.5 倍。

如图 2-1 所示为平面轮廓零件,工件底面和四个侧面已加工完毕,工件顶面留有 0.5 mm 的余量,尺寸为 90 mm×90 mm×20.5 mm,本工序的任务是在数控铣床上加工顶面、较复杂外轮廓和小矩形型腔。零件材料为 45 钢,其数控铣床加工工艺设计如下。

一、分析零件图的工艺

该零件外轮廓和矩形腔内轮廓由直线和圆弧组成,各几何元素之间关系描述清楚、完整。尺寸精度要求较高的尺寸为 $18_{\ 0}^{+0.04}$ mm、$36_{\ 0}^{+0.04}$ mm、$75_{\ 0}^{+0.05}$ mm、$50_{-0.04}^{\ \ 0}$ mm、(70 ± 0.03) mm,为保证尺寸精度,精加工按中值尺寸进行编程,经中值处理,确定上述各尺寸的编程尺寸为 $18.02_{-0.02}^{+0.02}$ mm、$36.02_{-0.02}^{+0.02}$ mm、$75.025_{-0.025}^{+0.025}$ mm、$49.98_{-0.02}^{+0.02}$ mm、(70 ± 0.03) mm。表面粗糙度均为 $3.2~\mu$m。零件材料为 45 钢,切削加工性能良好。

根据上述分析,顶面加工采用单层加工,外轮廓和矩形腔体的加工应分粗、精加工阶段,以保证工件加工质量。

二、确定加工顺序

根据零件形状及加工精度要求,采取工序集中原则,一次装夹完成所有加工内容。以底面和与平口钳固定钳口接触平面为定位基准,依据先粗后精、先内后外的原则,确定加工顺序(表 2-3)。

表 2-3 加工顺序

单位名称	××技术学院	零件图号	零件名称	设备	场地
		VM-2	平面轮廓零件	VM600	数控车间
工步号	工步内容	确定依据	量具		备注
			名称	规格	
1	粗加工上表面				
2	矩形内轮廓粗加工	先粗后精、先内后外	0.02 mm 游标卡尺	0~150 mm	快速去除余量
3	外轮廓粗加工	先粗后精、先内后外	0.02 mm 游标卡尺	0~150 mm	快速去除余量
4	矩形内轮廓精加工	先粗后精、先内后外	0.02 mm 游标卡尺	0~150 mm	保证加工精度
5	外轮廓精加工	先粗后精、先内后外	0.02 mm 游标卡尺	0~150 mm	保证加工精度
6	去毛刺				
7	检验		0.02 mm 游标卡尺	0~150 mm	

三、确定装夹方案

零件毛坯为规则的长方体,加工上表面与轮廓时选择平口钳装夹,工件高度为 25 mm,因此,装夹工件时底面需要选择合适的高度垫铁进行定位。

四、选择刀具

矩形型腔:精加工时一般取 $R_刀 = (0.8\sim0.9)\times R_{\min}$,其中 $R_{\min}$ 为轮廓内凹最小曲率半径,由图 2-1 知 $R_{\min}$ 为 4 mm,考虑到刀具强度,选择 $R_刀 = 4$ mm 的立铣刀。粗加工时为使刀具沿轮廓走刀粗加工不留残料,$R_刀$ 应大于 4.5 mm,但不能大于 9 mm,为提高效率,选择

刀具 $R_{刀}=8$ mm 的立铣刀。

外轮廓：精加工时一般取 $R_{刀}=(0.8\sim0.9)\times R_{min}$，其中 R_{min} 为轮廓内凹最小曲率半径，由图 2-1 可知 R_{min} 为 4 mm，考虑到刀具强度，选择 $R_{刀}=4$ mm 的立铣刀。粗加工时为减少换刀次数和提高效率，选择与矩形腔粗加工一样的刀具，即 $R_{刀}=8$ mm 的立铣刀。

顶面加工：由于加工顶面面积不大，减少换刀次数，选择 $R_{刀}=8$ mm 的立铣刀。

由上可知，刀具选择如表 2-4 所示。

表 2-4 刀具选择

单位名称	××学院		零件图号	VM-02	零件名称		轮廓零件
工步号	刀具号	刀具名称	刀具材料	刀具参数/mm		刀补地址、补偿量/mm		备注
				直径	长度	半径	长度	
1	T01	立铣刀	高速钢	φ16	100		H01	刀具底刃过中心
2	T01	立铣刀	高速钢	φ16	100	D01=8.3	H01	
3	T01	立铣刀	高速钢	φ16	100	D01=8.3	H01	
4	T02	立铣刀	高速钢	φ8	50	D02=4	H02	
5	T02	立铣刀	高速钢	φ8	50	D02=4	H02	

五、确定切削用量

根据前面介绍的查表计算法，确定各工步的切削用量，如表 2-5 所示。

表 2-5 切削用量表

单位名称	××学院		零件图号	VM-02	零件名称	平面轮廓零件
工步号	刀具号	刀具直径/mm	主轴转速 $n/(r/min)$	进给速度 $v_f/(mm/min)$	背吃刀量 a_p/mm	加工内容
1	T01	φ16	450	80	0.5	顶面加工
2	T01	φ16	450	80	2	粗加工型腔
3	T01	φ16	450	80	4	粗加工外轮廓
4	T02	φ8	800	60	2	精加工型腔
5	T02	φ8	800	60	4	精加工外轮廓

六、建立工件坐标系与设计走刀路线

工件坐标系的 X、Y 轴原点确定为工件几何中心，Z 轴零点在工件顶面上。本零件平面走刀路线的设计与项目 1 相同，这里不再重复，轮廓走刀路线的设计如图 2-12、图 2-13 所示，粗加工走刀路线将轮廓的内凹圆弧改成直线段。

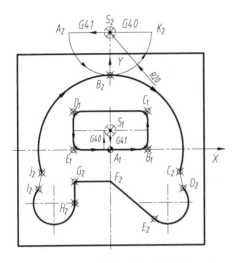
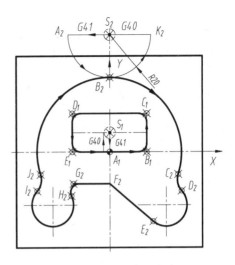

图 2-12 粗加工走刀路线图　　图 2-13 精加工走刀路线图

七、填写工艺文件

基于上述工艺设计，填写数控加工工序卡，如表 2-6 所示；填写数控加工刀具卡，如表 2-7 所示。

表 2-6　数控加工工序卡

××学院	数控加工工序卡		产品名称或代号		零件名称	材料	零件图号
					轮廓零件	45钢	VM-02
工序号	程序号	夹具名称	夹具编号		加工设备	数控系统	车间
×	××	平口钳	JJ01		VM600	FANUC 0i	数控车间
工步号	工步内容		刀具号	刀具名称、规格	主轴转速 $n/(\text{r/min})$	进给速度 $v_f/(\text{mm/min})$	背吃刀量 a_p/mm	备注
1	顶面加工		T01	立铣刀 $\phi 16$ mm	450	80	0.5	
2	矩形内轮廓粗加工		T01	立铣刀 $\phi 16$ mm	450	80	2	
3	矩形外轮廓粗加工		T01	立铣刀 $\phi 16$ mm	450	80	4	手动切削残料
4	矩形内轮廓精加工		T02	立铣刀 $\phi 8$ mm	800	60	2	
5	矩形外轮廓精加工		T02	立铣刀 $\phi 8$ mm	800	60	2	
6	去毛刺，检验							
编制	日期	审核	日期	批准	日期		共1页	第1页

表 2-7　数控加工刀具卡

零件名称 轮廓零件		零件图号 VM-02		数控加工 刀具卡	程序号		车间	设备
					××		数控车间	VM650
工步号	刀具号	刀具名称、 规格	数量	刀补地址、补偿量/mm		加工部位		备注
				半径	长度			
1	T01	立铣刀φ16 mm	1		H01	顶面		刀心编程
2	T01	立铣刀φ16 mm	1	D01 = 8.3	H01	矩形内轮廓粗切、外轮廓粗切		
3	T02	立铣刀φ8 mm	1	D02 = 4	H02	矩形内轮廓精切、外轮廓精切		
编制		日期	审核	日期	批准	日期	共 1 页	第 1 页

任务小结

本任务主要介绍了轮廓零件加工的刀具选择、铣削方式的选择、走刀路线的设计及切削用量的选择，并通过完成轮廓零件的工艺设计，来掌握轮廓零件的工艺设计方法。数控铣削工艺问题是数控加工中最复杂的，也是应用最广泛的加工方法。因此，要熟练掌握轮廓工艺并在实践中加以体会，才能运用自如。

任务 2.2　轮廓零件的数控程序编制

任务描述

根据任务 2.1 所设计的轮廓零件的数控加工工艺，编制其数控程序。

知识准备

圆弧插补指令

一、圆弧插补与倒圆/倒角指令

（一）圆弧插补指令

1. 圆弧插补指令（G02、G03）

（1）功能。

在插补平面内，使刀具从圆弧起点沿圆弧切削进给运动到圆弧终点，加工出圆弧轮廓。G02 为顺时针圆弧插补指令，G03 为逆时针圆弧插补指令。

（2）编程格式。

① XY 平面上圆弧。

G17 G02/G03 X_ Y_ R_ F_;（R 方式）

G17 G02/G03 X_ Y_ I_ J_ F_;(IJ 方式)

② XZ 平面上圆弧。

G18 G02/G03 X_ Z_ R_ F_;(R 方式)

G18 G02/G03 X_ Z_ I_ K_ F_;(IK 方式)

③ YZ 平面上圆弧。

G19 G02/G03 Y_ Z_ R_ F_;(R 方式)

G19 G02/G03 Y_ Z_ J_ K_ F_;(JK 方式)

（3）说明。

① 刀具在进行圆弧插补时，首先要用 G17、G18、G19 指定圆弧插补平面，其中 G17 指定 XY 平面最为常用，省略时默认值也是 G17，但是在 XY、YZ 平面上进行圆弧插补编程时，平面指定代码不能省略。

② 圆弧顺逆方向的判断：沿与圆弧所在平面相垂直的另一坐标轴的负方向看去，如圆弧在 XY 平面上，从 Z 轴正向向负向看去，顺时针方向为 G02 指令，逆时针方向为 G03 指令，如图 2-14 所示。

③ X_Y_、X_Z_、Y_Z_表示圆弧终点的坐标，一般使用绝对方式 G90，也可以用相对方式 G91，采用 G91 指令时圆弧终点坐标值是相对于起点的坐标。

④ R 表示圆弧半径，称为半径方式编程，一般非整圆编程时采用该方式。当圆弧所对的圆心角大于 0°而小于等于 180°时，R 为正值；当圆弧所对的圆心角大于 180°而小于 360°时，R 为负值。

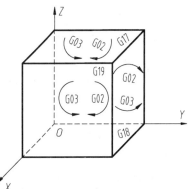

图 2-14 圆弧顺逆方向的判断

⑤ I、J、K 分别为从圆弧起点到圆心的矢量在坐标轴 X、Y、Z 上的分矢量，既有大小又有方向，称为 IJK 方式编程，如图 2-15 所示。

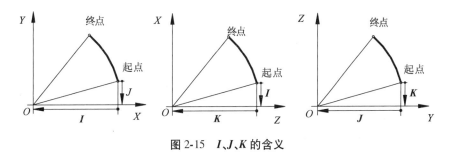

图 2-15 I、J、K 的含义

⑥ 整圆编程时，不可以直接用 R 方式编程，只能使用 IJK 方式编程。如果把整圆分段，就可以使用 R 方式编程了，但一般不这样做。

⑦ F 为刀具两个坐标轴联动的合成进给速度，大小不变，方向始终变化，指向圆弧上当前点的切线方向，即圆弧的切线速度。

2. 编程实例与训练

例 2-2 如图 2-16 所示，刀具从圆弧起点 A 开始沿劣弧 AB 和优弧 AB 进行圆弧插补。

要求：① 对劣弧 AB 分别采用 R 方式和 IJ 方式，利用绝对坐标编程和相对坐标编程；
② 对优弧 AB 分别采用 R 方式和 IJ 方式，利用绝对坐标编程和相对坐标编程。

解：① 劣弧 AB(1/4 圆弧)编程。

R 方式编程：

G90 G03 X0 Y40 R40 F100;

G91 G03 X-40 Y40 R40 F100;

IJ 方式编程：

G90 G03 X0 Y40 I-40 J0 F100;

G91 G03 X-40 Y40 I-40 J0 F100;

② 优弧 AB(3/4 圆弧)编程。

R 方式编程：

G90 G03 X0 Y40 R-40 F100;

G91 G03 X-40 Y40 R-40 F100;

IJ 方式编程：

G90 G03 X0 Y40 I0 J40 F100;

G91 G03 X-40 Y40 I0 J40 F100;

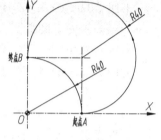

图 2-16　圆弧编程

例 2-3　如图 2-17 所示，刀具从圆弧起点 A 开始沿整圆进行圆弧插补到圆弧终点 A，现刀具位于点 A，要求编制本整圆的程序段。

解：① IJ 方式编程。

整圆编程时，由于圆弧起点与终点重合，因此坐标值不变，可省略不写。另外，I、J 的确定与采用 G90 或 G91 方式编程无关，编写程序段如下：

G90 G03 I-40 J0 F100;（G90 方式，A→A 整圆）

G91 G03 I-40 J0 F100;（G91 方式，A→A 整圆）

② R 方式编程。

整圆编程时，不能直接使用 R 方式编程，若使用 R 方式编程，需要将整圆进行分段才可以进行编程，如图 2-17 所示的 A、B、C、D 点将整圆分成 4 段。编写程序段如下：

G90 G03 X0 Y40 R40 F100;（G90 方式，A→B）

G03 X-40 Y0 R40;（G90 方式，B→C）

G03 X0 Y-40 R40;（G90 方式，C→D）

G03 X40 Y0 R40;（G90 方式，D→A）

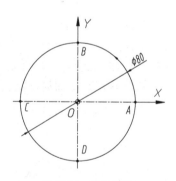

图 2-17　整圆编程

练 2-1　某圆弧轮廓如图 2-18 所示，A 点为始点，B 点为终点，假定切削深度为 3 mm，刀具直径为 16 mm，试编制刀具沿着轮廓从 A 点到 B 点的数控程序。

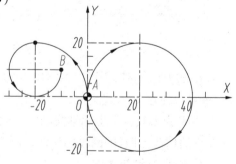

图 2-18　圆弧插补

(二) 倒圆/倒角指令

(1) 功能。可在任意的直线和直线、直线和圆弧、圆弧和直线、圆弧和圆弧间进行倒圆和倒角。

(2) 编程格式。这里以 G17 平面为例（G18、G19 与此相同），编程格式如下。

G01 X_ Y_ F_,R_;（自动插入倒圆）
G02(G03) X_ Y_ R_(I_ J_)F_,R_;（自动插入倒圆）
G01 X_ Y_ F_,C_;（自动插入倒角）
G02(G03) X_ Y_ R_(I_ J_)F_,C_;（倒角）

(3) 说明。

① X、Y 是虚拟交点的坐标值,虚拟交点就是假定不倒圆、不倒角的话,实际存在的两线段交点。如图 2-19 所示,F_3、F_4、F_5、F_6 为倒圆的虚拟交点;如图 2-20 所示,P_2、P_3、P_4、P_5 为倒角的虚拟交点。

② 倒圆:在 R 之前,逗号不能少,在 R 之后,指定倒圆半径值,如图 2-19 所示。

③ 倒角:在 C 之前,逗号不能少,在 C 之后,指定从虚拟交点到倒角起点和终点的距离,如图 2-20 所示。

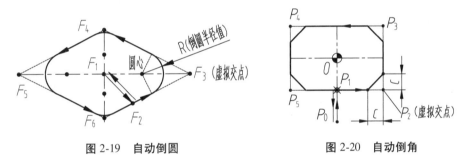

图 2-19　自动倒圆　　　　　　图 2-20　自动倒角

④ 倒角和倒圆的程序段可以连续地指定,但倒圆和倒角程序段之后的程序段,必须是 G01 插补或 G02、G03 插补的移动指令,且移动量要大于 R 和 C 后的值,否则系统报警。

二、刀具补偿编程

(一) 刀具半径补偿编程

1. 刀具半径补偿的作用

刀具半径补偿编程(1)

在数控铣床上进行轮廓加工时,因为铣刀具有一定的半径,所以刀具中心（刀心）轨迹和工件轮廓不重合。若数控系统不具备刀具半径补偿功能,则只能按刀心轨迹进行编程（图 2-21 中的点画线）,其数值计算有时相当复杂,尤其当刀具磨损、重磨、换新刀等导致刀具直径变化时,必须重新计算刀心轨迹坐标,修改程序,这样既烦琐,又不易保证加工精度。

目前,数控系统大都具有刀具半径补偿功能来简化编程。当编制零件轮廓的数控程序时,使用刀具半径补偿指令编程,只需按工件轮廓进行（图 2-21 中的粗实线）,并在控制系统上用 MDI 方式,输入刀具半径补偿号 Dxx=刀具半径值。这样程序自动运行时,数控系统就可以自动计算出刀心的轨迹,并使机床按刀心轨迹切削进给运动,加工出轮廓。当刀具半径值发生变化时,不需要修改程序,只需重新设置刀具对应的刀具半径补偿号 Dxx 中的半径补偿值。如图 2-21 所示,使用了刀具半径补偿功能后,数控系统就会控制刀心自动按图中的点画线做切削进给运动。

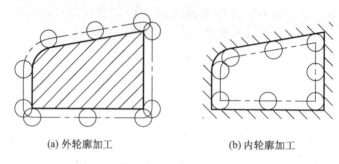

图 2-21 刀具半径补偿

2. 刀具半径补偿的编程格式

(1) 建立刀具半径补偿编程格式。

$$\begin{Bmatrix} G17 \\ G18 \\ G19 \end{Bmatrix} \begin{Bmatrix} G90 \\ G91 \end{Bmatrix} \begin{Bmatrix} G41 \\ G42 \end{Bmatrix} \begin{Bmatrix} G01 \\ G00 \end{Bmatrix} \alpha\_ \beta\_ D\_(F\_);(G01/G00 方式建立刀具半径补偿)$$

(2) 取消刀具半径补偿的编程格式。

$$\begin{Bmatrix} G17 \\ G18 \\ G19 \end{Bmatrix} \begin{Bmatrix} G90 \\ G91 \end{Bmatrix} G40 \begin{Bmatrix} G01 \\ G00 \end{Bmatrix} \alpha\_ \beta\_(F\_);(G01/G00 方式取消刀具半径补偿)$$

(3) 立式数控铣床/加工中心上常用的编程格式。

建立刀具半径补偿:

G17 G90/G91 G42/G41 G01/G00 X_ Y_ D_ (F_);

取消刀具半径补偿:

G17 G90/G91 G40 G01/G00 X_Y_ (F_);

说明如下:

① 建立和取消刀具半径补偿(简称刀补)指令必须在指定平面内进行。其中在立式数控铣床/加工中心上,G17 指定 XY 平面最为常用,开机默认也是 G17,当执行 G17 指令后,刀具半径补偿仅影响 X、Y 轴移动,而对 Z 轴没有作用。

② G41、G42 判别方法。G41 指令建立刀具半径左补偿(简称左刀补),G42 指令建立刀具半径右补偿(简称右刀补),其判别方法为:如图 2-22 所示,规定沿着刀具前进方向看,如果刀具位于工件轮廓(编程轨迹)左边,则为左刀补(G41);反之,则为右刀补(G42)。要取消刀具半径补偿 G41、G42 指令,采用 G40 指令,使用该指令后,G41、G42 指令无效。

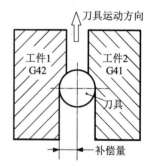

图 2-22 左、右刀补判别方法

③ 当主轴顺时针旋转时,使用 G41 指令铣削方式为顺铣,故常用于精铣;使用 G42 指令铣削方式为逆铣,故常用于粗铣。

④ 建立和取消刀具半径补偿必须与 G01 和 G00 指令组合完成,否则机床会报警。

⑤ α_ β_为 X、Y、Z 三轴中配合平面选择的任意两轴。例如,G17 选择 XY 平面时,α_ β_为 X_ Y_,它是 G01、G00 运动的目标点坐标值。

⑥ D_为刀具半径补偿号,后跟两位数字表示,如 D01,表示刀具半径补偿号为 01 号。D 代码中存放刀具半径补偿值作为偏置量,用于 CNC 系统计算刀具中心的轨迹,一般有 D00~99,偏置量用控制系统的键盘输入。

3. 刀具半径补偿的过程

刀具半径补偿的过程可概括为"三步走",即建立刀补、执行刀补、取消刀补。

第一步,建立刀补。如图 2-23 所示,建立刀补的编程轨迹为 $S \rightarrow A$,A 为切入点,建立左刀补时,刀心轨迹为 $S \rightarrow A_1$;建立右刀补时,刀心轨迹为 $S \rightarrow A_2$,这是一个刀心从与编程轨迹重合逐渐过渡到与编程轨迹偏离一个偏置量的过程,且建立刀补要在切削工件之前完成。

第二步,执行刀补。在 G41 或 G42 程序段后,程序进入补偿模式,此时,刀心与编程轨迹始终相距一个偏置量,直至刀补取消。如图 2-23(a)所示,轮廓左刀补编程轨迹为 $A \rightarrow B \rightarrow C \rightarrow D \rightarrow A$,刀心轨迹为 $A_1 \rightarrow B_1 \rightarrow C_1 \rightarrow D_1 \rightarrow A_2$;如图 2-23(b)所示,右刀补编程轨迹为 $A \rightarrow D \rightarrow C \rightarrow B \rightarrow A$,刀心轨迹为 $A_2 \rightarrow D_1 \rightarrow C_1 \rightarrow B_1 \rightarrow A_1$。左、右刀补的刀心轨迹与编程轨迹均相距一个偏置量。

第三步,取消刀补。如图 2-23 所示,取消刀补的编程轨迹为 $A \rightarrow S$,A 为切出点,取消左刀补时,刀心轨迹为 $A_2 \rightarrow S$;取消右刀补时,刀心轨迹为 $A_1 \rightarrow S$。这是一个刀心轨迹逐渐过渡到与编程轨迹重合的过程,刀具退刀至无刀补状态的下刀点 S。

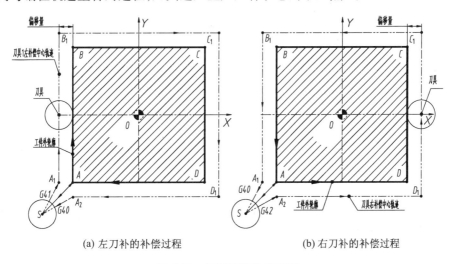

(a) 左刀补的补偿过程　　　　(b) 右刀补的补偿过程

图 2-23　刀具半径补偿过程

4. 使用刀具半径补偿的注意事项

(1) 建立刀具半径补偿的程序段,其编程轨迹必须是补偿平面内大于刀具半径补偿值的直线段。

（2）建立补偿的程序段，一般应在刀具切入工件之前完成。

（3）G41 或 G42 必须与 G40 成对使用。取消补偿的程序段，一般应在刀具切出工件之后完成，否则易发生过切或碰撞。

（4）执行补偿过程中，不得变换补偿平面，否则系统报警。

（5）G41、G42、G40 均为模态代码，开机默认为 G40。

（6）建立刀具半径补偿后，不能出现连续两个程序段无选择补偿平面的移动指令，否则系统报警。以 G17 为例，非 XY 坐标平面移动指令示例如下：

M05;（M 代码）

S400;（S 代码）

G04 P1500;（暂停指令）

G01 Z5 F200;（XY 轴外移动指令）

G90;（非移动 G 代码）

G91 G01 X0;（移动量为零）

（7）在补偿模式下，加工半径小于刀具半径补偿值的内圆弧时，向圆弧圆心方向的半径补偿将会导致过切，这时机床报警并停止在将要过切语句的起始点上，如图 2-24(a) 所示，所以只有"过渡内圆角 R≥(刀具半径+加工余量或修正量)"的情况下才能正常切削。

（8）被铣削槽底宽度小于刀具直径。如果刀具半径补偿使刀具中心向编程路径反方向运动，将会导致过切。在这种情况下，机床会报警并停在该程序段的起始点，如图 2-24(b) 所示。

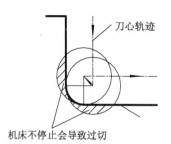
(a) 内凹圆弧半径小于刀具半径补偿值

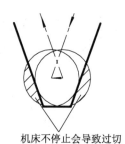
(b) 沟槽底部宽度小于刀具直径

图 2-24　过切现象

5. 刀具半径补偿编程实例与训练

（1）外轮廓编程实例。

例 2-4　如图 2-25 所示的凸台外轮廓零件，工件材料为 45 钢，粗加工和凸台顶面、底面已精加工完毕，侧面精加工余量为 0.2 mm。已知本工序设计如下：① 机床选择为 VM600 型数控铣床，系统为 FANUC 0i 系统。② 采用平口钳装夹，刀具选择 ϕ10 mm 的立铣刀。③ 切削用量确定如下：背吃刀量为 5 mm，主轴转速 n 为 800 r/min，刀具 Z 轴下刀进给速度 F 为 50 mm/min，XY 平面进给速度 F 为 80 mm/min。要求采用刀具半径补偿指令编制本工序凸台外轮廓

刀具半径补偿编程(2)

的精加工数控程序。

解：数控程序编制如下。

① 建立工件坐标系。编程原点选择在工件上表面的中心。

② 设计走刀路线。设计的凸台外轮廓零件如图 2-25 所示，精加工走刀路线为 $P_0 \rightarrow S \rightarrow P_1 \rightarrow P_2 \rightarrow \cdots \rightarrow P_9 \rightarrow P_1 \rightarrow E \rightarrow P_0$。为了提高表面质量，保证零件曲面平滑过渡，该走刀路线采用了圆弧切向切入与切出，即 $P_0 \rightarrow S$ 为刀具半径左补偿建立段，$S \rightarrow P_1$ 为刀具圆弧切向切入过渡段，$P_1 \rightarrow E$ 为刀具圆弧切向切出过渡段，$E \rightarrow P_0$ 为刀具半径左补偿取消段。

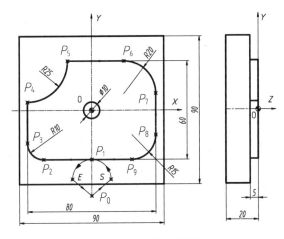

图 2-25 凸台外轮廓零件

③ 确定基点坐标。根据零件图尺寸和走刀路线确定坐标为：$P_0(0,-50)$，$S(12,-42)$，$P_1(0,-30)$，$P_2(-30,-30)$，$P_3(-40,-20)$，$P_4(-40,5)$，$P_5(-15,30)$，$P_6(20,30)$，$P_7(40,10)$，$P_8(40,-15)$，$P_9(25,-30)$，$E(-12,-42)$。

④ 编制程序单。根据以上所述，采用刀具半径补偿指令编制的数控程序如 O2101 所示，程序段号为 N11~N21 的程序段执行刀具半径补偿功能，加工外轮廓。

O2101；(程序名)

G17 G21 G40 G49 G80；(程序初始化)

G91 G28 Z0；(刀具 Z 轴回零)

G54 G90 G00 X0 Y-50 S800 M03；(建立 G54，刀具快速到工件零点，正轴正转，转速为 800 r/min)

G00 Z50；(刀具快速下降到离工件顶面 50 mm)

G01 Z5 F500；(刀具慢速下降到离工件顶面 5 mm)

G01 Z-5 F50；(刀具切削进给至切削深度-5 mm)

N10 G41 G01 X12 Y-42 D01 F80；(刀具从 P_0 到 S，G41、D01 建立刀具半径左补偿)

N11 G03 X0 Y-30 R12；(刀具从 S 到 P_1，圆弧切向切入工件)

N12 G01 X-30 Y-30；(刀具从 P_1 到 P_2)

N13 G02 X-40 Y-20 R10；(刀具从 P_2 到 P_3)

N14 G01 X-40 Y5；(刀具从 P_3 到 P_4)

N15 G03 X-15 Y30 R25;(刀具从 P_4 到 P_5)
N16 G01 X20;(刀具从 P_5 到 P_6)
N17 G02 X40 Y10 R20;(刀具从 P_6 到 P_7)
N18 G01 X40 Y-15;(刀具从 P_7 到 P_8)
N19 G02 X25 Y-30 R15;(刀具从 P_8 到 P_9)
N20 G01 X0 Y-30;(刀具从 P_9 到 P_1)
N21 G03 X-12 Y-42 R12;(刀具从 P_1 到 E,圆弧切向切出工件)
N22 G40 G01 X0 Y-50;(刀具从 P_1 到 P_0,G40 取消刀具半径左补偿)
G00 Z50;(刀具快速至 Z50)
M09;(关冷却液)
G00 Z200;(刀具快速抬刀至离工件顶面 200 mm)
M30;(程序结束)

说明:① D 代码必须配合 G41 或 G42 指令使用,D 代码应与 G41 或 G42 指令在同一程序段给出,或者可以在 G41 或 G42 指令之前给出,但不得在 G41 或 G42 指令之后给出;② D 代码是刀具半径补偿号,其数值在程序运行加工前,已在刀具半径补偿存储器中设置好;③ D 代码是模态代码,具有继承性。

(2) 内轮廓编程实例。

例 2-5 如图 2-26 所示的圆形内轮廓零件,材料为 45 钢,粗加工和工件顶面、内轮廓底面已精加工完毕,内轮廓精加工余量为 0.2 mm。已知本工序设计如下:① 机床选择为 VM600 型数控铣床,系统为 FANUC 0i 系统;② 采用平口钳装夹,刀具选择 ϕ10 mm 的立铣刀;③ 切削用量确定如下:背吃刀量为 4 mm,主轴转速 n 为 800 r/min,刀具 Z 轴下刀进给速度 F 为 50 mm/min,XY 平面进给速度 F 为 80 mm/min。要求采用刀具半径补偿指令编制本工序圆形内轮廓的精加工数控程序。

解:数控程序编制如下:

① 建立工件坐标系。编程原点选择在工件上表面的中心。

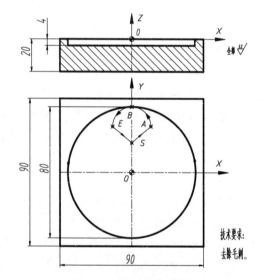

图 2-26 圆形内轮廓零件

② 设计走刀路线。设计的圆形内轮廓零件如图 2-26 所示,精加工走刀路线为 $S \to A \to B \to B \to E \to S$,与外轮廓最大的不同在于在内轮廓里下刀。为了提高表面质量,保证零件曲面的平滑过渡,该走刀路线采用了圆弧切向切入与切出,即 $S \to A$ 为刀具半径左补偿建立段,$A \to B$ 为圆弧切向切入过渡段,$B \to E$ 为圆弧切向切出过渡段,$E \to S$ 为刀具半径左补偿取消段。

③ 确定基点坐标。根据零件图尺寸和走刀路线确定坐标为:$S(0,18)$,$A(12,28)$,$B(0,40)$,$E(-12,28)$。

④ 编制程序单。根据以上所述,采用刀具半径补偿指令编制的数控程序如 O2102 所示,程序段号为 N11~N13 的程序段执行刀具半径补偿功能,加工内轮廓。

O2102;(程序名)
G17 G21 G40 G49 G80;(程序初始化)
G91 G28 Z0;(刀具沿 Z 轴回零)
G54 G90 G00 X0 Y18 S800 M03;(建立 G54,G00 表示快速到下刀点,主轴正转,转速为 800 r/min)
G00 Z50;(刀具快速下降到离工件顶面 50 mm)
G01 Z5 F500;(刀具慢速下降到离工件顶面 5 mm)
G01 Z-4 F50;(刀具切削进给至切削深度-4 mm)
N10 G41 G01 X12 Y28 D01 F80;(刀具从 S 到 A,G41、D01 建立刀具半径左补偿)
N11 G03 X0 Y40 R12;(刀具从 A 到 B,圆弧切向切入工件)
N12 G03 I0 J-40;(刀具从 B 到 B)
N13 G03 X-12 Y28 R12;(刀具从 B 到 E,圆弧切向切出工件)
N14 G40 G01 X0 Y18;(刀具从 B 到 S,G40 取消刀具半径左补偿)
G00 Z50;(刀具快速至 Z50)
M09;(关冷却液)
G00 Z200;(刀具快速抬刀至离工件顶面 200 mm)
M30;(程序结束)

(3) 编程训练。

练 2-2 如图 2-27 所示凹槽零件,已知工件材料为 45 钢,粗加工和零件顶面内轮廓底面已精加工完毕,刀具为 ϕ16 mm 的立铣刀,要求采用刀具半径左补偿编制内轮廓的精加工程序。

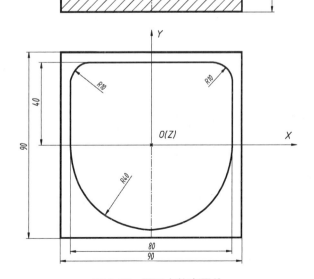

图 2-27 圆形内轮廓零件

6. 刀具半径补偿功能的应用

（1）编程时，可直接按零件轮廓编程，避免了刀心轨迹坐标的计算，简化了编程。

刀具半径
补偿编程（3）

（2）刀具因磨损、重磨或更换后直径会发生改变，但不必修改程序，只需修改刀具半径补偿值即可，增加了程序的柔性。

如图 2-28 所示，1 为未磨损刀具半径 r_1，2 为磨损后刀具半径 r_2，刀具磨损量 $\Delta = r_1 - r_2$，即刀具实际加工轮廓与理论轮廓相差 Δ 值。在实际加工过程中，只需将刀具半径补偿参数设置表中的刀具半径 r_1 改为 $r_2 = r_1 - \Delta$ 值，即可用同一加工程序加工出合格的零件。

（3）同一程序实现零件粗、精加工。

$$粗加工刀具半径补偿值 = 刀具半径 + 精加工余量$$
$$精加工刀具半径补偿值 = 刀具半径 + 修正量$$

其中，修正量 $= \pm$（实测尺寸值 $-$ 理论尺寸值），外轮廓取负号，内轮廓取正号。

如图 2-29 所示，刀具半径为 r，精加工余量为 Δ；粗加工时，输入刀具半径补偿值 $D = r + \Delta$，则粗加工轮廓为图中点画线轮廓；精加工时，若测得粗加工后工件尺寸为 L，而理论尺寸应为 L_2，故尺寸变化量 $\Delta_1 = L - L_2$，则将粗加工时的刀具半径补偿值 $D = r + \Delta$，改为 $D = r - \Delta_1 / 2$，即可保证轮廓 L_1 的尺寸精度。图中 P_1 为粗加工时的刀心位置，P_2 为修改刀具半径补偿值后的刀心位置。

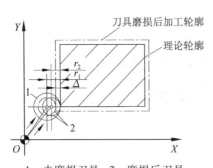

1—未磨损刀具；2—磨损后刀具。

图 2-28 刀具直径变化，加工程序不变

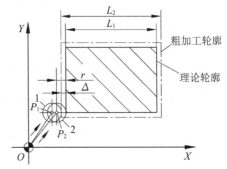

1—粗加工刀心位置；2—精加工刀心位置。

图 2-29 利用刀具半径补偿进行粗、精加工

（二）刀具长度补偿编程（G43、G44、G49）

刀具长度补偿指令是用来补偿假定的刀具长度与实际刀具长度之间的差值的指令。数控系统规定所有轴都可采用刀具长度补偿，但同时规定刀具长度补偿只能加在一个轴上，要对补偿轴进行切换，必须先取消前面轴的刀具长度补偿。对于立式加工中心，刀具长度补偿常被辅助用于工件坐标系零点偏置的设定。即用 G54 设定工件坐标系时，仅在 X、Y 方向偏置工件原点的位置，而 Z 方向不偏置，Z 轴方向刀位点与工件坐标系 Z0 平面之间的差值全部通过刀具长度补偿值来解决。

（1）功能。

G43 是建立刀具长度正补偿，G44 是建立刀具长度负补偿，G49 是取消刀具长度补偿。

(2) 编程格式。

G43(G44) G00(G01) Z_ H_;
……
G49;

(3) 说明。

① 使用 G43(G) 指令时,无论是用绝对坐标编程还是用增量坐标编程,程序中指定的 Z 轴的终点坐标值都要与 H 所指定寄存器中的长度补偿值进行运算,然后将运算结果作为终点坐标值使刀具做相应的运动。

$$执行\ G43\ 时: Z_{实际值} = Z_{指令值} + (H\times\times)$$
$$执行\ G44\ 时: Z_{实际值} = Z_{指令值} - (H\times\times)$$

上式中,H×× 是指编号为 ×× 寄存器中的长度补偿值。需要说明的是:实际编程中,为避免产生混淆,通常采用 G43 指令进行刀具长度补偿的编程。

② 建立刀具长度补偿必须与 G01 或 G00 指令组合完成。

③ Z 为补偿轴的终点坐标,H 为长度补偿偏置号,取值为 H00~H99,偏置值与偏置号对应,可通过 MDI 方式设置在偏置存储器中,H00 的偏置值一般为 0,且不可更改。

④ 用 G49 或 H00 可撤销刀具长度补偿。

⑤ G43、G44、G49 为模态代码,开机默认为 G49。

⑥ G49 后面不跟 G00、G01。如果一个程序段中有 G49、G01(G00),那么先执行 G49,再执行 G00、G01,易撞刀。实际工作中,最好不用 G49。建立第 2 把刀的长度补偿时,数控系统会自动替代第 1 把刀的长度补偿值。

三、极坐标编程

1. 极坐标指令(G16、G15)

(1) 功能。

在有些指定了极半径与极角的零件图中,可以简化程序和减少基点计算工作量。

(2) 编程格式。

G17(G18/G19) G90(G91) G16;
…
G15;

(3) 以 G17 为例说明。

① 一旦指定了 G16 后,机床就会进入极坐标编程方式。第一轴坐标地址 X 表示极坐标的极半径,第二轴坐标地址 Y 表示极坐标角度,极坐标的零度方向为第一轴 X 的正向,逆时针方向为角度的正方向。

② G90 指定工件零点为极坐标系零点,如程序段"G90 G17 G16;",此时极坐标半径值是指终点坐标到编程原点的距离;角度值是指终点坐标和编程原点的连线与 X 轴的夹角。

③ G91 指定以刀具当前的位置作为极坐标系零点,如程序段"G91G17G16;",极坐标半径值是指终点到刀具当前位置的距离;角度值是指前一坐标原点和当前极坐标系原点的连线与当前轨迹的夹角。

2. 极坐标编程实例

例 2-6 如图 2-30 所示是正六边形外形精铣的走刀路线,试用绝对方式极坐标编程来编写其数控程序。

解：程序编写如下：

O2301;

……;

G01 X35 Y-50.0 F200;(→S)

G41 G01 Y-34.64 D01;(→P,建立刀具半径左补偿)

G90 G17 G16;(设定工件原点为极坐标系原点)

G01 X40 Y240;(→B,极坐标半径为40,极坐标角度为240°)

G91 Y-60;(→C,用增量值表示角度)

Y-60;(→D,用增量值表示角度)

Y-60;(→E,用增量值表示角度)

Y-0;(→F,用增量值表示角度)

Y-60;(→A,用增量值表示角度)

G15;(取消极坐标编程)

G90 G40 G01 Y-50 F500;(→Q,绝对方式编程)

G01 X35;(→S)

……

3. 极坐标编程训练

练 2-3 如图 2-30 所示是正六边形外形精铣的走刀路线,试用增量方式极坐标编程来编写其数控程序。

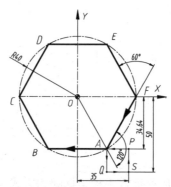

图 2-30 正六边形外形精铣

四、子程序编程

在数控加工中,经常会遇到平面铣削走刀次数多、分层铣削层数多、多腔铣削腔数多而导致的手工编程烦琐问题,甚至若不采用子程序无法进行手工编程的问题。因此,探讨利用子程序以简化数控加工手工编程

子程序编程(1)

具有重要的意义。

（一）子程序的概念

数控机床的加工程序分为主程序和子程序两种。主程序是一个完整的零件加工程序，或是零件加工程序的主体部分，它和加工零件是一一对应的关系。在编制零件加工程序中，如果其中有些加工内容完全相同或相似，为了简化程序，可以把程序中某些重复出现的程序单独抽出来，按一定格式编成一个单独的程序，以供调用，这个程序即是子程序。

（二）子程序的调用

1. 子程序的调用与嵌套

子程序的调用如图 2-31 所示。需要注意的是，子程序还可以调用另外的子程序。从主程序中被调用出的子程序称为一重子程序，共可调用四重子程序，如图 2-32 所示。在子程序中调用子程序与在主程序中调用子程序方法一样。

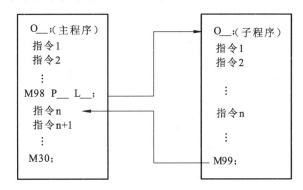

图 2-31　子程序的调用

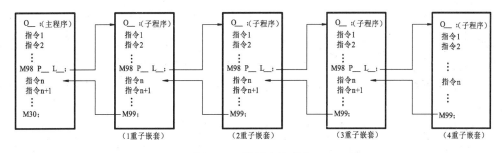

图 2-32　子程序的嵌套

2. 指令格式

M98 P×××× L××××

说明：P 表示子程序名；L 表示重复调用次数，省略重复次数，则认为重复调用次数为 1 次。

例如，"M98 P123 L3；"表示程序号为 123 的子程序被连续调用 3 次，如图 2-33 所示。子程序中必须用 M99 指令结束子程序并返回主程序。

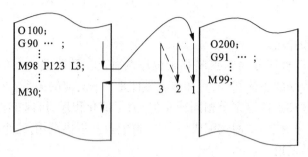

图 2-33 子程序连续调用

(三) 子程序的编程应用

1. 零件的分层铣削编程

例 2-7 某冲头零件图如图 2-34 所示,毛坯长、宽、高尺寸分别为 100 mm、100 mm、110 mm,编制冲头的精铣数控程序。

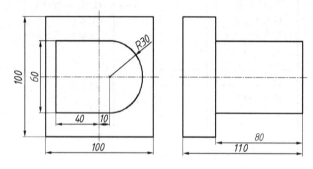

图 2-34 冲头零件图

(1) 编程分析。在数控实际加工中,特别是高速加工中,为减小切削抗力,避免机床负载的剧烈变化,刀具每次的切削深度必须限定在一定范围内。使用子程序编程可实现刀具 Z 方向的分层加工。一般要求加工高度和每层切削深度为整数倍关系,该冲模型芯高 80 mm,确定每层切削深度为 2 mm,则需调用子程序 40 次。刀具选用直径为 16 mm 的合金刀具。

(2) 确定编程零点,设计走刀路线。编程零点确定在工件上表面中心,设计走刀路线时注意以下四点:第一,走刀路线下刀点和返回点尽量重合,以简化编程;第二,精加工刀具要切向切入/切出工件,防止接刀痕;第三,刀具 XY 下刀点尽量在工件以外,必要时预加工工艺孔,保护刀具;第四,走刀路线尽量短,有利于基点坐标计算。所设计的每层走刀路线如图 2-35 所示,即 $P \to P_1 \to P_2 \to P_3 \to P_4 \to P_5 \to P_6 \to P_2 \to P_7 \to P$。

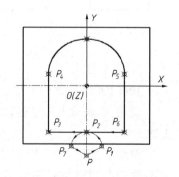

图 2-35 每层走刀路线图

(3) 确定基点坐标值。图 2-35 中的刀具每层走刀路线图为精确设计,使用 CAD 软件查询法顺次确定基点坐标为:
$P(0, -60)$、$P_1(12, -52)$、$P_2(0, -40)$、$P_3(-30, -40)$、$P_4(-30, 10)$、$P_5(30, 10)$、$P_6(30,$

$-40)$、$P_7(-12,-52)$。

(4) 编写加工程序代码。基于上述分析及设计,编写子程序如 O6002 所示,编写主程序如 O2 所示,供参考。须注意:一是分层铣削子程序编程 Z 方向须用 G91 编程;二是主程序中程序段 G01 Z0 F20,刀具须切削进给至 Z 坐标值 0 处,才能保证工件的加工高度尺寸。

O6002;(子程序名)

G91 G01 Z-2 F200;(刀具每次切削深度均为-2 mm)

G90 G41 G01 X12 Y-52 D01 F2000;(刀具从 P 点切削进给到 P_1 点,建立刀具半径左补偿)

G03 X0 Y-40 R12;(刀具从 P_1 点切削进给到 P_2 点,圆弧切向切入工件)

G01 X-30;(刀具从 P_2 点切削进给到 P_3 点)

G01 Y10;(刀具从 P_3 点切削进给到 P_4 点)

G02 X30 R30;(刀具从 P_4 点切削进给到 P_5 点)

G01 Y-40;(刀具从 P_5 点切削进给到 P_6 点)

G01 X0;(刀具从 P_6 点切削进给到 P_2 点)

G03 X-12 Y-52 R12;(刀具从 P_2 点切削进给到 P_7 点,圆弧切向切出工件)

G40 G01 X0 Y-60 F1000;(刀具从 P_7 点切削进给到 P 点,取消刀具半径左补偿)

M99;(子程序结束)

O2;(主程序名)

G91 G28 Z0;(刀具沿 Z 轴回零)

G54 G90 G00 X0 Y-60 S2000 M03;

　　(建立工件坐标系,刀具快速至下刀点 P,主轴正转,转速为 2 000 r/min)

G00 Z50;(刀具快速下降到离工件顶面 50 mm)

G00 Z5;(刀具快速下降到离工件顶面 5 mm)

G01 Z0 F200;(刀具切削进给到 Z 坐标值 0 处)

M98 P6002 L40;(调用 O6002 子程序 40 次)

G00 Z50;(刀具快速抬刀至离工件顶面 50 mm)

G00 Z200;(刀具快速抬刀至离工件顶面 200 mm)

M30;(主程序结束)

2. 模具多腔铣加工编程

例 2-8 假设刀具一次能加工深度为 10 mm,对图 2-36 所示零件各腔进行精铣编程。

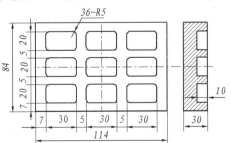

图 2-36 多腔零件图

子程序编程(2)

（1）编程分析。刀具选用φ8 mm的高速钢键槽铣刀，零件各腔为精加工，为避免刀痕，设计走刀路线时，刀具圆弧切向切入/切出工件，编写轮廓子程序，使用G91增量编程，使工件轮廓形状编程与位置无关。

（2）确定编程零点，设计走刀路线。编程零点确定在工件上表面中心，所设计的走刀路线如图2-37所示，各腔的加工顺序为①→②→③→④→⑤→⑥→⑦→⑧→⑨，所设计的每腔走刀路线为 $O \to A_1 \to A_2 \to A_3 \to A_4 \to A_5 \to A_6 \to A_2 \to A_7 \to O$。

（3）确定基点坐标值。为使刀具加工形状与其位置无关，需采用G91方式编程，因此，使用CAD尺寸标注法确定各基点坐标增量坐标为 $O(0,0)$、$A_1(5,5)$、$A_2(-5,5)$、$A_3(-15,0)$、$A_4(0,-20)$、$A_5(30,0)$、$A_6(0,20)$、$A_7(-5,-5)$、$O(5,-5)$。

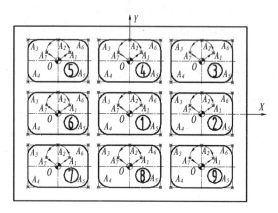

图2-37　多腔零件走刀路线图

（4）编写加工程序源代码。根据以上分析及设计，编写子程序如O6004所示，编写主程序如O3所示。

O6004；（子程序名）

G00 Z5；（刀具快速下降到离工件顶面5 mm处）

G01 Z-10 F20；（刀具切削进给到切削深度-10 mm处）

G91 G41 G01 X5 Y5 D01 F60；（切换为增量编程，建立刀具半径左补偿，刀具从 O 点进给到 A_1 点）

G03 X-5 Y5 R5；（刀具从 A_1 点进给到 A_2 点）

G01 X-15 Y0, R5；（刀具从 A_2 点进给到 A_3 点）

G01 X0 Y-20, R5；（刀具从 A_3 点进给到 A_4 点）

G01 X30 Y0, R5；（刀具从 A_4 点进给到 A_5 点）

G01 X0 Y20, R5；（刀具从 A_5 点进给到 A_6 点）

G01 X-15 Y0；（刀具从 A_6 点到进给到 A_2 点）

G03 X-5 Y-5 R5；（刀具从 A_2 点到进给到 A_7 点）

G40 G01 X5 Y-5 F500；（取消刀具半径左补偿，刀具从 A_7 点进给到 O 点）

G90 G00 Z50；（切换为绝对编程，刀具快速抬刀至离工件顶面50 mm处）

M99；（子程序结束）

O3;（主程序）

G91 G28 Z0;（刀具沿Z轴回零）

G54 G90 G00 X0 Y0 S800 M03;（建立工件坐标系,刀具快速定位至第1个腔体中心）

G00 Z50;（刀具快速下降到离工件顶面50 mm处）

M98 P6004 L1;（调用O6004子程序1次,加工第1个腔体）

G00 X35 Y0;（刀具快速至第2个图形的中心）

M98 P6004 L1;（调用O6004子程序1次,加工第2个腔体）

G00 X35 Y25;（刀具快速至第3个图形的中心）

M98 P6004 L1;（调用O6004子程序1次,加工第3个腔体）

G00 X0 Y25;（刀具快速至第4个图形的中心）

M98 P6004 L1;（调用O6004子程序1次,加工第4个腔体）

G00 X-35 Y25;（刀具快速至第5个图形的中心）

M98 P6004 L1;（调用O6004子程序1次,加工第5个腔体）

G00 X-35 Y0;（刀具快速至第6个图形的中心）

M98 P6004 L1;（调用O6004子程序1次,加工第6个腔体）

G00 X-35 Y-25;（刀具快速至第7个图形的中心）

M98 P6004 L1;（调用O6004子程序1次,加工第7个腔体）

G00 X0 Y-25;（刀具快速至第8个图形的中心）

M98 P6004 L1;（调用O6004子程序1次,加工第8个腔体）

G00 X35 Y-25;（刀具快速至第9个图形的中心）

M98 P6004 L1;（调用O6004子程序1次,加工第9个腔体）

G00 Z200;（刀具快速抬刀至离工件顶面200 mm处）

M30;（主程序结束）

实践证明,在数控铣床加工编程中若能充分使用子程序编程,既可缩短程序长度、编程时间,减少程序错误、工作量,又可提高数控手工编程效率与质量。

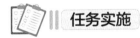 任务实施

一、获取轮廓基点坐标

在图2-1平面轮廓零件图中有一些基点坐标未知且不好确定,故采用CAD查询法确定基点坐标,在AutoCAD等软件中精确绘出外轮廓,然后利用软件的一些功能,确定基点坐标值。操作方法如下：

（1）进入AutoCAD软件,按1∶1比例精确绘制轮廓,如图2-38所示。

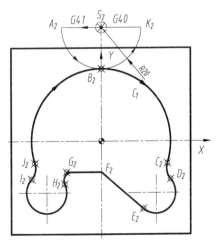

图2-38 平面外轮廓

（2）将用户坐标系原点移至编程原点。

如图 2-39 所示，在命令行窗口中输入"UCS"后，按回车键；此时命令行窗口如图 2-40 所示，输入"M"，按回车键；命令行窗口如图 2-41 所示，提示指定新原点，此时使用光标捕捉工件坐标系原点后，即用户坐标系与工件坐标系重合，如图 2-42 所示。

图 2-39　命令行窗口输入"UCS"命令界面

图 2-40　命令行窗口输入"M"命令界面

图 2-41　命令行窗口提示指定新原点界面

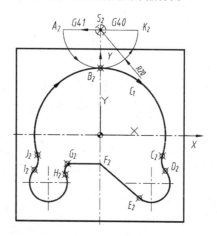

图 2-42　用户坐标系与工件坐标系重合

（3）查询 C_2 基点坐标。

如图 2-43 所示，单击菜单栏上的"工具"选项，选择"查询"子菜单下的"点坐标"选项后，命令行窗口提示指定基点，如图 2-44 所示；然后捕捉如图 2-45 所示的 C_2 基点；在命令行窗口中得到 C_2 基点坐标值，$C_2: X = 33.3469\quad Y = -10.6295$，如图 2-46 所示。

项目 2　轮廓零件的数控加工工艺设计与编程

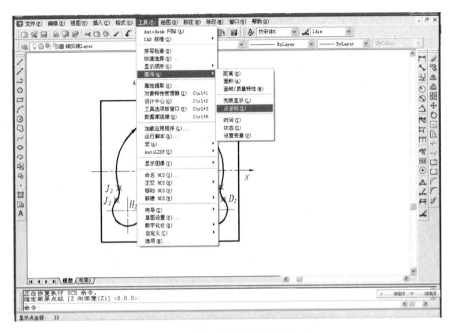

图 2-43　选择查询"点坐标"选项

图 2-44　命令行窗口提示指定基点界面

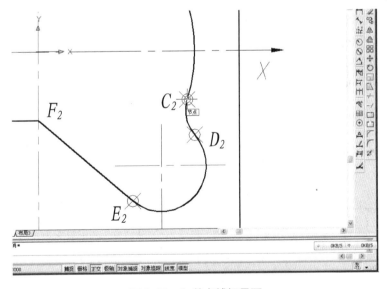

图 2-45　C_2 基点捕捉界面

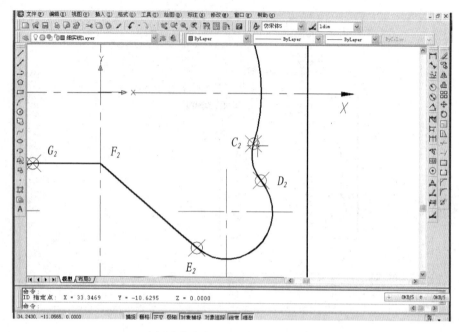

图 2-46 命令行窗口显示 C_2 基点坐标值

（4）重复执行"点坐标"查询命令，得到其余基点坐标值如下。编程时小数点后四舍五入。

$D_2: X = 34.9828 \qquad Y = -18.3662$

$E_2: X = 21.0766 \qquad Y = -32.6642$

$G_2: X = -14.8509 \qquad Y = -15.0000$

$H_2: X = -18.4649 \qquad Y = -20.7143$

$I_2: X = -34.9828 \qquad Y = -18.3662$

$J_2: X = -33.3469 \qquad Y = -10.6295$

二、编制加工程序

工件顶面加工的数控程序见项目 1。编制的内、外轮廓粗加工程序见表 2-8，精加工程序见表 2-9。

表 2-8 内、外轮廓粗加工程序

单位名称	××学院			编制	
零件名称	轮廓零件	图号	VM-02	日期	
程序号	O2201			$\phi 16$ mm 立铣刀	
程序段号	程序内容			程序说明	
	O2201;			粗切矩形腔和外轮廓，D01 =（8 + Δ）mm，Δ = 0.3 mm	
	G17 G21 G40 G49 G80;			程序初始化	

续表

程序段号	程序内容	程序说明
	G91 G28 Z0;	Z 轴回参考点
	G90 G54 G00 X0 Y9 S450 M03;	建立工件坐标系,刀具 XY 平面运动到起刀点 S_1,主轴正转,转速为 450 r/min
	Z50;	刀具 Z 轴快速运动到安全平面,Z 轴坐标值为 50
	Z5.0 M08;	切削液打开
	G01 Z-2 F20;	刀具 Z 轴切削进给到切削深度-2 mm 处
	G41 G01 X0 Y0 D01 F80;	从起刀点至切削起点 A_1 建立刀具半径左补偿
	X18;	执行刀具半径补偿,沿轮廓走刀路线进行粗加工: $A_1 \rightarrow B_1 \rightarrow C_1 \rightarrow D_1 \rightarrow E_1 \rightarrow A_1$
	Y18;	
	X-18;	
	Y0;	
	X0;	
	G40 G01 Y9;	刀具从切削终点至起刀点 S_1,G01 方式取消刀具半径左补偿
	G00 Z50;	刀具沿 Z 轴快速运动到安全平面,Z 轴坐标值为 50
	X0 Y55;	刀具快速定位至切削外轮廓起始点 S_2
	Z5;	
	G01 Z-4 F80;	
	G41 G01 X-20 D01 F80;	建立刀具半径左补偿 $S_2 \rightarrow A_2$
	G03 X0 Y35 R20;	圆弧切入 $\rightarrow B_2$
	G02 X33.347 Y-10.630 R35;	$\rightarrow C_2$
	G01 X34.983 Y-18.366;	$\rightarrow D_2$
	G02 X21.077 Y-32.664 R10;	$\rightarrow E_2$
	G01 X0 Y-15;	$\rightarrow F_2$
	X-17.5;	$\rightarrow G_2$
	Y-25;	$\rightarrow H_2$
	G02 X -34.983 Y -18.366 R-10;	$\rightarrow I_2$
	G01 X -33.347 Y -10.630;	$\rightarrow J_2$
	G02 X0 Y35 R35;	$\rightarrow B_2$
	G03 X20 Y55 R20;	圆弧切出 $\rightarrow K_2$
	G40 G01 X0 F500;	取消刀具半径左补偿 $\rightarrow S_2$
	G00 Z300;	Z 轴抬刀 300 mm
	M30;	程序结束,返回程序头

表 2-9　内、外轮廓精加工程序

单位名称	××学院		编制	
零件名称	轮廓零件	图号	VM-02	日期
程序号	O0803		$\phi 8$ mm 立铣刀	
程序段号	程序内容		程序说明	
	O2202;		（精切矩形腔和外轮廓，D02=4 mm）	
	G17 G21 G40 G49 G80;		初始化	
	G91 G28 Z0;		Z 轴回参考点	
	G90 G54 G00 X0 Y9 S800 M03;		建立工件坐标系，刀具 XY 平面运动到起始点，主轴正转，转速为 800 r/min	
	G43 Z50 H02;		刀具 Z 轴快速运动到安全平面，Z 轴坐标值为 50，刀具长度正向补偿	
	Z5 M08;		切削液打开	
	G01 Z-2 F20;		刀具 Z 轴切削进给到切削深度-2 mm 处	
	G41 G01 X0 Y0 D02 F60;		刀具自起刀点至切削起点建立刀具半径左补偿	
	X18.01,R4;		执行刀具半径补偿，沿轮廓走刀路线行加工: $A_1 \to B_1 \to C_1 \to D_1 \to E_1 \to A_1$	
	Y18.02,R4;			
	X-18.01,R4;			
	Y0,R4;			
	X0;			
	G40 G01 Y9;		刀具从切削终点至起刀点取消刀具半径左补偿	
	G00 Z50;		刀具 Z 轴快速运动到安全平面，Z 轴坐标值 50	
	G00 X0 Y55;		刀具快速至加工外轮廓的起刀点	
	Z5;			
	G01 Z-4 F80;			
	G41 G01 X-20 D02 F60;		建立刀具半径左补偿 $S \to A_2$	
	G03 X0 Y35 R20;		圆弧切向切入 $\to B_2$	
	G02 X33.347 Y-10.630 R35.		$\to C_2$	
	G03 X34.983 Y-18.366 R8;		$\to D_2$	
	G02 X21.077 Y-32.664 R10;		$\to E_2$	
	G01 X0 Y-15;		$\to F_2$	
	X-14.851;		$\to G_2$	
	G03 X-18.465 Y-20.714 R4;		$\to H_2$	
	G02 X-34.983 Y-18.366 R-10;		$\to I_2$	
	G03 X-33.347 Y-10.630 R8;		$\to J_2$	
	G02 X0 Y35 R35;		$\to B_2$	
	G03 X20 Y55 R20;		圆弧切向切出 $\to R$	
	G40 G01 X0 F500;		取消刀具半径左补偿 $\to S$	
	G00 Z300;		Z 轴抬刀 300 mm	
	M30;		程序结束，返回程序头	

任务小结

本任务主要介绍了数控铣床轮廓铣削的基本指令,主要包括圆弧插补指令、倒圆倒角指令、刀具半径补偿功能、刀具长度补偿功能、子程序等内容。本任务所涉及的上述知识点是数控铣床常用的编程指令,是学习的重点。通过完成轮廓零件的程序编制,掌握轮廓类零件的手工编程方法。

任务 2.3 轮廓零件的实际加工

任务描述

操作数控铣床,运行任务 2.2 中编制的程序,完成该轮廓零件的实际加工。

知识准备

加工时先用 ϕ16 mm 立铣刀进行粗加工,后用 ϕ8 mm 立铣刀进行精加工。粗加工时刀具半径补偿值设置为 8.3 mm,轮廓留 0.3 mm 精加工余量,深度方向不留余量,由程序控制。用 ϕ8 mm 的立铣刀精加工时,先设置刀具半径补偿值为 4.2 mm 进行试切加工,结束后根据轮廓实测尺寸再修改刀具半径补偿值,然后重新运行精加工程序,以保证符合图样尺寸精度要求。

其余与项目 1 中任务 1.5、1.6 相同。

任务实施

以小组为单位,每组 3~4 名学生,组内成员逐个练习 1~2 遍,具体实施过程如下:

1. 编辑程序

输入任务 2.2 所编写的数控程序。

2. 程序校验

用机床校验功能检查程序并修改,程序校验正确后方可用于实际加工。

3. 装夹毛坯

将平口钳装夹在铣床工作台上,用百分表校正。工件装夹在平口钳上,底部用等高垫铁垫起,此处要将工件加工部位呈现在平口钳之外,故要伸出钳口 10 mm。

4. 安装刀具

通过弹簧夹头把需要的两把铣刀装夹到铣刀刀柄中,再先后把铣刀柄装入铣床主轴进行对刀。

5. 对刀操作

① 基准刀具对刀。

X、Y 方向对刀：装入直径为 16 mm 的立铣刀，X、Y 方向采用试切法对刀，工件坐标系原点位于零件顶面的中心，通过对刀操作得到 X、Y 偏置值并输入 G54 中。

Z 方向对刀：在手轮模式下移动刀具让刀具刚好接触工件上表面，相对坐标归零，设置 Z 轴对刀参数值到 G54 中。

② 第 2 把直径为 8 mm 的立铣刀只需 Z 轴方向的对刀，卸下 ϕ16 mm 的立铣刀，装入 ϕ8 mm 的立铣刀，在手轮模式下移动刀具让刀具刚好接触工件上表面，将相对坐标值输入 H02 中，即完成对刀。

6. 自动加工/单段运行

分别调出 O2201、O2202 数控程序，铣床调至自动加工工作方式，单段模式，将进给修调倍率开关调至 50% 位置，快进倍率调至 25% 挡，按下"程序启动"键，启动数控程序，执行单段自动加工。在整个加工过程中，操作者不得离开设备，注意观察加工情况，根据实际需要适当调整进给修调倍率和快进倍率的挡位。

7. 工件检验

用游标卡尺等量具按照零件图的要求逐项检测。

8. 加工结束，清理机床

加工结束，清理机床，并打扫实验室卫生。

任务小结

本任务主要学习机床实操加工轮廓零件，依次训练轮廓零件程序的编辑与校验、工件与刀具的装夹、对刀、自动加工/单段运行、尺寸精度控制及工件检验，其中重、难点是对刀操作。本程序需要两把刀具加工，这里基准刀具采用试切对刀法，即将 ϕ16 mm 的立铣刀作为基准刀具，X、Y、Z 轴对刀参数设置到 G54；第 2 把刀具 X、Y 轴不再需要对刀，只需进行 Z 轴对刀，采用 G43 刀具长度补偿法，将第 2 把刀具长度减去基准刀具长度的差值设置到 H02 即可，对应建立长度补偿的程序段格式为 G43 Z50 H02。通过轮廓零件的操作加工，较熟练掌握数控铣床的基本操作，积累加工经验知识。

思考与训练

一、选择题

1. 用来指定圆弧插补的平面和刀具补偿平面为 XY 平面的指令是（　　）。

A. G16　　　　　B. G17　　　　　C. G18　　　　　D. G19

2. 在数控机床上进行圆弧插补时，F 指令所指定的速度是（　　）。

A. 各进给轴的进给速度　　　　　B. 二轴合成进给速度

C. 位移量较大进给轴的速度

3. 在数控铣床上铣削轮廓时,铣刀相对于零件运动的起始点称为( )。
A. 刀位点　　　　　B. 对刀点　　　　　C. 换刀点

4. 在数控铣床上的 XZ 平面内刀具加工圆弧外形,应选择( )指令。
A. G19　　　　　　B. G17　　　　　　C. G18

5. 按( )键进入刀具补偿参数设置画面,来设置刀具半径和刀具长度补偿值。
A. INPUT　　　　B. OFFSET/SETTING　　C. PROG　　　　D. POS

6. 刀具补偿界面中"形状(D)"对应的刀具补偿参数是刀具的( )。
A. 半径　　　　　　　　　　　　　B. 长度

7. 刀具补偿界面中"形状(H)"对应的刀具补偿参数是刀具的( )。
A. 半径　　　　　　　　　　　　　B. 长度

8. 调用子程序,应采用( )指令。
A. M98　　　　　B. M99　　　　　C. M00　　　　　D. M01

9. 下列关于子程序的叙述不正确的是( )。
A. 同一平面内完成多个相同轮廓的加工
B. 实现零件的分层切削
C. 子程序的命名规则与主程序的命名规则一样
D. 子程序一般单独执行

10. 深型腔粗加工常用较好的走刀路线是( )。
A. 深度方向层切,同层采用环切　　　　B. 深度方向层切,同层 Z 字走刀
C. 深度方向层切,同层 Z 字+环切

11. 用 ϕ12 mm 的立铣刀进行轮廓的粗、精加工,已知精加工余量为 0.3 mm,则粗加工刀具偏移量为( )。
A. 12.3　　　　　B. 6.3　　　　　C. 11.7　　　　　D. 5.7

12. ϕ16 立铣刀用于精铣时,其切削刃数常选用( )。
A. 4 刃　　　　　B. 2 刃　　　　　C. 3 刃　　　　　D. 6 刃

13. 数控铣床的 G41、G42 指令是对( )进行补偿。
A. 刀尖圆弧半径　　B. 刀具半径　　　C. 刀具长度　　　D. 刀具角度

14. 铣削凹模型腔平面封闭内轮廓时,若刀具只能沿轮廓曲线的法向切入或切出时,刀具的切入/切出点应选在( )。
A. 直线端点位置　　　　　　　　　B. 直线中点位置
C. 两几何元素交点位置　　　　　　D. 象限点位置

15. 铣削内、外轮廓时,为避免刀具切入/切出轮廓产生刀痕,最好采用( )。
A. 法向切入/切出　　　　　　　　B. 切向切入/切出
C. 斜向切入/切出　　　　　　　　D. 直线切入/切出

16. 铣削平面零件的外表面轮廓时,常采用沿零件轮廓曲线的延长线切向切入/切出,以便于( )。
A. 提高加工效率　　　　　　　　　B. 减少刀具磨损
C. 提高加工精度　　　　　　　　　D. 保证零件轮廓光滑

二、判断题

1. 对于不具备刀具半径补偿功能的数控铣床,在进行平面轮廓编程时不能按工件轮廓编程,需要计算刀具中心轨迹的基点坐标。（ ）

2. 能进行轮廓控制的数控机床,一般也能进行点位控制和直线控制。（ ）

3. 顺时针圆弧插补(G02)和逆时针圆弧插补(G03)的判断方向是:沿着不在圆弧平面内的坐标轴从正方向向负方向看去,顺时针方向为G02,逆时针方向为G03。（ ）

4. 型腔轮廓精加工走刀路线一般采用圆弧切向切入/切出的加工路径。（ ）

5. 一个主程序调用另一个子程序称为二层嵌套。（ ）

6. 键槽铣刀的精度一般高于立铣刀的精度。（ ）

7. 加工直线段采用的插补指令是G01。（ ）

8. 逆时针加工圆弧采用的插补指令是G02。（ ）

9. 在数控铣床上加工一个正方形凸台轮廓,如果使用的刀具半径比原来的小1 mm,则在程序、刀具补偿参数不变的情况下,加工后的正方形边长比原来的小2 mm。（ ）

10. 加工平面轮廓时,设刀具直径为d,精加工时单边余量为Δ,则最后一次粗加工走刀的半径补偿量为$d+\Delta$。（ ）

11. 圆弧插补用半径编程时,当圆弧所对应的圆心角小于180°时半径取负值。（ ）

12. 在数控铣床上铣加工整圆时,为避免工件表面产生刀痕,刀具从起始点沿圆弧表面的切线方向进入,进行圆弧切削加工;整圆加工完毕退刀时,顺着圆弧表面的切线方向退出。（ ）

三、项目训练题

如图 2-47 至图 2-50 所示为平面轮廓零件,已知材料为 45 钢,毛坯尺寸为 95 mm×95 mm×25 mm。要求设计其数控加工工艺,编制数控程序,并操作数控铣床完成零件加工。

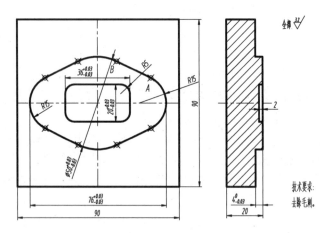

图 2-47　平面轮廓零件 1

项目 2　轮廓零件的数控加工工艺设计与编程

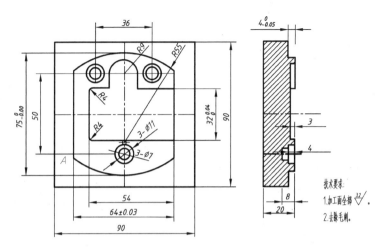

图 2-48　平面轮廓零件 2

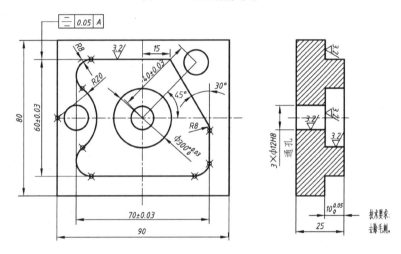

图 2-49　平面轮廓零件 3

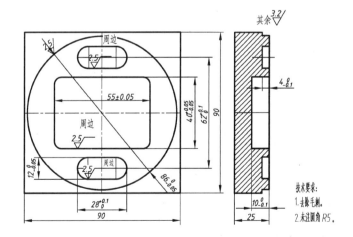

图 2-50　平面轮廓零件 4

109

考核评价

本项目评价内容包括基础知识与技能评价、学习过程与方法评价、团队协作能力评价和工作态度评价。评价方式包括学生自评、小组互评和教师评价。具体见表 2-10，供参考。

表 2-10 考核评价表

姓名		学号			班级		时间	
考核项目	考核内容	考核要求	分值	小计	学生自评30%	小组互评30%	教师评价40%
基础知识与技能评价	工艺文件	合理设计轮廓零件的工艺	10	40			
	数控程序	独立编制轮廓零件的程序	10				
	机床操作	独立操作机床，加工出零件	10				
	安全文明生产	机床操作规范，工量具摆放整齐，着装规范，举止文明	10				
学习过程与方法评价	各阶段学习状况	严肃、认真，保质保量按时完成每个阶段的学习任务	15	30			
	学习方法	掌握正确有效的学习方法	15				
团队协作能力评价	团队意识	具有较强的协作意识	10	20			
	团队配合状况	积极配合团队成员共同完成工作任务，为他人提供帮助，能虚心接受他人的意见，乐于贡献自己的聪明才智	10				
工作态度评价	纪律性	严格遵守学校和实训室的各项规章制度，不迟到、不早退、不无故缺勤	5	10			
	责任性、主动性与进取心	具有较强的责任感，不推诿、不懈怠；主动完成各项学习任务，并能积极提出改进意见；对学习充满热情和自信，积极提升综合能力与素养	5				
合计							
教师评语					得分			
					教师签名			

项目 3 孔系零件的数控加工工艺设计与编程

1. 能力目标
(1) 根据给定零件图,能够合理设计孔类零件的数控加工工艺。
(2) 根据设计的数控加工工艺,能够运用固定循环指令编制孔类零件的数控程序。
(3) 能够使用圆弧插补指令编制铣孔程序。
(4) 能严格遵守安全操作规程,熟练独立操作数控铣床,加工出合格的孔系零件。

2. 知识目标
(1) 了解加工孔走刀路线设计。
(2) 掌握孔的加工方法和切削用量。
(3) 掌握固定循环指令及应用(G98/G99、G73~G89)。
(4) 掌握孔系零件的工艺设计方法。
(5) 掌握孔系零件的编程方法。
(6) 熟练掌握数控铣床操作知识,积累加工经验知识。

前面已经学习过平面零件、轮廓零件的工艺设计与编程,孔加工时,除了加工刀具与切削用量的选择与前面不同之外,其加工方法和走刀路线也截然不同,接下来开始学习孔系零件的数控加工工艺设计与编程,并完成该零件的切削加工。

任务 3.1 孔系零件的数控加工工艺设计

如图 3-1 所示的孔系零件,已知毛坯尺寸为 95 mm×95 mm×30 mm,工件材料为 45 钢,数量为 5 个,现该工件底面和四个侧面已加工完毕,顶面余量为 2.5 mm,要求完成该零件的数控加工工艺设计。

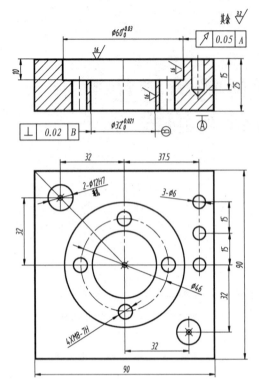
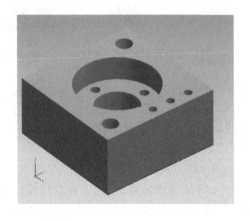

图 3-1 孔系零件图

一、孔加工方法及常用刀具

孔加工方法
及常用刀具

孔加工占机械加工的 40% 以上,它属于定尺寸加工,加工的孔直径与刀具直径一样大。

(一) 孔加工方法

在数控铣床/加工中心上加工孔的方法较多,根据孔的尺寸精度、位置精度及表面粗糙度等技术要求,一般有点孔、钻孔、扩孔、锪孔、铰孔、镗孔、铣孔(G02/G03 编程,以铣代镗、代铰)等方法。常用的孔加工方法如表 3-1 所示。

表 3-1 常用的孔加工方法

序号	加工方法	精度等级	表面粗糙度 $Ra/\mu m$	适用范围
1	钻	11~13	50~12.5	加工未淬火钢及铸铁的实心毛坯,也可用于加工有色金属(但粗糙度较差),孔径小于 20 mm
2	钻—铰	9	3.2~1.6	
3	钻—粗铰(扩)—精铰	7~8	1.6~0.8	

续表

序号	加工方法	精度等级	表面粗糙度 $Ra/\mu m$	适用范围
4	钻—扩	11	6.3~3.2	同上,但孔径>15 mm
5	钻—扩—铰	8~9	1.6~0.8	
6	钻—扩—粗铰—精铰	7	0.8~0.4	
7	粗镗(扩孔)	11~13	6.3~3.2	除淬火钢外,各种材料毛坯有铸出孔或锻出孔
8	粗镗(扩孔)—半精镗(精扩)	8~9	3.2~1.6	

(二) 常用孔加工方法的选择

(1) 对于直径小于 30 mm 的无毛坯孔的孔加工,通常采用锪平端面—打中心孔—钻—扩—孔口倒角—铰加工方案,有同轴度要求的小孔,须采用锪平端面—打中心孔—钻—半精镗—孔口倒角—精镗(或铰)加工方法。为提高孔的位置精度,在钻孔工步前须安排锪平端面和打中心孔工步。孔口倒角安排在半精加工之后、精加工之前,以防孔内产生毛刺。

(2) 对于直径大于 30 mm 的已铸出或锻出毛坯孔的孔加工,一般采用粗镗—半精镗—孔口倒角—精镗加工方案,孔径较大的可采用立铣刀粗铣—精铣加工方案。有空刀槽时可用锯片铣刀在半精镗之后、精镗之前铣削完成,也可用镗刀进行单刀镗削,但单刀镗削效率低。

(3) 螺纹的加工根据孔径大小,一般情况下,直径范围为 6~20 mm 的螺纹孔,通常采用攻螺纹的方法加工。直径在 6 mm 以下的螺纹孔,在加工中心上完成其底孔加工,再通过其他手段攻螺纹。因为在数控铣床或加工中心上攻小直径螺纹丝锥容易折断。直径在 20 mm 以上的螺纹孔,可采用镗刀片镗削加工。

(三) 孔加工常用刀具

1. 钻头

常见钻头刀具如图 3-2 所示。

(1) 中心钻。中心钻主要用于孔的点定位,由于中心钻切削部分直径较小,故钻中心孔时应选用较高的主轴转速。

(2) 麻花钻。一般用于孔的粗加工或加工精度要求不高的孔加工,如过孔。标准麻花钻的切削部分由两个主切削刃、两个副切削刃、一个横刃和两条螺旋槽组成。在加工中心上钻孔,因受两切削刃上切削力不对称的影响,容易引起钻孔偏斜,故要求钻孔前一般先用中心钻或定心钻加工定心孔,再用钻头钻孔。

(3) 扩孔钻。标准扩孔钻一般有 3~4 条主切削刃,有直柄式、锥柄式和套式等。在小批量生产时,常用麻花钻改制或直接用标准麻花钻代替。

(4) 锪钻。锪钻主要用于加工锥形沉孔或平底沉孔。在锪孔加工过程中要特别注意刀具参数和切削用量的正确选用,以免所锪端面或锥面产生振痕。

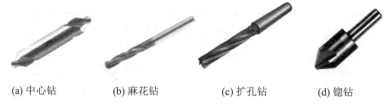

(a) 中心钻　　(b) 麻花钻　　(c) 扩孔钻　　(d) 锪钻

图 3-2　钻头刀具

2. 铰刀

铰刀属于精加工孔刀具,一般加工孔的直径小于 30 mm,且铰孔前必须进行粗加工或半精加工。数控铣床及加工中心用铰刀有通用标准铰刀、机夹硬质合金刀片单刃铰刀和浮动铰刀等。铰孔的加工精度可达 IT6~IT9,表面粗糙度 Ra 可达 0.8~1.6 μm。标准机用铰刀如图 3-3 所示,有 4~12 齿,由工作部分、颈部和柄部三部分组成,而铰刀工作部分又包括切削部分与校准部分。

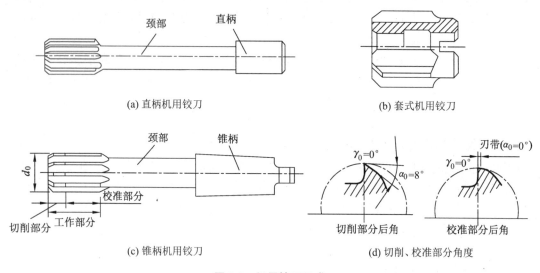

(a) 直柄机用铰刀　　　　　　　　(b) 套式机用铰刀

(c) 锥柄机用铰刀　　　　　　　　(d) 切削、校准部分角度

图 3-3　机用铰刀组成

3. 镗孔刀具

镗刀按精度分为粗镗刀、精镗刀,按刃数分为单刃镗刀、双刃镗刀。在数控铣床或加工中心上进行镗削加工通常采用悬臂式加工,因此,要求镗刀有足够的刚性和较好的精度。在镗孔过程中一般都采用移动工作台或立柱完成 Z 方向进给(卧式),保证悬伸不变,从而获得进给的刚性。

对于精度要求不高的几个同尺寸的孔,在加工时,可以用一把刀完成所有孔的加工后,再更换一把刀加工各孔的第二道工序,直至换最后一把刀,加工最后一道工序为止。

精加工孔则须单独完成,每道工序换一次刀,尽量减少各个坐标的运动,以降低定位误差对加工精度的影响。

常用的精镗孔刀具为精镗微调刀杆系统,如图 3-4 所示。大直径的镗孔加工可选用如图 3-5 所示的可调双刃镗刀系统,镗刀两端的双刃同时参与切削,每转进给量高,效率高,同时可消除切削力对镗杆的影响。

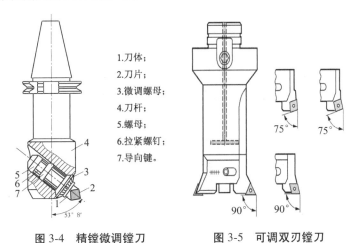

图 3-4　精镗微调镗刀　　图 3-5　可调双刃镗刀

4. 螺纹加工刀具

机用丝锥如图 3-6 所示,由工作部分和柄部组成。工作部分包括切削部分和校准部分。切削部分的前角为 8°~10°,后角铲磨成 6°~8°。前端磨出切削锥角,使切削负荷分布在几个刀齿上,使切削省力。校准部分的大径、中径、小径均有(0.05~0.12)/100 的倒锥,以减小与螺孔的摩擦,减小所攻螺纹的扩涨量。

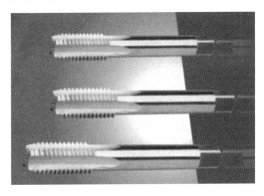

图 3-6　机用丝锥

二、孔加工的切削用量及加工余量

(一) 孔加工的切削用量

孔加工主轴转速 n 根据选定的切削速度 v_c 和加工工件直径(刀具直径),仍按式 $n = \dfrac{1\,000 v_c}{\pi d}$ 来计算。

孔加工的切削用量

孔加工的进给速度 v_f 按式(3-1)来计算:

$$v_f = f_r n \tag{3-1}$$

式中,f_r 是每转进给量(单位:mm/r),n 是主轴转速(单位:r/min)。

表 3-2 列出了孔加工的切削用量,供选择时参考。

表 3-2 孔加工的切削用量

刀具名称	刀具材料	切削速度/(m/min)	进给量(速度)/(mm/r)	背吃刀量/mm
中心钻	高速钢	20~40	0.05~0.10	0.5D
标准麻花钻	高速钢	20~40	0.15~0.25	0.5D
	硬质合金	40~60	0.05~0.20	0.5D
扩孔钻	硬质合金	45~90	0.05~0.40	≤2.5
机用铰刀	硬质合金	6~12	0.3~1	0.10~0.30
机用丝锥	硬质合金	6~12	P	0.5P
粗镗刀	硬质合金	80~250	0.10~0.50	0.5~2.0
精镗刀	硬质合金	80~250	0.05~0.30	0.3~1

切削用量计算实例与训练如下:

例 3-1 已知中心钻 ϕ3 mm,刀材高速钢,工件材料为 45 钢,求 n、v_f。

解:查表 3-2 或手册,切削速度选择 20 mm/min,进给量选择 0.05 mm/r,则主轴转速 $n=\dfrac{1\,000v_c}{\pi\times d}=\dfrac{1\,000\times 20}{3.14\times 3}\approx 2\,123(\text{r/min})$,进给速度 $v_f=f_r\times n=0.05\times 2\,100=105(\text{mm/min})$。

例 3-2 已知麻花钻头 ϕ8 mm,刀材高速钢,工件材料为 45 钢,求 n、v_f。

解:查表 3-2 或手册,切削速度选择 20 mm/min,进给量选择 0.15 mm/r,则主轴转速 $n=\dfrac{1\,000v_c}{\pi\times d}=\dfrac{1\,000\times 20}{3.14\times 8}\approx 796(\text{r/min})$,编程时取整 800 r/min,进给速度 $v_f=f_r\times n=0.15\times 800=120(\text{mm/min})$。编程时 F 为 120 mm/min,首件试切削时,进给倍率开关打到 50% 以下,然后根据切削情况向上调整倍率开关,使得加工处于最佳切削条件。

练 3-1 已知铰刀 ϕ10 mm,刀材高速钢,工件材料为 45 钢,求 n、v_f。

查表 3-2 或手册,切削速度选择_____mm/min,进给量选择_____mm/min,则主轴转速_____,进给速度_____。

练 3-2 已知螺纹孔 M8,导程为 1.25 mm,丝锥直径为 8 mm,刀材硬质合金,工件材料为 45 钢,求 n、v_f。

查表 3-2 或手册,切削速度选择_____mm/min,进给量选择_____mm/r,则主轴转速_____,进给速度_____。

(二) 孔加工的加工余量

表 3-3 列出了精度等级为 IT7、IT8 孔的加工方法及其工序间的加工余量,供参考。

表 3-3 孔加工余量　　　　　　　　　　　　　　　　　　单位：mm

加工孔的直径	直径							
	钻		粗加工		半精加工		精加工（H7H8）	
	第一次	第二次	粗镗	扩孔	粗铰	半精镗	精铰	精镗
3	2.9	—	—	—	—	—	3	—
4	3.9	—	—	—	—	—	4	—
5	4.8	—	—	—	—	—	5	—
6	5.0	—	—	5.85	—	—	6	—
8	7.0	—	—	7.85	—	—	8	—
10	9.0	—	—	9.85	—	—	10	—
12	11.0	—	—	11.85	11.95	—	12	—
13	12.0	—	—	12.85	12.95	—	13	—
14	13.0	—	—	13.85	13.95	—	14	—
15	14.0	—	—	14.85	14.95	—	15	—
16	15.0	—	—	15.85	15.95	—	16	—
18	17.0	—	—	17.85	17.95	—	18	—
20	18.0	—	19.8	19.8	19.95	19.90	20	20
22	20.0	—	21.8	21.8	21.95	21.90	22	22
24	22.0	—	23.8	23.8	23.95	23.90	24	24
25	23.0	—	24.8	24.8	24.95	24.90	25	25
26	24.0	—	25.8	25.8	25.95	25.90	26	26
28	26.0	—	27.8	27.8	27.95	27.90	28	28
30	15.0	28	29.8	29.8	29.95	29.90	30	30
32	15.0	30.0	31.7	31.75	31.93	31.90	32	32
35	20.0	33.0	34.7	34.75	34.93	34.90	35	35
38	20.0	36.0	37.7	37.75	37.93	37.90	38	38
40	25.0	38.0	39.7	39.75	39.93	39.90	40	40
42	25.0	40.0	41.7	41.75	41.93	41.90	42	42
45	30.0	43.0	44.7	44.75	44.93	44.90	45	45
48	36.0	46.0	47.7	47.75	47.93	47.90	48	48
50	36.0	48.0	49.7	49.75	49.93	49.90	50	50

三、孔加工的走刀路线设计

孔加工时，一般是刀具先沿 Z 方向快速运动到安全位置，然后刀具在 XY 平面内快速定位至孔中心的位置。刀具沿 Z 方向运动进行加工的

孔加工的走刀路线

步骤:刀具快速至初始平面→刀具快速至 R 平面→刀具工作进给加工孔,最后刀具沿 Z 方向抬刀至 R 面或安全平面,所以,孔加工走刀路线的确定包括 XY 平面内的走刀路线和 Z 方向走刀路线。

(一) 确定刀具 XY 平面内的走刀路线

孔加工时,刀具在 XY 平面内的运动属于点位运动,在确定走刀路线时,主要考虑定位要迅速、准确。

1. 定位要迅速

在保证刀具不与机床、夹具和工件碰撞的前提下,空行程时间要尽可能短。例如,钻加工如图 3-7(a)所示零件的圆周均布孔系,图 3-7(b)的走刀路线为先加工完外圈均布孔系后,再加工内圈均布孔系,这样的走刀路线并不是最短的走刀路线,而应按照图 3-7(c)的走刀路线进行孔的加工,则可节约近一半的空行程时间,提高了效率。

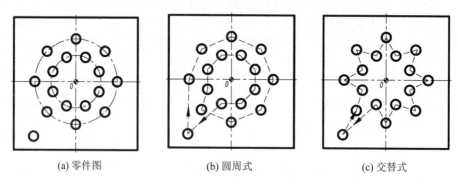

图 3-7　最短走刀路线设计

2. 定位要准确

设计刀具走刀路线时,要避免机床进给传动系统反向间隙对孔位置精度的影响。对于孔系位置精度要求较高的零件,在精镗孔系时,镗孔路线一定要注意各孔的定位方向一致。例如,如图 3-8(a)所示的孔系走刀路线,由于孔Ⅳ与孔Ⅰ、Ⅱ、Ⅲ在 X 方向上定位方向相反,所以,X 方向的反向间隙就会影响孔Ⅲ与孔Ⅳ之间的孔距精度。若改为如图 3-8(b)所示的走刀路线,在工件外增加一个刀具折返点,如此几个孔的定位方向一致,即可避免引入反向间隙,提高孔距精度。

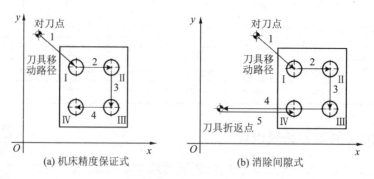

图 3-8　准确定位进给路线

(二) 确定刀具 Z 方向的走刀路线

刀具在 Z 方向的走刀路线分为快速进给路线和工作进给路线。刀具先从初始平面快速运动到距工件加工表面一定距离的 R 平面(也称进刀平面,一般取 2~5 mm),然后快进转换为工进,进行孔加工。如图 3-9(a)所示为加工单孔时刀具的走刀路线。图 3-9(b)所示为孔系加工的走刀路线,此时,加工中间孔时,刀具只要退回到 R 平面上就可以了,减少刀具的空行程时间,从而提高加工效率。

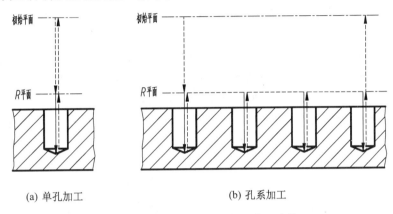

(a) 单孔加工　　　　(b) 孔系加工

图 3-9　刀具加工孔时 Z 方向走刀路线

在工作进给路线中,工作进给距离 Z_F 包括被加工孔的深度 H、刀尖长度 T、刀具的切入距离 Z_a 和切出距离 Z_b(加工通孔),如图 3-10 所示。

钻削加工盲孔时,工作进给距离为

$$Z_F = H + Z_a + T \tag{3-2}$$

钻削加工通孔时,工作进给距离为

$$Z_F = Z_a + H + Z_b + T \tag{3-3}$$

式中,H 是孔的深度,Z_a 是切入距离,Z_b 是切出距离,T 是刀尖长度。刀具的轴向切入距离的经验数据为:在已加工面上钻、镗、铰孔,Z_a 为 1~3 mm;在毛坯表面上钻、镗、铰孔,Z_a 为 5~8 mm。钻通孔时刀具的轴向切出距离 Z_b 为 1~3 mm,当顶角 $\theta = 118°$ 时,取 $T = 0.3d$,d 为钻头的直径。

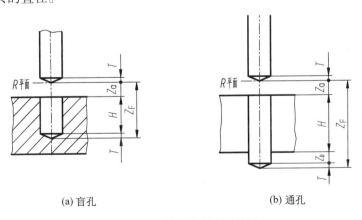

(a) 盲孔　　　　(b) 通孔

图 3-10　工作进给距离计算图

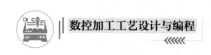

任务实施

该零件在数控铣床/加工中心加工前已将底面和四个侧面加工完成,本工序的任务是在数控铣床/加工中心上加工顶面和孔系。工件材料为45钢,其数控加工工艺分析如下:

一、对零件进行工艺分析

本零件的孔系几何元素之间的关系描述完整正确,加工的内容主要有:加工顶面、加工 $\phi 32$ mm 孔、加工 $\phi 60$ mm 孔、加工 $3\times\phi 6$ mm 及 $2\times\phi 12$ mm 孔、加工 $4\times M8$ mm 螺纹孔。其中,$\phi 32$ mm 孔、$\phi 60$ mm孔和 $2\times\phi 12$ mm 孔加工精度较高,加工 $4\times M8$ mm 螺纹孔需要先加工底孔。$\phi 60$ mm 孔轴线对基准 $\phi 32$ mm 孔轴线有公差为 0.025 mm 的跳动度要求,$\phi 32$ mm孔轴线对底面基准有公差为 $\phi 0.02$ mm 的垂直度要求。顶面、$\phi 32$ mm 孔、$\phi 60$ mm 孔表面粗糙度要求较高,为 Ra 1.6 mm,其余为 Ra 3.2 mm。工件材料为45钢,加工性能较好。数量为5个,属于单件小批量生产。

二、确定加工顺序

根据分析,选择零件底面和后面做定位基准,一次装夹完成所有加工内容。各表面加工方法选择如下:

顶面为保证表面粗糙度 Ra 1.6 的要求,选择粗铣—精铣的加工方法。

$\phi 32$ mm 孔精度和表面质量要求较高,选择钻中心孔—钻—扩—粗镗—精镗的加工方法。

$\phi 60$ mm 孔精度和表面质量要求较高,选择粗铣—精铣的加工方法。

$2\times\phi 12$ mm 孔7级精度,要求较高,选择钻—铰的加工方法。

$4\times M8$ mm 螺纹孔选择钻—孔口倒角—攻丝的加工方法。

$3\times\phi 6$ mm 精度要求不高,选择钻的加工方法。

按照"基准先行、先面后孔、先粗后精、先主后次"的原则,可以划分工步,确定加工顺序,如表3-4所示。

表3-4 加工顺序

单位名称	××学院	零件名称	零件图号	使用设备	场地
		孔系零件	VM-3	VM600	数控车间
工步号	工步内容	确定依据	量具		备注
			名称	规格	
1	粗铣顶面	"先面后孔、先粗后精"的原则			
2	钻 $\phi 32$ mm、$\phi 12$ mm 孔的中心孔	便于钻头定心			定心
3	钻 $\phi 32$ mm、$\phi 12$ mm 孔至 $\phi 11.5$ mm	"先粗后精、基准先行、先主后次"的原则			去除余量
4	扩 $\phi 32$ mm 孔至 $\phi 30$ mm	加工精度较高			去除余量

续表

工步号	工步内容	确定依据	量具选用 名称	量具选用 规格	备注
5	钻 3×φ6 mm 孔至尺寸φ6 mm	次要表面穿插半精加工	游标卡尺	0~150 mm	
6	粗铣φ60 mm 沉孔	"先粗后精"的原则	游标卡尺	0~150 mm	去除余量
7	钻 4×M8 mm 底孔至φ6.8 mm	螺纹加工工艺要求	游标卡尺	0~150 mm	
8	镗φ32 mm 孔至φ31.7 mm	主要表面半精加工	游标卡尺	0~150 mm	
9	精铣顶面	"先面后孔"的原则	游标卡尺	0~150 mm	
10	铰φ12 mm 孔至尺寸φ12 mm	"先粗后精"的原则	内测千分尺	5~30 mm	
11	精镗φ32 mm 孔至尺寸φ32 mm	"先粗后精"的原则	内测千分尺	25~50 mm	
12	精铣φ60 mm 沉孔	"先粗后精"的原则	内测千分尺	50~75 mm	
13	φ12 mm 孔口倒角	便于装配			
14	3×φ6 mm、4×M8 孔口倒角	便于装配、攻丝			
15	攻 4×M8 mm 螺纹	先加工底孔再攻丝	螺钉	M8	

三、确定装夹方案

零件毛坯为规则的长方体,单件小批量生产,选用平口钳夹具。装夹时工件底面须加垫铁和固定钳口进行定位,且工件露出钳口顶面合适的距离以免影响实际加工,然后进行夹固。

四、选择刀具

根据零件的结构特点,加工各孔时,钻头、铰刀、镗刀及铣刀的选择受尺寸限制,同时考虑材料为 45 钢,切削性能较好,选用的刀具如表 3-5 所示。

表 3-5 选用的刀具

单位名称		××学院		零件图号		VM-3	零件名称	孔系零件
工步号	刀具号	刀具名称	刀具材料	刀具参数 直径/mm	刀具参数 长度	刀补地址、补偿量/mm 半径	刀补地址、补偿量/mm 长度	备注
1	T01	端面铣刀	合金	φ125			H01	
2	T02	中心钻	高速钢	φ2			H02	
3	T03	麻花钻	高速钢	φ11.5			H03	
4	T04	麻花钻	高速钢	φ30			H04	
5	T05	麻花钻	高速钢	φ6			H05	
6	T06	2 刃立铣刀	高速钢	φ18		D06=9.3	H06	

续表

工步号	刀具号	刀具名称	刀具材料	刀具参数 直径/mm	刀具参数 长度	刀补地址、补偿量/mm 半径	刀补地址、补偿量/mm 长度	备注
7	T07	麻花钻	高速钢	$\phi6.8$			H07	
8	T08	镗刀	高速钢	$\phi31.7$			H08	
9	T01	端面铣刀	硬质合金	$\phi125$			H01	
10	T10	铰刀	高速钢	$\phi12$			H10	
11	T11	微调精镗刀	高速钢	$\phi32$			H11	
12	T12	4刃立铣刀	高速钢	$\phi18$		D12=9	H12	
13	T13	倒角刀	高速钢	$\phi20$			H13	
14	T03	麻花钻	高速钢	$\phi11.5$			H03	
15	T15	丝锥	高速钢	M8			H15	

五、确定工件坐标系和走刀路线

孔系零件设计基准为工件的几何中心,因此,选择几何中心为 X、Y 方向的工件零点,选择工件上表面为 Z 方向零点。

数控加工中,常常要注意并防止刀具在运动中与夹具、工件等发生意外碰撞,为此,必须设法告诉操作者程序中的刀具运动路线(如从哪里下刀,在哪里让刀等),使操作者在加工前就有所了解,计划好夹紧位置及控制好夹紧元件的高度,这样就可以避免碰撞事故的发生;同时,走刀路线图也是编程人员编制数控程序的主要依据之一。

图 3-11 是铣削工件顶面走刀路线,图 3-12 是沉孔铣加工走刀路线。孔的走刀路线主要有:① XY 平面内孔中心位置的快速定位,主要考虑以下两点,一是定位迅速,主要是缩短走刀路线,减少刀具的空行程,提高生产率,二是定位准确,保证孔距精度;② Z 方向刀具的走刀路线,因其较为简单,这里不再介绍。

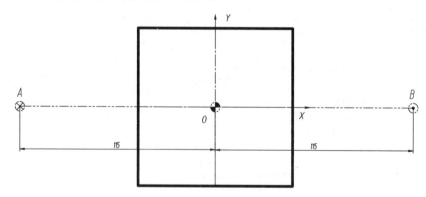

图 3-11 铣削工件顶面走刀路线

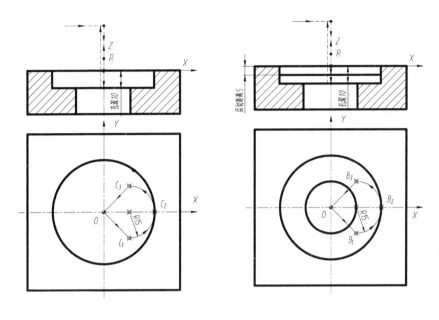

(a) 沉孔粗铣走刀路线　　　　　　　(b) 沉孔精铣走刀路线

图 3-12　沉孔铣加工走刀路线

六、确定切削用量

根据刀具材料、工件材料和加工要求，经查表，计算各工步切削用量，如表 3-6 所示。

表 3-6　切削用量

单位名称		××学院	零件图号	VM-03	零件名称	孔系零件
工步号	刀具号	刀具直径/mm	主轴转速 $n/(r/min)$	进给速度 $v_f/(mm/min)$	背吃刀量 a_p/mm	加工内容
1	T01	ϕ125	240	300	2	粗铣顶面
2	T02	ϕ2	1 000	100	2.5	钻ϕ32 mm、ϕ12 mm孔的中心孔
3	T03	ϕ11.5	550	110	5.75	钻ϕ32 mm、ϕ12 mm孔至ϕ11.5 mm
4	T04	ϕ30	280	85	15	扩ϕ32 mm孔至ϕ30 mm
5	T05	ϕ6	1 100	220	3	钻3×ϕ6 mm孔至尺寸ϕ6 mm
6	T06	ϕ18	370	110	5	粗铣ϕ60 mm沉孔
7	T07	ϕ6.8	950	140	3.4	钻4×M8底孔至ϕ6.8 mm
8	T08	ϕ31.7	830	120	0.85	镗ϕ32 mm孔至ϕ31.7 mm
9	T01	ϕ125	320	280	0.5	精铣顶面
10	T10	ϕ12	170	42	0.25	铰ϕ12 mm孔至尺寸ϕ12 mm

续表

工步号	刀具号	刀具直径/mm	主轴转速 $n/(r/min)$	进给速度 $v_f/(mm/min)$	背吃刀量 a_p/mm	加工内容
11	T11	$\phi 32$	940	75	0.15	精镗$\phi 32$ mm 孔至尺寸$\phi 32$ mm
12	T12	$\phi 18$	460	150	10	精铣$\phi 60$ mm 沉孔
13	T13	$\phi 20$	550	110		$\phi 12$ mm 孔口倒角
14	T03	$\phi 11.5$	830	120		$3×\phi 6$ mm、$4×M8$ mm 孔口倒角
15	T15	M8	320	400		攻 $4×M8$ mm 螺纹

七、填写工艺文件

基于上述工艺分析与设计,填写工序卡,如表3-7所示。

表3-7 数控加工工序卡

××学院	数控加工工序卡片		产品名称或代号	零件名称	材料	零件图号
			××	孔系零件	45钢	VM-03
工序号	程序号	夹具名称	夹具编号	加工设备	数控系统	车间
		平口虎钳	××	VM600	FANUC 0i	数控车间
工步号	工步内容	刀具号	刀具名称、规格	主轴转速 $n/(r/min)$	进给速度 $v_f/(mm/min)$	背吃刀量 a_p/mm	备注
1	粗铣顶面	T01	面铣刀 $\phi 125$ mm	240	300	2	
2	钻$\phi 32$ mm、$\phi 12$ mm 中心孔	T02	中心钻 $\phi 2$ mm	1 000	100	2.5	
3	钻$\phi 32$ mm、$\phi 12$ mm 孔至$\phi 11.5$ mm	T03	钻头 $\phi 11.5$ mm	550	110	5.75	
4	扩$\phi 32$ mm 至$\phi 30$ mm	T04	钻头 $\phi 30$ mm	280	85	15	
5	钻$3×\phi 6$ mm 孔至尺寸$\phi 6$ mm	T05	钻头 $\phi 6$ mm	1 100	220	3	游标卡尺 0~150 mm
6	粗铣$\phi 60$ mm 沉孔	T06	立铣刀 $\phi 18$ mm	370	110	5	游标卡尺 0~150 mm
7	钻 $4×M8$ 底孔至$\phi 6.8$ mm	T07	钻头 $\phi 6.8$ mm	950	140	3.4	游标卡尺 0~150 mm
8	镗$\phi 32$ mm 孔至$\phi 31.7$ mm	T08	粗镗刀 $\phi 31.7$ mm	830	120	0.85	游标卡尺 0~150 mm
9	精铣顶面	T01	面铣刀 $\phi 125$ mm	320	280	0.5	游标卡尺 0~150 mm

续表

工步号	工步内容	刀具号	刀具名称、规格	主轴转速 $n/(\text{r/min})$	进给速度 $v_f/(\text{mm/min})$	背吃刀量 a_p/mm	备注
10	铰φ12 mm 孔至尺寸φ12 mm	T10	铰刀φ12 mm	170	42	0.25	内测千分尺 5~30 mm
11	精镗φ32 mm 孔至尺寸φ32 mm	T11	精镗刀φ32 mm	940	75	0.15	内测千分尺 25~50 mm
12	精铣φ60 mm 沉孔	T12	立铣刀φ18 mm	460	150	10	内测千分尺 50~75 mm
13	φ12 mm 孔口倒角	T13	倒角刀φ20 mm	550	110		
14	3×φ6 mm/4×M8 mm 孔口倒角	T03	钻头φ11.5 mm	830	120		
15	攻 4×M8 mm 螺纹	T15	丝锥 M8 mm	320	400		螺钉 M8
编制		日期		审核	日期	批准	日期	共 1 页	第 1 页

表 3-8 数控加工刀具卡

零件名称	零件图号	数控加工刀具卡		程序号		车间	设备
模板	M01			××		数控车间	VM600
序号	刀具号	刀具名称、规格	数量	刀补地址、补偿量/mm		加工部位	备注
				半径	长度		
1	T01	端面铣刀φ125 mm	1		H01	粗、精铣顶面	
2	T02	中心钻φ2 mm	1		H02	钻φ32 mm、φ12 mm 孔的中心孔	
3	T03	麻花钻φ11.5 mm	1		H03	钻φ32 mm、φ12 mm 孔至φ11.5 mm；3×φ6 mm、4×M8 mm 孔口倒角	
4	T04	麻花钻φ30 mm	1		H04	扩φ32 mm 孔至φ30 mm	
5	T05	麻花钻φ6 mm	1		H05	钻 3×φ6 mm 孔至尺寸φ6 mm	
6	T06	立铣刀φ18 mm	1	D06 = 8.3	H06	粗铣φ60 mm 沉孔	2 刃
7	T07	麻花钻φ6.8 mm	1		H07	钻 4×M8 mm 底孔至φ6.8 mm	
8	T08	镗刀φ31.7 mm	1		H08	镗φ32 mm 孔至φ31.7 mm	
9	T10	铰刀φ12 mm	1		H10	铰φ12 mm 孔	
10	T11	微调精镗刀φ32 mm	1		H11	精镗φ32 mm 孔	
11	T12	立铣刀φ18 mm	1	D12 = 8	H12	精铣φ60 mm 沉孔	4 刃

续表

序号	刀具号	刀具名称、规格	数量	刀补地址、补偿量/mm		加工部位	备注
				半径	长度		
12	T13	倒角刀φ20 mm	1		H13	φ12 mm 孔口倒角	
13	T15	丝锥 M8 mm	1		H15	攻 4×M8 mm 螺纹	
编制	日期	审核	日期	批准	日期	共 1 页	第 1 页

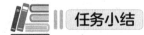

任务小结

本任务主要介绍了孔的加工方法、常用刀具、切削用量选择等，并通过完成孔系零件的工艺设计，来掌握孔系零件的工艺设计方法。

任务 3.2 孔系零件的数控程序编制

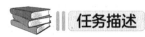

任务描述

根据任务 3.1 所设计的孔系零件加工工艺，完成该零件的数控程序编制。

知识准备

一、孔加工固定循环指令动作分析

孔加工是数控加工中最常见的加工工序，现代 CNC 系统一般都具备孔加工固定循环功能，主要用于钻孔、镗孔和攻螺纹等加工。孔加工循环指令为模态指令，在孔加工编程时，只需给定第 1 个孔加工时的所有参数值，接着加工的孔凡是与第 1 个孔相同的参数均可省略不写，这样就大大简化了编程，而且使程序简短易懂。FANUC 0i 系统孔加工的固定循环指令如表 3-9 所示。

固定循环指令(1)

表 3-9　孔加工固定循环指令

指令	孔加工动作(-Z 方向)	孔底动作	返回动作(+Z 方向)	用途
G73	间歇进给		快速进给	高速深孔钻循环
G74	切削进给	暂停→主轴正转	切削进给	攻左螺纹循环
G76	切削进给	主轴定向停止，刀具移位	快速进给	精镗循环
G80				取消固定循环

续表

指令	孔加工动作(-Z方向)	孔底动作	返回动作(+Z方向)	用途
G81	切削进给		快速进给	钻孔循环,点钻循环
G82	切削进给	暂停	快速进给	钻孔循环,锪镗阶梯孔
G83	间歇进给		快速进给	深孔钻循环
G84	切削进给	暂停→主轴反转	切削进给	攻右螺纹循环
G85	切削进给		切削进给	镗孔循环
G86	切削进给	主轴停止	快速进给	镗孔循环
G87	切削进给	主轴正转	快速进给	反镗孔循环
G88	切削进给	暂停→主轴停止	手动进给	镗孔循环
G89	切削进给	暂停	切削进给	精镗阶梯孔循环

孔加工固定循环通常由6个基本动作组成,如图3-13所示。

动作1:A→B,刀具快速定位到孔的中心坐标B(X,Y),B点即为初始点。

动作2:B→R,刀具沿Z方向快速移动到R点平面。

动作3:R→E,刀具切削进给至E点(如钻孔、镗孔、攻螺纹等)。

动作4:E点为孔底动作(如进给暂停、刀具偏移、主轴准停、主轴反转等动作)。

动作5:E→R,刀具快速返回到R点平面。

动作6:R→B,刀具快速返回到初始点B。

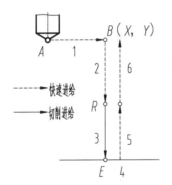

图3-13 孔加工固定循环动作

二、孔加工循环指令的通用编程格式

编程格式:

G90(G91) G98(G99) G×× X_ Y_ Z_ R_ Q_ P_ F_ K_;

其中,① G90表示绝对坐标编程方式,G91表示增量坐标编程。

② G98、G99是指定孔加工完后的返回方式指令,G98指令为默认方式,指定刀具返回到初始平面处,G99则指定刀具返回至R平面处。当某孔加工完后还有其他同类孔需要继续加工时,一般使用G99指令;只有当同类孔都加工完成后,或孔之间有障碍物需要

抬刀至初始平面时，才使用 G98 指令，这样可节省空行程时间。

③ G×× 是孔加工固定循环指令，指的是 G73~G89。

④ X_Y_ 是孔中心的坐标（绝对或增量值），刀具以快进的方式到达此点。

⑤ Z_ 是孔底的坐标。G90 编程时，Z 值为绝对值；G91 编程时，Z 值是孔底相对于 R 点的增量坐标。

⑥ R_ 是 R 平面的 Z 坐标，R 平面一般选在距零件加工表面 2~5 mm 处。G90 编程时，R 点的 Z 坐标为绝对值；G91 编程时，R 点的 Z 坐标是相对于初始平面的增量坐标。

⑦ Q_ 表示在 G73、G83 方式下，指定每次加工深度；在 G76 或 G87 方式下，在孔底指定刀具的横向（X 或 Y）让刀量。

⑧ P_ 表示指定刀具在孔底的暂停时间，用整数表示，单位为 ms。

⑨ F_ 是刀具进给速度，单位为 mm/min。

⑩ K_ 表示循环次数，1 次可省略不写，0 次将不执行加工，只存储加工数据。

注意： ① G73~G89 是模态指令。一旦指定，一直有效，直到出现同组的另一循环指令，或循环取消指令 G80 或 01 组的指令（如 G00、G01、G02、G03 等）才失效，因此，加工相同多孔时，该指令只需指定给第 1 个孔，后续其余孔的加工程序段只给孔的位置坐标即可。

② 固定循环中的参数（Z、R、Q、P、F）是模态的，当变更固定循环方式时，可用的参数可以继续使用，不需重设。但中间如果隔有 G80 或 01 组 G 指令，则参数均被取消，但 01 组 G 指令不受固定循环的影响。

③ 在使用固定循环指令编程前，要使主轴转起来。

④ 若在固定循环指令程序段中同时指定一后指令 M 代码（如 M05、M09），则该 M 代码并不是在循环指令执行完成后才被执行，而是执行完循环指令的第一个动作（X、Y 定位）后即被执行。因此，固定循环指令不能和后指令 M 代码同时出现在同一程序段。

⑤ 当用 G80 取消孔加工固定循环后，那些在固定循环之前的插补模态（如 G00、G01、G02、G03）恢复，M05 也自动生效，即 G80 可使主轴停转。

⑥ 在固定循环中，刀具半径补偿功能（G41、G42）无效，刀具长度补偿功能（G43、G44）有效。

三、常用固定循环指令编程

（一）钻孔循环指令 G81、G82、G73、G83

1. 钻孔循环指令 G81

编程格式：

G90(G91) G98(G99) G81 X_ Y_ Z_ R_ F_;

G81 指令主要用于中心钻加工定位孔和一般孔加工，其加工动作过程如图 3-14 所示，包括刀具快速定位到孔的中心 B 点、Z 方向快进至 R 点、Z 方向工进至孔底 E 点、刀具快速返回到起始点（G98）或 R 点位置（G99）。

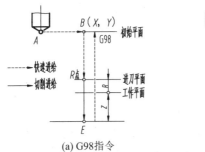
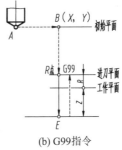

(a) G98指令 (b) G99指令

图 3-14 钻孔循环指令 G81

2. 钻孔循环指令 G82

编程格式：

G90(G91) G98(G99) G81X_ Y_ Z_ R_ P_ F_；

G82 指令用于钻孔或镗孔，与 G81 指令比较，编程格式和加工动作过程类似，唯一不同的是，G82 在孔底有进给暂停动作，即当刀具切削进给到孔底后，停止进给一段时间后才退刀，暂停时间由 P_设定，从而保证孔底平整。因此，该指令常用于盲孔、沉孔的加工。

例 3-3　某孔系零件如图 3-15 所示，已知工件材料为 45 钢，主轴转速为 900 r/min，进给速度为 50 mm/min，要求用 G81、G98 指令编程来加工所有孔。

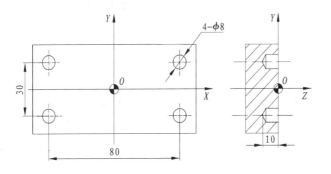

固定循环指令（2）

图 3-15 带孔模板

编程如下：

O3001；(钻浅孔)

G91 G28 Z0；(刀具沿 Z 方向回零)

G54 G90 G00 X0 Y0 S900 M03；(建立 G54，刀具快速到工件零点，主轴正转，转速为 900 r/min)

G00 Z50；(刀具快进至 Z50)

G81 X-40 Y15 Z-10 R5 F50；(G81 循环指令自动钻孔)

X-40 Y-15；

X40 Y-15；

X40 Y15；

G80;（取消固定循环）

G0 Z200；

M30；

3. 高速深孔钻削循环指令 G73

编程格式：

G90（G91）G98（G99）G73 X_ Y_ Z_ R_ Q_ F_；

G73 指令用于高速深孔钻削，在钻孔时执行间歇进给直到孔的底部，有利于断屑和排屑，其加工动作过程如图 3-16 所示。其中，q 表示每次进给的深度，为增量值，由地址 Q 指定，一般取 2~3 mm，最后 1 次加工深度小于或等于 q。d 表示每次退刀量，由系统参数设定。

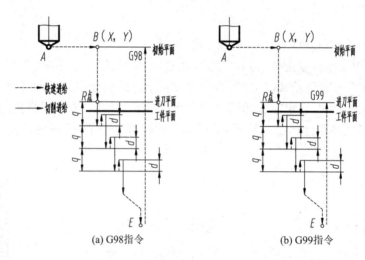

(a) G98指令　　　　(b) G99指令

图 3-16　深孔钻削循环指令 G73

4. 深孔钻孔循环指令 G83

编程格式：

G90（G91）G98（G99）G83 X_ Y_ Z_ R_ Q_ F_；

G83 指令用于深孔加工，孔加工动作过程如图 3-17 所示。与 G73 略微不同的是，刀具每次间歇进给后都要快速退回到 R 平面，因此，钻削深孔的排屑性能非常好，缺点是增加了空行程时间。图中的 d 表示刀具每次进刀时，由快进转换为工进的那一点与前一次切削进给到的点之间的距离，其值由系统参数设定，一般设定为 1 mm。由此可知，刀具的每次进刀工进距离为 $q+d$。

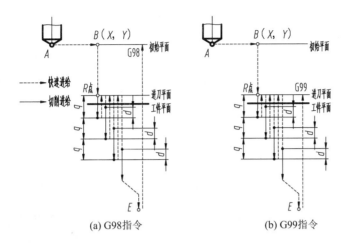

(a) G98指令　　　　　　　(b) G99指令

图 3-17　深孔钻孔循环指令 G83

例 3-4　某孔系零件如图 3-15 所示,若孔深改为 30 mm,其他加工条件不变,要求用 G83、G99 指令编程来加工所有孔。编程如下:

O3002;(钻深孔)

G91 G28 Z0;(刀具回参考点)

G54 G90 G00 X0 Y0 S900 M03;(建立 G54,刀具快速到工件零点,主轴正转,转速为 900 r/min)

G00 Z50;(刀具快进至 Z50)

G99 G83 X-40 Y15 Z-30 R5 Q10 F50;(G83 循环指令自动钻孔)

X-40 Y-15;

X40 Y-15;

X40 Y15;

G80;(取消固定循环)

G00 Z200;

M30;

(二) 攻螺纹循环指令 G84、G74

1. 右旋攻螺纹循环指令 G84

编程格式:

G84 X_ Y_ Z_ R_ P_ F_;

G84 指令用于加工右旋螺纹孔,其动作过程如图 3-18 所示。该指令执行前,主轴要先正转,才能攻螺纹孔。当刀具到达孔底 E 点时,孔底动作主轴由正转切换为逆转,然后刀具以切削进给的速度返回。

注意: ① 与钻孔加工不同的是,攻螺纹结束后的刀具返回不是快速运动,而是以进给速度反转退出。

② 编程时刀具进给速度要严格与主轴转速成比例关系,即当采用 G94 模式时,进给速度 F=主轴转速 n×导程 L;当采用 G95 模式时,进给量 F=导程 L。数控铣床默认为 G94 模式,一般情况下也采用此模式。

③ 在 G84 攻螺纹孔期间,进给倍率无效,进给保持也只能在刀具返回动作结束后执行。

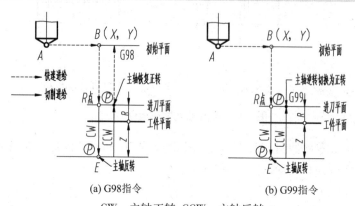

(a) G98指令　　　　　　(b) G99指令

CW—主轴正转;CCW—主轴反转。

图 3-18　右旋攻螺纹循环指令 G84

2. 左旋攻螺纹循环指令 G74

编程格式:

G74 X_ Y_ Z_ R_ P_ F_;

G74 指令用于加工左旋螺纹孔,与 G84 指令相比,不同的是主轴反转进刀、正转退刀,恰好与 G84 指令中的主轴转向相反,其他均相同。

例 3-5　对如图 3-15 所示的孔进行右旋螺纹攻丝。已知:螺纹底孔已加工完毕,转速为 200 r/min,深度为 6 mm,导程为 1.25 mm。要求采用 G99、G84 指令编制攻螺纹数控程序。编程如下:

O3003;(攻螺纹)

G91 G28 Z0;(刀具回参考点)

G54 G90 G00 X0 Y0 S200 M03;(建立 G54,刀具快速到工件零点,主轴正转,转速为 200 r/min)

G00 Z50;(刀具快进至 Z50)

G99 G84 X-40 Y15 Z-6 R5 F250;(攻螺纹循环)

X-40 Y-15;

X40 Y-15;

X40 Y15;

G80;(取消固定循环)

G0 Z200;

M30;

(三) 镗孔循环指令 G85、G86、G89、G76、G87

1. 镗孔循环指令 G85

编程格式：

G85 X_ Y_ Z_ R_ F_；

G85 指令可用于铰孔、扩孔和较精密的镗孔，其动作过程如图 3-19 所示。主轴正转，刀具以切削进给速度向下运动镗孔，到达孔底后，即以切削进给速度返回，无孔底动作。

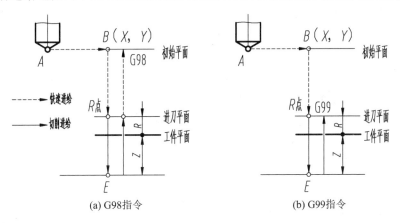

(a) G98指令　　(b) G99指令

图 3-19　镗孔循环指令 G85

2. 镗孔循环指令 G86

编程格式：

G86 X_ Y_ Z_ R_ F_；

G86 指令与 G85 指令的区别是：G86 在刀具到达孔底后，主轴停转，并快速返回到 R 平面或初始平面，然后主轴再重新启动正转，动作过程如图 3-20 所示。由于退刀前没有让刀当作，快速返回时可能划伤已加工表面，因此，常用于高精度孔的粗镗加工。

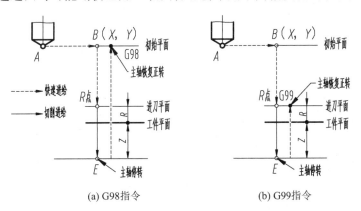

(a) G98指令　　(b) G99指令

图 3-20　镗孔循环指令 G86

3. 镗孔循环指令 G89

编程格式：

G89 X_ Y_ Z_ R_ P_ F_；

G89 指令与 G85 指令的区别是：G89 在刀具到达孔底后，增加了进给暂停动作，因此该指令常用于台阶孔的加工。

4. 镗孔循环指令 G76

编程格式：

G76 X_ Y_ Z_ R_ Q_ P_ F_；

其中，Q 表示刀尖的偏移量，一定为正值，也不可使用小数点方式表示，如欲偏移 0.5 mm，则指定时必须写成 Q500，单位为 μm。Q 值一般取 0.5~1 mm，不能太大，以免撞刀。偏移方向由系统参数设定，一般设定为 +X 方向。

G76 指令主要用于精密镗孔加工。孔加工动作过程如图 3-21 所示，图中 P 表示在孔底有暂停，OSS 表示主轴准停。执行 G76 指令时，镗刀先快速定位至 B 点，再快速定位到 R 点，接着以 F 指定的进给速度镗孔至 E 点后，主轴定向停止，使刀尖指向一固定的方向后，镗刀中心偏移，使刀尖离开已加工表面，如图 3-21(c) 所示，镗刀从粗实线位置快速移到虚线位置，然后镗刀快速退出孔外。当镗刀退回到 R 点或初始点时，刀具中心即回到原来位置，且主轴恢复旋转。这样就可以高精度、高效率地完成孔加工而不损伤已加工表面。

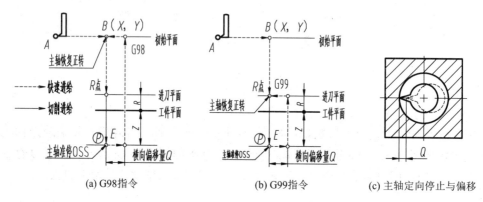

图 3-21 镗孔循环指令 G76

5. 镗孔循环指令 G87

编程格式：

G87 X_ Y_ Z_ R_ Q_ F_；

G87 指令用于精密孔的镗削加工，其动作过程如图 3-22 所示。

执行 G87 指令时，刀具快速定位起始点 B 后，主轴准停，刀具沿刀尖的反方向横向偏移一个 Q 值，并快速运动到孔底位置。然后刀具按原偏移量沿刀尖的正方向偏移至 E 点，主轴正转，刀具向上切削进给运动到 R 平面，主轴再次准停，刀具又沿刀尖的反方向偏移一个 Q 值，快退至初始平面，接着沿刀尖的正方向偏移一个 Q 值回到 B 点，主轴启动正转，本次加工循环结束。

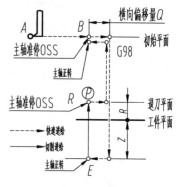

图 3-22 镗孔循环指令 G87

例 3-6 如图 3-23 所示的孔零件,已知材料为 45 钢,孔精加工直径余量为 0.15 mm,合金镗刀,切削用量:主轴转速为 800 r/min,进给速度为 100 mm/min,背吃刀量为 0.075 mm。要求采用 G76 指令编制该零件孔的精镗程序。刀具起点为(0,0,100),安全高度为 5 mm。

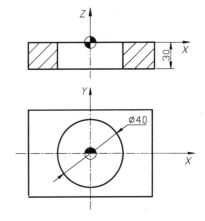

图 3-23 G76 精镗孔零件

G76 编程(绝对方式)如下:

O3111;
G17 G21 G40 G49 G80;(程序初始化)
G91 G28 Z0;(刀具沿 Z 轴回零)
G90 G54 G00 X0 Y0 S800 M03;(建立工件坐标系)
Z50;(刀具快速至初始平面)
G76 X0 Y0 R5 Z-35 Q1000 F100;(G76 镗孔)
G80;(循环结束,刀具停在 Z50,取消循环)
M09;(冷却液关)
G00 Z200;(刀具快速至 Z200)
M30;(程序结束)

任务实施

完成以上孔加工工艺设计和孔加工编程知识学习后,便可根据走刀路线计算基点坐标,本零件基点坐标只需简单换算即可得到。用于加工中心的孔系零件加工程序如表 3-10 所示,供参考。只需要将该程序中的自动换刀程序段改为手动换刀,即可用于数控铣床。

表 3-10 孔系零件加工程序

零件号		零件名称		编制	
程序号			O3201	日期	
序号	程序内容		程序说明		
1	O3201;		程序号		
2	N10 G17 G21 G40 G49 G80;		程序初始化		
3	T01;		选 T01 号刀		
4	M06;		主轴换上最初使用的 T01 号刀		
5	N11(FACE MILL);		**粗铣顶面**		
6	T02;		选 T02 号刀		
7	G90 G54 G00 X-115 Y0 S240 M03;		建立 G54,刀具快速到 X-115 Y0		
8	G43 Z50 H01 M08;		刀具长度补偿		
9	Z5;		刀具快进至进刀平面		
10	G01 Z0.5 F500;		刀具进刀至切削深度		

续表

序号	程序内容	程序说明
11	G01 X115 F300;	铣削平面
12	G00 Z50 M09;	抬刀 Z50，主轴停转
13	G91 G28 Z0 M05;	沿 Z 轴回参考点
14	M06;	主轴换上 T02 号刀
15	N12(CENTER HOLE DRILL);	钻 $\phi 32$ mm、$\phi 12$ mm 孔的中心孔
16	T03;	选 T03 号刀
17	G90 G54 G00 X-32 Y32 S1000 M03;	建立 G54，刀具至 X-32 Y32，主轴正转
18	G43 Z50 H02 M08;	刀具长度补偿，刀具至安全高度
19	G99 G81 Z-2.5 R5 F100;	钻孔循环，刀具返回 R 点
20	X0 Y0;	钻孔循环，刀具返回 R 点
21	G98 X32 Y-32;	钻孔循环，刀具返回起始点
22	G80 M09;	取消循环
23	G91 G28 Z0 M05;	沿 Z 轴回参考点
24	M06;	主轴换上 T03 号刀
25	N13(DRILL $\phi 11.5$);	钻 $\phi 32$ mm、$\phi 12$ mm 孔至 $\phi 11.5$ mm
26	T04;	选 T04 号刀
27	G90 G54 G00 X-32 Y32 M03 S550;	建立 G54，刀具至 X-32 Y32，主轴正转
28	G43 Z50 H03 M08;	刀具长度补偿，刀具快进至安全高度
29	G99 G81 Z-30 R5 F110;	钻孔循环，刀具返回 R 点
30	X0 Y0;	钻孔循环，刀具返回 R 点
31	G98 X32 Y-32;	钻孔循环，刀具返回起始点
32	G80 M09;	取消循环
33	G91 G28 Z0 M05;	沿 Z 轴回参考点
34	M06;	主轴换上 T04 号刀
35	N14(DRILL $\phi 30$);	扩 $\phi 32$ mm 孔至 $\phi 30$ mm
36	T05;	选 T05 号刀
37	G90 G54 G00 X0 Y0 S280 M03;	建立 G54，刀具至 X0 Y0，主轴正转
38	G43 Z50 H04 M08;	刀具长度补偿，刀具快进至安全高度
39	G98 G81 Z-30 R5 F85;	钻孔循环，扩 $\phi 32$ mm 孔至 $\phi 30$ mm
40	G80 M09;	取消循环
41	G91 G28 Z0 M05;	沿 Z 轴回参考点

续表

序号	程序内容	程序说明
42	M06；	主轴换 T05 号刀
43	N15（DRILLϕ6）；	钻 3×ϕ6 mm 孔
44	T06；	选 T06 号刀
45	G90 G54 G00 X37.5 Y0 M03 S1100；	建立工件坐标系,刀具快进至 X37.5 Y0,主轴正转
46	G43 Z50 H05 M08；	建立刀具长度补偿,刀具至安全位置
47	G99 G81 Z-30 R5 F220；	钻孔循环,刀具返回 R 点
48	Y15；	钻孔循环,刀具返回 R 点
49	G98 Y30；	钻孔循环,刀具返回初始点
50	G80 M09；	取消循环
51	G91 G28 Z0 M05；	取消钻孔循环,沿 Z 轴回参考点
52	M06；	换刀 T06,ϕ18 mm 立铣刀
53	N16（COUNITER MILLING）；	粗铣 ϕ60 mm 沉孔
54	T07；	选 T07 号刀
55	G90 G54 G00 X0 Y0 S370 M03；	建立工件坐标系,刀具至 X0 Y0,主轴正转
56	G43 Z50 H06 M08；	建立刀具长度补偿,刀具至安全位置
57	G01 Z-5 F500；	下刀至 Z-5 mm 深
58	G01 G41 X15 Y-15 D06 F110；	建立刀具半径左补偿
59	G03 X30 Y0 R15；	R15 mm 圆弧进刀
60	I-30 J0；	ϕ60 mm 孔粗加工至 ϕ59.4 mm
61	X15 Y15 R15；	R15 mm 圆弧退出
62	G01 G40 X0 Y0 F500； G01 Z-10 F500；	取消刀具半径左补偿
63	G41 G01 X15 Y-15 D06 F110；	建立刀具半径左补偿
64	G03 X30 Y0 R15；	R15 mm 圆弧进刀
65	I-30 J0；	ϕ60 mm 孔粗加工至 ϕ59.4 mm
66	X15 Y15 R15；	R15 圆弧退出
67	G01 G40 X0 Y0 F500；	取消刀具半径左补偿
68	G00 Z50 M08；	刀具至 Z50
69	G91 G28 Z0 M05；	沿 Z 轴回参考点
70	M06；	主轴换上 T07 号刀
71	N17（DRILϕ6.8）；	钻 4×M8 mm 底孔至 ϕ6.8 mm
72	T08；	选 T08 号刀

续表

序号	程序内容	程序说明
73	G90 G54 G00 X23 Y0 S950 M03;	建立工件坐标系,刀具快进至 X23 Y0,主轴正转
74	G43 Z50 H07 M08;	建立刀具长度补偿,刀具至安全位置
75	G98 G81 Z-30 R3 F140;	钻孔循环,刀具返回 R 点
76	X0 Y23;	钻孔循环,刀具返回 R 点
77	X-23 Y0;	钻孔循环,刀具返回 R 点
78	X0 Y-23;	钻孔循环,刀具返回起始点
79	G80 M09;	取消钻孔循环
80	G91 G28 Z0 M05;	沿 Z 轴回参考点
81	M06;	主轴换上 T08 号刀
82	N18(DRILL ϕ32);	**粗镗 ϕ32 mm 孔至 ϕ31.7 mm**
83	T01;	选 T01 号刀
84	G90 G54 G00 X0 Y0 M03 S830;	建立工件坐标系,刀具至 X0 Y0,主轴正转
85	G43 Z50 H08 M08;	建立刀具补偿,刀具至安全位置
86	G98 G76 Z-27 R2 Q100 F120;	精镗孔循环,刀具返回起始点
87	G80 M09;	取消钻孔循环
88	G91 G28 Z0 M05;	沿 Z 轴回参考点
89	M06;	主轴换上 T01 号刀
90	N19(FACE MILL);	**精铣顶面**
91	T10;	选 T10 号刀
92	G90 G54 G00 X-115 Y0 M03 S320;	建立 G54
93	G43 Z50 H01;	建立刀具长度补偿,刀具至安全位置
94	Z5;	
95	G01 Z0 F100;	进刀
96	G01 X115 F280;	切削平面
97	G00 Z50 M09;	退刀,冷却液关
98	G91 G28 Z0 M05;	沿 Z 轴回参考点
99	M06;	主轴换上 T10 号刀
100	N20;	**精铰 2-ϕ12 mm 孔**
101	T11;	选 T11 号刀
102	G90 G54 G00 X-32 Y32 M03 S170;	建立工件坐标系,刀具快进至 X-32 Y32,主轴正转
103	G43 Z50 H10 M08;	建立刀具长度补偿,至安全位置

续表

序号	程序内容	程序说明
104	G99 G82 Z-27 R5 P1000 F42；	铰孔循环,刀具返回 R 点
105	G98 X32 Y-32；	铰孔循环,刀具返回起始点
106	G80 M09；	取消循环
107	G91 G28 Z0 M05；	Z 轴回参考点
108	M06；	主轴换上 T11 号刀
109	N21；	**精镗 ϕ 32 mm 孔至尺寸 ϕ 32 mm**
110	T12；	选 T12 号刀
111	G90 G54 G00 X0 Y0 M03 S940；	建立工件坐标系,刀具快进至 X0 Y0,主轴正转
112	G43 Z50 H11 M08；	建立刀具长度补偿,刀具至安全位置
113	G98 G76 Z-27 R5 Q100 F75；	精镗孔循环,刀具返回起始点
114	G80 M09；	取消循环
115	G91 G28 Z0 M05；	沿 Z 轴回参考点
116	M06；	主轴换上 T12
117	N22（COUNTER MILLING）；	**精铣 ϕ 60 mm 沉孔**
118	T13；	选 T13 号刀
119	G90 G54 G00 X0 Y0 M03 S460 ；	建立工件坐标系,刀具快进至 X0 Y0,主轴正转
120	G43 Z50 H12；	建立刀具长度补偿,刀具至安全位置
121	Z5 M08；	
122	G01 Z-10 F500；	进刀至孔深
123	G41 G01 X15 Y-15 D12 F150；	建立刀具半径左补偿
124	G03 X30 Y0 R15；	R15 mm 圆弧进刀
125	I-30 J0；	精铣 ϕ 60 mm 孔
126	X15 Y15 R15；	R15 mm 圆弧退刀
127	G40 G01 X0 Y0 F1000；	取消刀具半径左补偿
128	G00 Z50 M08；	刀具退至 Z50,关冷却液
129	G91 G28 Z0 M05；	沿 Z 轴回参考点
130	M06；	主轴换上 T13 号刀
131	N23（CHAMFER ϕ 12）；	**ϕ 12 mm 孔口倒角程序**
132	T03；	选 T03 号刀
133	G90 G54 G00 X-32 Y32 M03 S550；	建立工件坐标系,刀具至 X-32 Y32,主轴正转
134	G43 Z50 H13；	刀具长度补偿,至安全位置

续表

序号	程序内容	程序说明
135	G99 G82 Z-5.5 R5 P500 F110;	G82 循环倒角,刀具返回 R 点
136	G98 X32 Y-32;	G82 循环倒角,刀具返回起始点
137	G80 M08;	取消循环
138	G91 G28 Z0 M05;	沿 Z 轴回参考点
139	M06;	主轴换上 T03 号刀
140	N24(CHAMFER ϕ6,M8);	**3×ϕ 6 mm,M8 mm 孔口倒角程序**
141	T15;	选 T15 号刀
142	G90 G54 G00 X37.5 Y30 M03 S830;	建立工件坐标系,刀具至 X37.5 Y30,主轴正转
143	G43 Z50 H03;	刀具长度补偿,刀具至安全位置
144	G99 G81 Z-5.5 R5 F120;	钻孔循环倒角,刀具返回 R 点 Z5
145	Y15.0;	钻孔循环倒角,刀具返回 R 点 Z5
146	Y0;	钻孔循环倒角,刀具返回 R 点 Z5
147	G98 X23.0 Z-15.5 R-5;	钻孔循环倒角,刀具返回起始点 Z50
148	X0 Y23.0;	钻孔循环倒角,刀具返回起始点 Z50
149	X-23 Y0;	钻孔循环倒角,刀具返回起始点 Z50
150	X0 Y-23;	钻孔循环倒角,刀具返回起始点 Z50
151	G80 M09;	取消循环
152	G91 G28 Z0 M05;	沿 Z 轴回参考点
153	M06;	主轴换上 T15 号刀
154	N25(TAPPING);	攻 4×M8 mm 螺纹孔
155	T01;	选 T01 号刀
156	G90 G54 G00 X23 Y0 M03 S320;	建立工件坐标系,刀具快速至 X23 Y0,主轴正转
157	G43 Z50 H15;	刀具长度补偿,至安全位置
158	G98 G84 Z-30 R0 F400;	攻右旋螺纹循环,刀具返回起始点
159	X0 Y23;	攻右旋螺纹循环,刀具返回起始点
160	X-23 Y0;	攻右旋螺纹循环,刀具返回起始点
161	X0 Y-23;	攻右旋螺纹循环,刀具返回起始点
162	G80 M09;	取消循环
163	G91 G28 Z0 M05;	沿 Z 轴回参考点
164	G28 X0 Y0;	沿 X 轴、Y 轴回参考点
165	M30;	程序结束

项目 3 孔系零件的数控加工工艺设计与编程

任务小结

本任务主要介绍了固定循环指令,主要包括钻孔指令、镗孔指令、攻螺纹指令等内容。本任务所涉及的上述知识点是数控铣孔加工常用的指令,是重点内容。通过完成孔系零件的程序编制,以掌握孔类零件的手工编程方法。

任务 3.3 孔系零件的实际加工

任务描述

操作数控铣床,运行任务 3.2 中编制的程序,完成该孔系零件的实际加工。

知识准备

与项目 1 中任务 1.5、1.6 相同。

任务实施

以小组为单位,每组 3~4 名学生,组内成员逐个练习 1~2 遍,具体实施过程如下:

1. 编辑程序

输入任务 3.2 所编写的孔系零件数控程序。

2. 程序校验

用机床校验功能检查程序并修改,程序校验正确后方可用于实际加工。

3. 装夹毛坯

检查确认毛坯尺寸,将平口钳装夹在铣床工作台上,用百分表校正。工件装夹在平口钳上,底部用等高垫铁垫起,此处要将工件加工部位呈现在平口钳之外,故要露出钳口 10 mm。

4. 安装刀具

根据孔系零件的加工工艺文件,通过弹簧夹头把所需的所有刀具装夹到刀柄中,再先后把刀柄装入铣床主轴上进行对刀。

5. 对刀操作

(1) 基准刀具对刀。

X、Y 轴对刀:选择 1 把刀具为基准刀具,X、Y 轴采用试切法对刀,工件坐标系原点选择在工件上表面的中心上,通过对刀操作,得到 X、Y 偏置值并输入 G54 中。

Z 轴对刀:在手轮模式下移动刀具,让刀具刚好接触工件上表面,相对坐标归零,设置 Z 轴对刀参数值到 G54 中。

(2) 其余刀具的对刀。

第 2 把刀具只需沿 Z 轴对刀，卸下第 1 把刀具，装入第 2 把刀具，在手轮模式下移动刀具，让刀具刚好接触工件上表面，将相对坐标值输入 H02 中，即完成第 2 把刀具的对刀。其余刀具对刀方法与第 2 把刀具的对刀方法一样。

6. 自动加工/单段运行

调出 O3201 数控程序，数控铣床/加工中心调至自动加工工作方式、单段模式，将进给修调倍率开关调至 50% 位置，快进倍率调至 25% 挡，按下"循环启动"键，启动程序，执行自动加工、单段运行，确认无误后可自动连续运行。在整个加工过程中，操作者不得离开设备，注意观察加工情况，根据实际需要适当调整进给修调倍率和快进倍率。

7. 工件检验

用游标卡尺、内径千分尺等量具按照零件图的要求逐项检测。

8. 加工结束，清理机床

加工结束，清理机床，并打扫实验室卫生。

任务小结

本任务主要是机床实操加工孔系零件，依次训练孔系零件程序的编辑与校验、工件与刀具的装夹、对刀、自动加工/单段运行、尺寸精度控制及工件检验，其中重、难点是对刀操作。本程序需要比项目 2 中更多的刀具对刀，采用的对刀方法与项目 2 一样。通过孔系零件的操作加工，熟练掌握数控铣床/加工中心的基本操作，积累加工经验知识。

一、选择题

1. 在加工中心加工工件，当既有平面又有孔需要加工时，应采用（　　）。

A. 粗铣平面—钻孔—精铣平面　　　　B. 先加工平面，后加工孔

C. 先加工孔，后加工平面　　　　　　D. 任何一种形式

2. 主轴正转，刀具以进给速度向下运动钻孔，到达孔底位置后，快速退回，这一钻孔指令是（　　）。

A. G81　　　　B. G82　　　　C. G83　　　　D. G85

3. 钻销时的切削热大部分由（　　）传散出来。

A. 刀具　　　　B. 切屑　　　　C. 工件　　　　D. 空气

4. 一般情况下，在（　　）范围内的螺纹孔可在加工中心或数控铣床上直接完成。

A. M3~M6　　　B. M10~M30　　　C. M6~M20　　　D. M6~M10

5. 在加工位置精度较高的孔系时，特别要注意孔的加工路线安排，主要考虑到（　　）。

A. 坐标轴的反向间隙　　　　　　　　B. 刀具的耐用度

C. 控制振动　　　　　　　　　　　　D. 加工表面的质量

二、判断题

1. G74、G84 为攻丝循环指令。 （　）

2. 数控铣床点位加工的特点是，理论上可以以任意路径到达要加工孔的位置，因为在定位过程中不进行加工。 （　）

3. 浮动镗刀能矫正孔的直线度和位置度误差。 （　）

4. 采用 G99 方式编程时，循环结束，刀具返回初始平面。 （　）

5. 在数控铣床上可以用键槽铣刀或立铣刀铣孔。 （　）

6. G73、G83 指令可用于浅孔加工，G81 指令可用于深孔加工。 （　）

7. G82 指令和 G81 指令的区别在于，G82 指令在孔底有进给暂停动作。 （　）

8. G98 G81 X0 Y0 Z-3 R3 F50 与 G99 G81 X0 Y0 Z-3 R3 F50 意义相同。 （　）

9. 用 G74 指令编程时，可以不指定 R 参数。 （　）

10. G87 是背镗循环指令。 （　）

三、项目训练题

如图 3-24 至图 2-26 所示为孔系零件，已知材料为 45 钢，各平面已加工到位，要求设计该零件的孔系加工工艺，编制数控程序，并操作数控铣床完成零件加工。

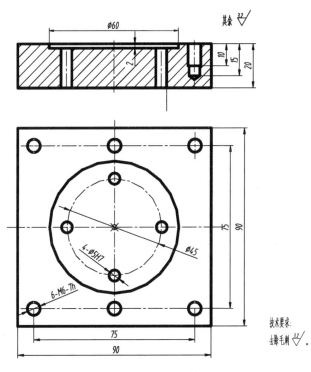

图 3-24　孔系零件 1

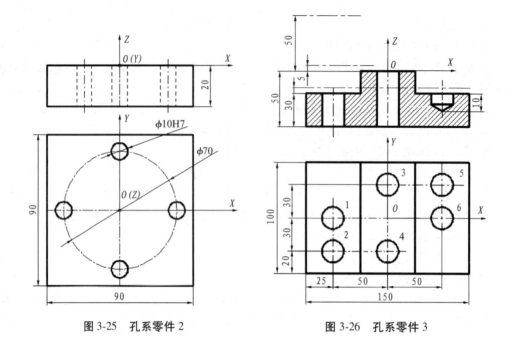

图 3-25　孔系零件 2　　　　图 3-26　孔系零件 3

考核评价

本项目评价内容包括基础知识与技能评价、学习过程与方法评价、团队协作能力评价和工作态度评价。评价方式包括学生自评、小组互评和教师评价。具体见表 3-11，供参考。

表 3-11　考核评价表

姓名		学号			班级		时间	
考核项目	考核内容	考核要求		分值	小计	学生自评 30%	小组互评 30%	教师评价 40%
基础知识与技能评价	工艺文件	合理设计孔系零件的工艺		10	40			
	数控程序	独立编制孔系零件的程序		10				
	机床操作	能较熟练地操作机床，加工出零件		10				
	安全文明生产	机床操作规范，工量具摆放整齐，着装规范，举止文明		10				
学习过程与方法评价	各阶段学习状况	严肃、认真，保质保量按时完成每个阶段的学习任务		15	30			
	学习方法	掌握正确有效的学习方法		15				

续表

考核项目	考核内容	考核要求	分值	小计	学生自评30%	小组互评30%	教师评价40%
团队协作能力评价	团队意识	具有较强的协作意识	10	20			
	团队配合状况	积极配合团队成员共同完成工作任务,为他人提供帮助,能虚心接受他人的意见,乐于贡献自己的聪明才智	10				
工作态度评价	纪律性	严格遵守学校和实训室的各项规章制度,不迟到、不早退、不无故缺勤	5	10			
	责任性、主动性与进取心	具有较强的责任感,不推诿、不懈怠;主动完成各项学习任务,并能积极提出改进意见;对学习充满热情和自信,积极提升综合能力与素养	5				
合计							
教师评语				得分			
				教师签名			

项目 4　综合零件的数控加工工艺设计与编程

学习目标

1. 能力目标

（1）根据给定零件图，能够正确、合理设计综合零件的数控加工工艺。
（2）根据设计的数控加工工艺，能够综合运用编程知识编制综合零件的数控程序。
（3）能够使用坐标变换指令简化编程。
（4）能够编制非圆曲线轮廓和规则曲面的数控宏程序。
（5）能严格遵守安全操作规程，熟练操作数控铣床，加工出合格的综合零件。

2. 知识目标

（1）了解曲面的铣削工艺。
（2）掌握非圆曲线轮廓的走刀路线。
（3）掌握坐标变换指令及应用（G52、G51/G50、G51.1/G50.1、G68、G69）。
（4）掌握 FANUC 0i 系统宏程序基础知识及应用。
（5）掌握综合零件的工艺设计方法。
（6）掌握非圆曲线轮廓和规则曲面的宏程序编程方法。
（7）熟练掌握数控铣床操作知识，积累加工经验知识。

使用数控铣床加工零件，一般来说都需要经过三个主要的关键环节，即确定工艺设计、编制加工程序、实际操作机床加工。本项目主要任务是综合零件的数控加工工艺设计和数控程序的编制，并完成零件的实际加工。

任务 4.1　综合零件的数控加工工艺设计

任务描述

已知某综合零件图如图 4-1 所示，毛坯尺寸为 95 mm×95 mm×25 mm，生产类型为单件生产,技术有关要求见图 4-1,要求完成此零件的数控加工工艺设计。

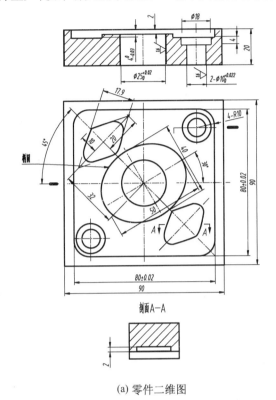

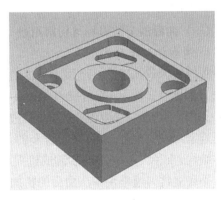

技术要求:
1. 未注圆角半径为R4。
2. 其余表面粗糙度Ra3.2。
3. 去毛刺。

(a) 零件二维图   (b) 零件三维图

图 4-1 综合零件图

非圆曲线轮廓的
走刀路线设计及
曲面的铣削工艺

一、非圆曲线轮廓的走刀路线设计

一般的 CNC 系统只有直线和圆弧插补功能,无法直接对方程式非圆曲线进行插补加工,需要通过一定的数学处理拟合非圆曲线才能进行加工。数学处理的方法是用微小直线段或圆弧去逼近非圆曲线,逼近线段与被加工非圆曲线的交点称为节点,各几何要素之间的交点或切点称为基点。

如图 4-2 所示,A_4A_5 是一段抛物线,在 A_4、A_5 之间插入节点 B_1、B_2、B_3、$\cdots$、B_{n-1}、B_n,相邻两点在 Y 轴方向的距离相等,均为 Δy。节点数量的多少或者 Δy 的大小,直接决定了抛物线轮廓加工的精度和程序的长度。利用直线段 A_4B_1、B_1B_2、B_2B_3、$\cdots$、$B_{n-1}B_n$、B_nA_5 去逼近抛物线,关键是求出节点 A_4、B_1、B_2、B_3、$\cdots$、B_{n-1}、B_n、A_5 的坐标。节点的计算工作量很大,必须借助宏程序的转移或循环指令来解决。

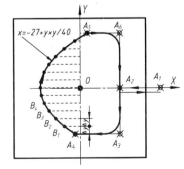

图 4-2 带抛物线轮廓的走刀路线

节点坐标的计算方法为:由图 4-2 可知,抛物线的焦距 p 为 20,顶点坐标为 $(-27,0)$,抛物线方程为 $y^2=f(x)=40\times(x+27)$,这里选取 y 为自变量,$y\in[-30,35]$,则 x 为因变量。由抛物线方程,可推得因变量 x 的计算公式为 $x=f(y)=-27+y^2/40$。为了实现该抛物线的加工,这里采用的是等间距法直线段逼近抛物线,即将 Y 坐标轴划分成相等的间距 Δy,如图 4-2 所示,根据方程 $x=f(y)=-27+y^2/40$,可由 y_i 递推求得 $x_i(x_{i+1}=f(y_i+\Delta y))$。如此即可求得一系列节点坐标值。在粗加工时 Δy 应取较大值,以提高机床的加工效率;在精加工时 Δy 应取较小值,以提高零件的加工质量。计算出节点坐标值后,就可以按相邻两个节点间的微小直线段来编制数控程序。

二、曲面的铣削工艺

(一) 曲面加工的刀具与切削用量

1. 曲面加工的刀具

数控铣床或加工中心上用于加工曲面的刀具有平底立铣刀、球头铣刀和圆角铣刀,球头铣刀如图 4-3 所示,圆角铣刀如图 4-4 所示。刀具结构分为整体式和机械夹持式,如图 4-3、图 4-4 所示,左边为整体式,右边为机械夹持(可简称"机夹")式。刀具材料一般为高速钢或硬质合金,也有涂层合金的。小规格的硬质合金球头铣刀和圆角铣刀多制成整体结构,直径大于 16 mm 的制成机夹可转位刀片结构。

平底立铣刀通常用于凸曲面的粗加工,球头铣刀和圆角铣刀除用于凸曲面的加工外,还用于凹曲面的加工。球头铣刀由于切削效率不高,一般用于曲面的精加工;圆角铣刀的切削效率比球头刀高,但低于平底立铣刀,也广泛应用于曲面的半精加工和精加工。

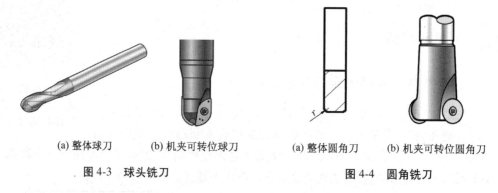

(a) 整体球刀　　(b) 机夹可转位球刀　　(a) 整体圆角刀　　(b) 机夹可转位圆角刀

图 4-3　球头铣刀　　　　　　　　图 4-4　圆角铣刀

2. 曲面加工的切削用量

(1) 背吃刀量与侧吃刀量的确定。

曲面加工的背吃刀量与侧吃刀量按关系式 $a_p/a_e<0.05d_t$(刀具直径)确定。

在加工曲面时,使用立铣刀加工,半精加工的背吃刀量小于 1.5 mm,精加工的侧吃刀量约为 0.2 mm;使用球头铣刀和圆角铣刀,精加工的侧吃刀量约为 0.2 mm。

(2) 曲面在加工前通常已完成粗加工,所以,硬质合金铣刀半精加工钢材的每齿进给量约为 $0.008\times d_t$,精加工的每齿进给量为 $(0.008\sim0.015)\times d_t$,加工铸铁时的每齿进给量比加工钢材时稍大,高速钢铣刀的每齿进给量比硬质合金铣刀稍低。考虑到提高加工效率,实际取值往往高于理论计算值。

(3) 主轴转速的确定。主轴转速 S 通过与切削速度 v_c 的关系计算获得,切削速度选择与立铣刀相同。球头铣刀或圆角铣刀的有效半径通常小于刀具半径,所以,使用球头铣刀或圆角铣刀时,应适当提高主轴转速。

(二) 曲面的切削方式

1. 行切法

铣削曲面时通常采用行切法精加工。行切法是指刀具与曲面的切点轨迹是一行一行的,行距的大小根据加工精度要求确定,如图4-5所示。刀具进给以平行的路径来加工整个曲面,这些路径不一定平行于机床坐标轴。它可以在任何角度加工,但是所有通过曲面的加工路径都是平行的。在大多数情况下,这样的刀具路径可以切出最好的表面光洁度。复杂曲面采用行切法加工时要采用四坐标、五坐标数控铣床进行加工。

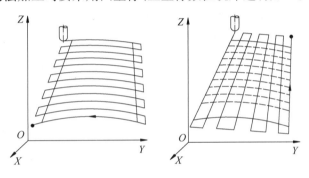

图 4-5 行切法走刀路线

2. 等高铣法

规则曲面有球面、锥面、柱面、椭球面等。数控机床加工这些零件时,可用球头刀、圆角铣刀或平底铣刀采用层切法加工,即刀具沿 XY 平面运动一周,在零件轮廓上加工出一平面曲线,然后在 Z 方向移动一个行距 ΔZ,再加工出一个新的平面曲线,直至整个曲面形状加工结束。这种第三坐标间隔进给、两坐标联动的加工方法称为两轴半加工,亦称为等高铣法,如图4-6所示。

等高铣在模具加工上,主要用于需要刀具受力均匀的加工条件。例如,粗加工时,一般刀具受力极大,因此等高切削能以控制切削深度的方式,将刀具受力限制在一定范围内。此外,在粗加工或精加工时,假如加工部位太陡、太深、需要加长刀刃的情形,由于刀具太长,加工时偏摆太大,往往也需要用等高铣,来减少刀具受力。

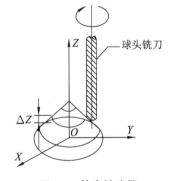

图 4-6 等高铣路径

(三) 曲面加工注意事项

1. 粗铣

粗铣时应该根据被加工曲面的粗加工余量,采用立铣刀按等高铣一层一层地铣削,这种粗铣效率高。粗铣后的曲面类似于山坡上的梯田。每次切削深度视粗铣精度而定。

2. 半精铣

半精铣的目的是铣掉"梯田"的台阶,使被加工表面更接近于理论曲面,余量均匀。采用球头铣刀来进行半精加工,一般为精加工工序留出 0.1～0.5 mm 的精加工余量。半精加工的行距和步距可比精加工的大些。

3. 精加工

精加工工序就是最终加工出理论曲面。用球头铣刀精加工曲面时,根据不同形状的曲面,通常采用行切法和等高铣削法来精加工。根据刀具的大小和加工表面的粗糙度要求,采用的切削参数和加工路径的密度有所不同。

4. 加工精度与行距、步长的关系

加工空间曲面时,由于球头铣刀的球面端部切削速度为零,而且在走刀时,每两行刀位之间总存在没有被加工去除的部分,每两行刀位之间的距离越大,没有被加工去除的部分就越多,其高度(称为"残余高度")就越大,加工出来的表面与理论表面的误差就越大,表面质量也就越差。加工精度要求越高,走刀步长和切削行距越小,编程加工效率越低。因此,应在满足加工精度要求的前提下,尽量加大走刀步长和行距,以提高编程和加工效率。

5. Z 轴下刀方式

立铣刀有两种:一种是端面有顶尖孔,其端刃不过中心;另一种是端面无顶尖孔,端刃相连且过中心。在型腔曲面粗加工时,有顶尖孔的立铣刀绝对不能像钻头似的向下垂直进刀,除非预先钻有工艺孔,否则会把铣刀顶断。如果是无顶尖孔的立铣刀,可以垂直下刀,但是由于刀刃角度太小,轴向力很大,因此向下进刀的速度不宜太大,或者采用斜向进刀,以减少刀具轴向力。

用球头铣刀垂直下刀的效果虽然比平底的立铣刀要好,但也因轴向力过大,影响切削效果。因此,球头铣刀在切削量比较大的时候最好不使用垂直下刀,在精加工时采用垂直下刀也要注意进给速度的调节。在加工中,刀具能从工件外边进刀的,尽量使用工件外边进刀,以保护刀具,延长刀具使用寿命。

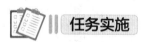

任务实施

一、分析零件工艺性

由图 4-1 可知,该综合零件为型腔板类零件,主要由平面、曲线轮廓、凸台及孔结构组成,结构复杂,由于为单件生产,故比较适合采用立式铣床加工。零件工艺性分析如下。

(1) 型腔内轮廓尺寸为 (80 ± 0.02) mm,精度要求较高,需要粗加工、精加工。

(2) 椭圆凸台外轮廓是数控铣削加工编程的难点,也需要粗加工和精加工,同时,编程需要采用高级编程指令和宏程序,椭圆凸台顶面采用粗加工、精加工合二为一,以节省加工时间。

(3) 尺寸 $\phi 25_{0}^{+0.02}$ mm 的孔加工精度要求较高,传统加工采用中心钻钻中心孔、钻小孔、粗镗和精镗孔的加工方案,为减少刀具换刀次数,提高加工效率,充分发挥数控机床的优势,确定该孔$\phi 25^{+0.02}_{0}$ mm 精加工可采用以铣代镗的新方法,即确定该孔的加工方案为中心钻孔—钻孔—粗铣—精铣。

(4) 2-$\phi 10^{+0.022}_{0}$ mm 通孔的精度要求较高,需要逐步加工到位,因此确定采用中心钻钻中心孔—钻孔—铰孔的加工方案;两角落上的沉孔$\phi 18$ mm 先进行钻中心孔、钻孔加工,再采用铣削加工的方法进行加工。

(5) 型腔内两角落菱形槽由于加工精度要求不高,在满足加工精度要求的前提下,确定采用粗、精铣合一的加工方案。

(6) 该零件材料为 45 钢,属于中碳钢,切削加工性能好,适合数控切削加工。

二、拟定工艺路线

在上述图样工艺性分析的基础上,即可拟定该综合零件的工艺方案,主要包括定位基准的选择、粗精加工阶段的划分、工序的分散与集中等内容。本设计提出以下两种工艺方案。

(一) 工艺方案一

(1) 下料:毛坯长×宽×高尺寸为 95 mm×95 mm×25 mm。

(2) 铣六面。普通铣床铣削长×宽×高尺寸为 95 mm×95 mm×25 mm 的长方体至长×宽×高尺寸为 90 mm×90 mm×20 mm,满足对边平行,邻边垂直。

(3) 钻中心孔及钻孔:使用钻床在三个孔位置上钻中心孔、钻$\phi 9.8$ mm 孔。

(4) 粗铣$\phi 25^{+0.02}_{0}$ mm 孔:采用立式数控铣床粗铣$\phi 25^{+0.02}_{0}$ mm 孔尺寸至$\phi 24.5$ mm。

(5) 粗铣型腔、椭圆凸台轮廓。采用立式数控铣床粗铣型腔内轮廓、椭圆凸台轮廓。

(6) 铣椭圆凸台顶面。采用立式数控铣床,手动加工凸台顶面。

(7) 精铣型腔、椭圆凸台轮廓。采用立式数控铣床精铣型腔内轮廓、椭圆凸台轮廓。

(8) 精铣$\phi 25^{+0.02}_{0}$ mm 孔。采用立式数控铣床精铣$\phi 25^{+0.02}_{0}$ mm 孔。

(9) 铣沉孔。采用立式数控铣床铣$\phi 18$ mm 沉孔。

(10) 铣菱形槽。采用立式数控铣床铣两菱形槽。

(11) 铰孔。采用钻床铰 2-$\phi 10^{+0.022}_{0}$ mm 孔。

(12) 去毛刺,质量检验。

(二) 工艺方案二

(1) 下料:毛坯长×宽×高尺寸为 95 mm×95 mm×25 mm。

(2) 数控铣削加工:

① 铣六面。采用立式数控铣床将毛坯尺寸加工至 90 mm×90 mm×20 mm,加工内容包括铣削长方体毛坯底面、4 个侧面加工和铣顶面。

② 钻中心孔及钻孔。采用立式数控铣床在零件顶面三个位置上钻中心孔、钻 3-$\phi 9.8$ mm 孔。

③ 粗铣型腔、椭圆凸台轮廓。采用立式数控铣床粗铣型腔内轮廓、椭圆凸台轮廓。

④ 铣椭圆凸台顶面。采用立式数控铣床,手动加工凸台顶面。

⑤ 精铣型腔、椭圆凸台轮廓。采用立式数控铣床精铣型腔内轮廓、椭圆凸台轮廓。

⑥ 粗、精铣$\phi 25^{+0.02}_{0}$ mm 孔。采用立式数控铣床粗、精铣$\phi 25^{+0.02}_{0}$ mm 孔。

⑦ 铣沉孔及菱形槽。采用立式数控铣床铣$\phi 18$ mm 沉孔和两菱形槽。

⑧ 铰孔。采用立式数控铣床铰 2-$\phi 10^{+0.022}_{0}$ mm 孔。

(3) 去毛刺、质量检测。

上述工艺方案一的工艺路线长,划分工序时采用了工序分散的原则。工艺方案二的工艺路线短,采用了工序集中的原则,且基本上以刀具为单位划分工步,以缩短换刀次数与时间。考虑该零件为单件生产,比较适合采用工序集中的原则,同时要减少辅助换刀时间,因此,确定本设计采用工艺方案二。

三、数控铣削加工工序的设计

1. 加工设备的选择

根据零件毛坯长×宽×高尺寸(95 mm×95 mm×25 mm)及数控车间设备的现状,选择数控车间立式数控铣床型号为VM600。因为该零件的尺寸加工范围完全在机床的工作行程范围内,满足要求,所以确定选择数控车间 VM600 型数控铣床。

2. 夹具的选择

夹具分为通用夹具和专用夹具,专用夹具适合大批量生产,该零件生产类型为单件生产,且主体形状为规则的长方体,故夹具选择通用夹具平口钳。

3. 刀具的选择

根据各工步的加工表面形状、工件材料和机床,选择为高速钢刀具,各工步刀具尺寸规格选择如下:

① 铣六面。侧面加工选用$\phi 16$ mm 的键槽铣刀,平面加工刀具一般选用端铣刀、立铣刀进行加工,考虑到该工件上、下底面加工面积小和减少换刀次数,也可选用$\phi 16$ mm 的键槽铣刀。

② 钻中心孔及钻孔。钻中心孔选用$\phi 2.5$ mm 的中心钻,钻孔选择$\phi 9.8$ mm 的直柄钻头。

③ 粗铣型腔、椭圆凸台轮廓。型腔圆角半径为 $R10$,考虑精铣余量为 0.3 mm,所选择的刀具半径要小于 $R9.7$,根据刀库现有刀具情况,确定选择 $R8$ 的两刃键槽铣刀。

④ 铣椭圆凸台顶面。由于椭圆凸台面积小,为减少换刀时间,采用上一工步 $R8$ 的两刃键槽铣刀。

⑤ 精铣型腔、椭圆凸台轮廓。为了减少换刀时间,与其粗铣采用同一把刀具,即半径 $R8$ 的两刃键槽铣刀。

⑥ 粗、精铣$\phi 25^{+0.02}_{0}$ mm 孔。为了减少换刀时间,粗、精铣$\phi 25^{+0.02}_{0}$ mm 孔仍采用上一工步的刀具。

⑦ 铣沉孔及菱形槽。根据菱形槽的圆角半径 $R4$,可选用$\phi 8$ mm 的键槽铣刀。

⑧ 铰孔。选择$\phi 10$ mm 的铰刀。

综合上述,一共选择5把刀具,分别是$\phi 2.5$ mm 中心钻、$\phi 9.8$ mm 钻头、$\phi 16$ mm 键槽铣刀、$\phi 8$ mm 键槽铣刀、$\phi 10$ mm 铰刀。

4. 切削用量的选择

根据切削用量的选择原则,一般铣刀切削用量选择步骤如下:

首先,确定切削深度。

其次,根据刀具材料和工件材料,查手册得切削速度 v_c,将 v_c 代入公式(2-1)即可计算出编程所需的主轴转速。

最后,查手册或刀具样本可得刀具每齿进给量 f_z,将 f_z 代入公式(2-2)即可计算出刀具进给速度 v_f。其余刀具切削用量确定方法与铣刀类似不再重复。生产实践中也可根据经验确定切削用量。

根据以上切削用量的选择步骤查表、计算及经验,确定的各工步切削用量结果如下。

① 铣六面。

铣底面、铣4个侧面、顶面的切削用量:背吃刀量约为2.5 mm,主轴转速为500 r/min,进给速度为60 mm/min。

② 钻中心孔及钻孔。

钻 $3-\phi 2.5$ mm 中心孔的切削用量:背吃刀量为1 mm,主轴转速为1 500 r/min,进给速度为50 mm/min。

钻 $3-\phi 9.8$ mm 孔的切削用量:背吃刀量为4.9 mm,主轴转速为700 r/min,进给速度为50 mm/min。

③ 粗铣型腔、椭圆凸台轮廓。

粗铣型腔内轮廓、椭圆凸台轮廓的切削用量:背吃刀量为4 mm,主轴转速为500 r/min,进给速度为80 mm/min。

④ 铣椭圆凸台顶面。

铣椭圆凸台顶面的切削用量:背吃刀量为2 mm,主轴转速为500 r/min,进给速度为50 mm/min。

⑤ 精铣型腔、椭圆凸台轮廓。

精铣型腔内轮廓、椭圆凸台轮廓的切削用量:背吃刀量为4 mm,侧吃刀量为0.3 mm,主轴转速为600 r/min,进给速度为50 mm/min。

⑥ 粗、精铣 $\phi 25^{+0.02}_{\ 0}$ mm 孔。

粗铣 $\phi 25^{+0.02}_{\ 0}$ mm 孔的切削用量:背吃刀量为4 mm,主轴转速为500 r/min,进给速度为80 mm/min。

精铣 $\phi 25^{+0.02}_{\ 0}$ mm 孔的切削用量:背吃刀量为4 mm,侧吃刀量为0.3 mm,主轴转速为600 r/min,进给速度为50 mm/min。

⑦ 铣沉孔及菱形槽。

铣 $\phi 18$ mm 沉孔的切削用量:背吃刀量为4 mm,主轴转速为1 000 r/min,进给速度为40 mm/min。

铣两菱形槽的切削用量:背吃刀量为2 mm,主轴转速为1 000 r/min,进给速度为40 mm/min。

⑧ 铰孔。

铰孔的切削用量:背吃刀量为0.1 mm,主轴转速为180 r/min,进给速度为20 mm/min。

四、填写工艺文件

根据上述工艺设计,填写数控加工工序卡如表 4-1 所示,填写数控加工刀具卡如表 4-2 所示,它们是数控程序编制与加工准备的依据。

表 4-1 数控加工工序卡

××学院	数控加工工序卡		产品名称或代号		零件名称	材料	零件图号
			××		综合零件	45 钢	VM-04
工序号	程序号	夹具名称	夹具编号		加工设备	数控系统	车间名称
1	××	平口钳	××		VM600	FANUC 0i	数控车间
工步号	工步内容		刀具号	刀具名称、规格	主轴转速 $n/(\text{r/min})$	进给速度 $v_f/(\text{mm/min})$	背吃刀量 a_p/mm	备注
1	铣底面		T01	键槽铣刀 ϕ16 mm	500	60	2.5	
	铣 4 个侧面		T01	键槽铣刀 ϕ16 mm	500	60	2.5	手动加工
	铣顶面		T01	键槽铣刀 ϕ16 mm	500	60	2.5	保证高度
2	钻 3-ϕ2.5 mm 中心孔		T02	中心钻 ϕ2.5 mm	1 500	50	1	
	钻 3-ϕ9.8 mm 孔		T03	钻头 ϕ9.8 mm	700	50	4.9	
3	粗铣型腔、椭圆凸台轮廓		T01	键槽铣刀 ϕ16 mm	500	80	4	
4	铣椭圆凸台顶面		T01	键槽铣刀 ϕ16 mm	500	50	2	手动加工
5	精铣型腔、椭圆凸台轮廓		T01	键槽铣刀 ϕ16 mm	600	50	4	
6	粗铣$\phi25_0^{+0.02}$ mm 孔		T01	键槽铣刀 ϕ16 mm	500	80	4	
	精铣$\phi25_0^{+0.02}$ mm 孔		T01	键槽铣刀 ϕ16 mm	600	50	4	
7	铣ϕ18 mm 沉孔		T04	键槽铣刀 ϕ8 mm	1 000	40	4	
	铣两菱形槽		T04	键槽铣刀 ϕ8 mm	1 000	40	2	
8	铰 2-$\phi10_0^{+0.022}$ mm 孔		T05	铰刀 ϕ10 mm	180	20	0.1	

表 4-2 数控加工刀具卡

零件名称	零件图号	数控加工刀具卡		程序号	车间	设备	
综合零件	VM-04			××	数控车间	VM600	
序号	刀具号	刀具名称、规格	数量	刀补地址、补偿量/mm		加工部位	备注
				半径	长度		
1	T01	键槽铣刀 $\phi 16$ mm	1	粗铣:D01=8.3 精铣:D01=8	H01	铣平面,粗、精铣型腔、椭圆凸台轮廓,铣椭圆凸台顶面,粗、精铣 $\phi 25_{0}^{+0.02}$ mm 孔	铣平面采用刀心编程
2	T02	中心钻 $\phi 2.5$ mm	1		H02	钻 2-$\phi 10$ mm、$\phi 25_{0}^{+0.02}$ mm 孔的中心孔	
3	T03	钻头 $\phi 9.8$ mm	1		H03	钻 3-$\phi 9.8$ mm 孔	
4	T04	键槽铣刀 $\phi 8$ mm	1	D03=4	H04	铣 $\phi 18$ mm 沉孔,铣两菱形槽	
5	T05	铰刀 $\phi 10$ mm	1		H05	铰 $\phi 10$ mm 孔	
编制	日期	审核	日期	批准	日期	共 1 页	第 1 页

任务小结

本任务介绍了非圆曲线轮廓的走刀路线和曲面铣削的工艺知识,并在综合零件工艺分析的基础上,设计了两种工艺方案,经分析、比较,选择了基于工序集中的工艺方案,详细设计了该工艺方案的加工工序。

任务 4.2 综合零件的数控程序编制

任务描述

根据任务 4.1 设计的综合零件的数控加工工艺,完成该零件的数控程序编制。

知识准备

一、坐标变换指令编程

1. 局部坐标系设定指令 G52

编程格式:
G52 X_ Y_ Z_;(局部坐标系生效,G52 指令为模态指令)
MP8 P×××× L×××;(调用子程序或一组程序段)

坐标变换指令 G52

G52 X0 Y0;(局部坐标系失效)

式中，X_ Y_ Z 为局部坐标系零点在当前工件坐标系中的坐标值。

G52 指令能在所有的工件坐标系(G92、G54~G59)内建立局部坐标系，如图 4-7 所示。局部坐标系生效后，采用绝对编程方式时，刀具走刀路线上基点的坐标值就是在该局部坐标系下的坐标值。设定局部坐标系不会影响原有的工件坐标系和机床坐标系。

注意： G52 优先级大于缩放和旋转的优先级，即在 G52 指令下能进行缩放及坐标系旋转，但在缩放、旋转功能下，不能使用 G52 指令。

例 4-1 如图 4-7 所示，刀具走刀路线为 $A \to B \to C$，刀具起点在 G92 工件坐标系里的坐标为 (20, 20, 0)，程序编制如下。

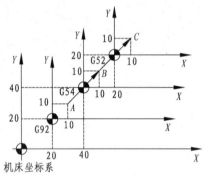

图 4-7 局部坐标系的设定

N01 G92 X20 Y20 Z0;(用 G92 设置工件坐标系)

N02 G90 G00 X10 Y10;(刀具快速定位到 G92 工件坐标系中的 A 点)

N03 G54;(将 G54 设置为当前工件坐标系)

N04 G90 G00 X10 Y10;(刀具快速定位到 G54 工件坐标系中的 B 点)

N05 G52 X20 Y20;(在 G54 中建立局部坐标系，其零点在 G54 工件坐标系中的坐标为 (20, 20))

N06 G90 G00 X10 Y10;(刀具快速运动到 G52 工件坐标系中的 C 点)

N07 G52 X0 Y0;(取消局部坐标系，程序返回 G54 设置的工件坐标系)

练 4-1 矩形槽零件如图 4-8 所示，已知槽深 4 mm，侧面已粗铣，侧壁精加工余量为 0.3 mm，底面已精铣，刀具选择 ϕ10 mm 的高速钢立铣刀，走刀路线见图 4-8，切削用量：主轴转速为 700 r/min，背吃刀量为 4 mm，Z 方向进给速度为 20 mm/min，XY 平面内进给速度为 80 mm/min，要求采用局部坐标系和子程序指令，编制该零件的矩形槽数控程序。

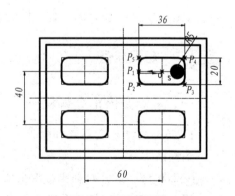

图 4-8 矩形槽零件

2. 缩放功能指令 G51、G50

编程格式：

G51 X_ Y_ Z_ P_;(建立缩放，模态指令)

⋮;(调用子程序或一组程序段:未缩放的轮廓加工程序段)
G50;(取消缩放)

式中,G51 为建立缩放,G50 为取消缩放,二者均为模态指令,可相互注销,G50 为缺省值;X_Y_Z_为缩放中心的坐标值;P_为缩放倍数,当其大于 1 时表示放大,当其小于 1 时表示缩小,当其等于 1 时表示既不放大也不缩小。

G51 既可指定平面缩放,也可指定空间缩放。在用 G51 建立缩放后,运动指令的坐标值以(X,Y,Z)为缩放中心,按 P 规定的缩放比例进行计算,如图 4-9 所示。

注意:① 在单独程序段指定 G51 指令时,比例缩放结束后,必须用 G50 指令取消;② 比例缩放功能不能缩放偏置量,如刀具半径补偿量、刀具长度补偿量等。如图 4-10 所示,图形缩放后,执行程序时刀具半径补偿量不变。③ 局部坐标系优先级高于缩放优先级,缩放优先级高于刀具补偿优先级,它们同时出现时,建立顺序为 G52—G51—G41(G42/G43/G44),取消顺序与之相反。

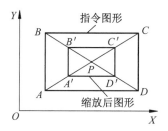

图 4-9 比例缩放

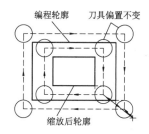

图 4-10 缩放与刀具偏置量的关系

例 4-2 某零件如图 4-11 所示,已知凸台侧面已粗铣,侧壁精加工余量为 0.3 mm,底面已精铣,刀具选择 ϕ16 mm 的高速钢立铣刀,切削用量:主轴转速为 500 r/min,背吃刀量为 3 mm,Z 方向进给速度为 20 mm/min,XY 平面内进给速度为 80 mm/min。要求使用缩放和子程序指令,编制该零件的凸台轮廓精加工程序。

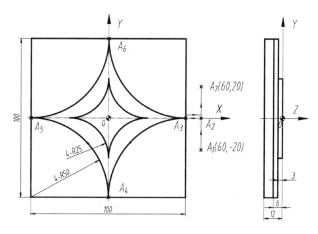

图 4-11 缩放零件图

数控程序编制如下。

① 建立工件坐标系。建立工件坐标系,如图 4-11 所示,零点在工件上表面中心。

② 设计走刀路线。设计走刀路线,如图 4-11 中主视图所示,为 $A_1 \rightarrow A_2 \rightarrow A_3 \rightarrow A_4 \rightarrow A_5 \rightarrow A_6 \rightarrow A_3 \rightarrow A_2 \rightarrow A_7$。

③ 确定基点坐标。根据走刀路线和零件图,易算得各基点坐标为 $A_1(60,-20)$、$A_2(60,0)$、$A_3(50,0)$、$A_4(0,-50)$、$A_5(-50,0)$、$A_6(0,50)$、$A_7(60,20)$。

④ 编制程序单。

O4001;(主程序号)

G17 G21 G40 G49 G80;(程序初始化)

G91 G28 Z0;(刀具沿 Z 轴回零)

G91 G28 X0 Y0;(刀具沿 X、Y 轴回零建立)

G90 G54 G00 X0 Y0 S500 M03;(建立 G54,刀具快速到工件零点,主轴正转,转速为 500 r/min)

G00 Z50;

M08;(冷却液开)

G00 X60 Y-20;(刀具快速运动到 A_1 点)

Z5;(刀具快速到参考点)

G90 G01 Z-6 F20;(刀具切削进给到切削深度 Z-6)

M98 P4601 L1;(调用子程序 O4601)

G00 X60 Y-20;(刀具快速运动到 A_1 点)

Z5;(刀具快速到参考点)

G90 G01 Z-3 F20;(刀具切削进给到切削深度 Z-3)

G51 X0 Y0 P0.5;(建立缩放功能)

M98 P4601 L1;(调用子程序 O4601)

G50 X0 Y0;(取消缩放)

G00 X0 Y0;(刀具返回工件系 X、Y 轴零点)

M09;(冷却液关)

M05;(主轴停转)

G28 Z50;(刀具沿 Z 轴回零)

M30;(主程序结束,并返回程序头)

O4601;(子程序号)

G41 G01 Y0 D01 F80;($\rightarrow A_2$,建立刀具半径左补偿)

G01 X50;($\rightarrow A_3$)

G03 X0 Y-50 R50;($\rightarrow A_4$)

G03 X-50 Y0 R50;($\rightarrow A_5$)

G03 X0 Y50 R50;($\rightarrow A_6$)

G03 X50 Y0 R50;($\rightarrow A_3$)

G01 X60 Y0 F200;($\rightarrow A_2$)

G40 G01 X60 Y20；（→A_7，取消刀具半径左补偿）
G00 Z50；（刀具沿 Z 轴抬刀到 Z50）
M99；（子程序结束）

3. 镜像功能指令 G51.1、G50.1

当工件相对于某一轴具有对称形状时，可以利用镜像功能和子程序，只对工件的一部分进行编程，就能加工出工件的对称部分，称为镜像功能。当某一轴的镜像有效时，该轴执行与编程方向相反的运动。

编程格式：
G17 G51.1 X_ Y_；（建立镜像）
M98 P_ L_；（调用子程序）
G50.1 X_ Y_；（取消镜像）

坐标变换指令的　坐标变换指令的
镜像指令（1）　　镜像指令（2）

式中，G51.1 表示建立镜像；G50.1 表示取消镜像；G51.1、G50.1 为模态指令，可相互注销，G50.1 为缺省值。X_、Y_用于指定对称轴或对称点。

注意：① 当执行镜像指令时，进给路线与原轮廓加工的进给路线相反，如果原轮廓程序中有圆弧指令，那么圆弧的旋转方向相反，即 G02→G03 或 G03→G02；刀具半径补偿的偏置方向反向，即 G41→G42 或 G42→G41。所以，对连续形状一般不使用镜像功能，防止走刀中有刀痕，使轮廓不光滑或加工轮廓间不一致。

② 局部坐标系优先级高于镜像优先级，镜像优先级高于缩放优先级，缩放优先级高于刀具补偿优先级。

例 4-3 某凹槽零件如图 4-12 所示，已知凹槽已粗铣，侧壁精加工余量为 0.3 mm，底面已精铣，刀具选择 ϕ10 mm 的高速钢立铣刀，切削用量：主轴转速为 800 r/min，背吃刀量为 2 mm，Z 方向进给速度为 20 mm/min，XY 平面内进给速度为 80 mm/min。要求利用镜像和子程序指令，编制该零件的内轮廓精加工程序。

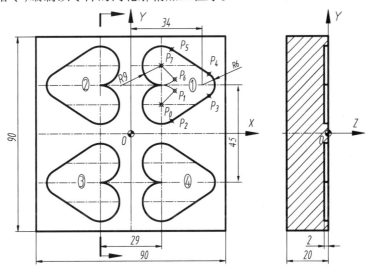

图 4-12　心形凹槽零件

数控程序编制如下：

① 建立工件坐标系。建立工件坐标系，如图 4-12 所示，零点在工件上表面中心。

② 设计走刀路线。由于零件的 4 个心形内轮廓对称，且利用镜像指令编程，所以，只要设计其中一个心形内轮廓的走刀路线即可。这里所设计的是第一象限心形内轮廓的走刀路线，见图 4-12，为 $P_0 \rightarrow P_1 \rightarrow P_2 \rightarrow P_3 \rightarrow P_4 \rightarrow P_5 \rightarrow P_6 \rightarrow P_7$，其中，$P_0 \rightarrow P_1$ 建立刀具半径左补偿，$P_6 \rightarrow P_7$ 取消刀具半径补偿，4 个心形轮廓的加工顺序是①→②→③→④。

③ 确定基点坐标。用 CAD 查询法，一般坐标值小数点后保留 3 位有效数字，可得走刀路线上各基点坐标如下：P_0（14.5，13.5）、P_1（20.864，19.864）、P_2（19.386，5.942）、P_3（37.205，17.461）、P_4（37.205，27.539）、P_5（19.386，39.058）、P_6（20.864，25.136）、P_7（14.5，31.5）。

④ 编写数控程序单。

O4003;(主程序号)

G17 G21 G40 G49 G80;(程序初始化)

G91 G28 Z0;(刀具沿 Z 轴回零)

G91 G28 X0 Y0;(刀具沿 X、Y 轴回零)

G90 G54 G00 X0 Y0 S800 M03;(建立 G54，快速到工件零点，主轴正转，转速为 800 r/min)

G00 Z50;(刀具快速到 Z50)

M08;(冷却液开)

M98 P4006 L1;(加工内轮廓①)

G51.1 X0;(Y 轴镜像)

M98 P4006;(加工内轮廓②)

G51.1 Y0;(X、Y 轴镜像)

M98 P4006;(加工内轮廓③)

G50.1 X0;(Y 轴镜像取消，X 轴镜像继续有效)

M98 P4006;(加工内轮廓④)

G50.1 Y0;(X 轴镜像取消)

G00 Z200;(刀具快速到 Z200)

M30;(主程序结束)

O4006;(子程序)

G00 X14.5 Y13.5;(刀具快速到下刀点 P_0)

Z5;(刀具快速到 Z5)

G01 Z-2 F50;(刀具 G01 进给到 Z-2)

G41 G01 X20.864 Y19.864 D01 F80;(→P_1，建立刀具半径左补偿)

G03 X19.386 Y5.942 R-9;(→P_2)
G01 X37.205 Y17.461;(→P_3)
G03 X37.205 Y27.539 R6;(→P_4) ← 执行刀具半径补偿
G01 X19.386 Y39.058;(→P_5)
G03 X20.864 Y25.136 R-9;(→P_6)
G40 G01 X14.5 Y31.5 F200;(→P_7)
G00 Z50;(刀具抬刀到安全高度Z50)
M99;(子程序结束)

练 4-2 某零件(毛坯尺寸为100 mm×100 mm×13 mm)如图4-13所示,已知凸台外轮廓已粗铣,侧壁精加工余量为0.3 mm,底面已精铣,走刀路线如图4-13所示,刀具选择ϕ10 mm的高速钢立铣刀,切削用量:主轴转速为800 r/min,背吃刀量为5 mm,Z方向进给速度为20 mm/min,XY平面内进给速度为80 mm/min。要求利用镜像和子程序指令,编制该零件的凸台轮廓精加工程序。

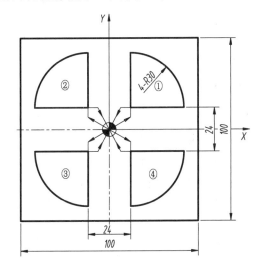
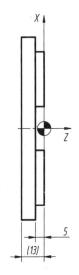

图 4-13 镜像零件图

4. 旋转功能指令 G68、G69

编程格式:
G17 G68 X_Y_R_;(建立旋转)
M98 P_ L_;(调用子程序)
G69;(取消旋转)

坐标变换指令的旋转指令(1) 坐标变换指令的旋转指令(2)

式中,G68 表示建立旋转,G69 表示取消旋转,G68、G69为模态指令,可相互注销,G69为缺省值。X、Y 为G17平面旋转中心的坐标值;X、Z 为G18平面旋转中心的坐标值;Y、Z 为G19平面旋转中心的坐标值。R 为旋转角度,单位为°,取值范围为0≤R≤360°。可为绝对值,也可为增量值,当为增量值时,旋转角度在前一个角度上增加该值;"+"表示逆时针方向旋转,"-"表示顺时针方向旋转。

注意： ① 程序先进行坐标系旋转，再进行刀具偏置（如刀具半径补偿、长度补偿等），在有缩放功能的情况下，先缩放后旋转。

② CNC 系统处理高级编程指令的优先级是：局部坐标系 G52＞镜像 G51.1＞缩放 G51＞旋转 G68＞刀具半径补偿 G41/G42。也就是该系列指令的建立顺序为局部坐标系 G52—镜像 G51.1—缩放 G51—旋转 G68—刀具半径补偿 G41/G42，取消顺序与此相反。

例 4-4 某零件如图 4-14 所示，已知凸台已粗铣，侧壁精加工余量为 0.3 mm，底面已精铣，刀具选择 ϕ10 mm 的高速钢立铣刀，切削用量：主轴转速为 800 r/min，背吃刀量为 4 mm，Z 方向进给速度为 50 mm/min，XY 平面内进给速度为 80 mm/min。要求利用旋转和子程序指令，编制该零件的凸台轮廓精加工程序。

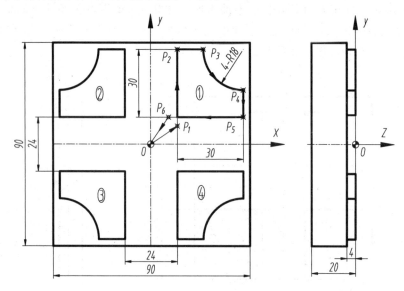

图 4-14 旋转零件图

数控程序编制如下。

① 建立工件坐标系。建立工件坐标系，如图 4-14 所示，零点在工件上表面中心。

② 设计走刀路线。由于本零件采用旋转指令编程，所以只要设计一个凸台轮廓的走刀路线即可。这里所设计的是第一象限凸台轮廓的走刀路线，见图 4-14，为 $O \rightarrow P_1 \rightarrow P_2 \rightarrow P_3 \rightarrow P_4 \rightarrow P_5 \rightarrow P_6 \rightarrow O$。

③ 确定基点坐标值。根据零件图和刀具走刀路线，确定各基点坐标为 $O(0,0)$、$P_1(12,8)$、$P_2(12,42)$、$P_3(24,42)$、$P_4(42,24)$、$P_5(42,12)$、$P_6(8,12)$、$O(0,0)$。

④ 编写数控程序单。

O4004;（主程序号）

G17 G21 G40 G49 G80;（程序初始化）

G91 G28 Z0;（刀具沿 Z 轴回零）

G91 G28 X0 Y0;（刀具沿 X、Y 轴回零）

G90 G54 G00 X0 Y0 S800 M03；(建立G54，刀具快速到零点，主轴正转，转速为800 r/min)
G00 Z50；(刀具快速运动到Z50)
M08；(冷却液开)
M98 P8401 L1；(调用子程序，加工凸轮廓①)
G68 X0 Y0 R90；(旋转中心(0,0)、角度为90°)
M98 P8401 L1；(调用子程序，加工凸轮廓②)
G68 X0 Y0 R180；(旋转中心(0,0)、角度为180°)
M98 P8401 L1；(调用子程序，加工凸轮廓③)
G68 X0 Y0 R270；(旋转中心(0,0)、角度为270°)
M98 P8401 L1；(调用子程序，加工凸轮廓④)
G69；(取消旋转功能)
M09；(冷却液关)
M05；(主轴停转)
G00 Z200；(刀具快速运动到Z00)
M30；(主程序结束)
O8401；(子程序)
G00 Z5；(刀具快速运动到Z5)
G01 Z-4 F50；(刀具G01插补进给到Z-4)
G41 G01 X12 Y8 D01 F80；(建立刀具半径左补偿，→P_1)
G01 X12 Y42；(→P_2) ⎫
G01 X24；(→P_3) ⎪
G03 X42 Y24 R18；(→P_4) ⎬ ← 执行刀具半径补偿
G01 Y12；(→P_5) ⎪
G01 X8；(→P_6) ⎭
G40 G01 X0 Y0；(取消刀具半径左补偿，→O)
G00 Z50；(刀具沿Z方向抬刀到Z50)
M99；(子程序结束)

二、宏程序编程

一般情况下，数控系统只有直线和圆弧插补功能，要对正弦曲线、椭圆、抛物线等非圆曲线进行加工，数控系统无法直接实现插补，需要通过一定的数学处理。数学处理的方法是用直线段或圆弧去逼近非圆曲线。

（一）宏程序的概念

1. 宏程序的定义

宏程序是FANUC数控系统及其他数控系统中的特殊编程功能。所谓用户宏程序，其实质与子程序类似，也是把一组实现某种功能的指令，以子程序的形式事先存储在系统存储器中，通过宏程序调用指令，执行这一功能。数控编程时,在主程序中只要编入相应的调用指令,就能实现这一功能。

一组以子程序的形式存储并含有变量程序段的程序称为用户宏程序,简称宏程序;调用宏程序的指令称为宏程序调用指令或用户宏程序命令。此外,主程序也可以含有变量程序段,这样的程序称为普通宏程序。

2. 宏程序与普通数控程序的区别

宏程序与普通数控程序相比较,普通程序的字地址后面跟随的是常量。例如,G01 Z-5 F20;G41 G01 X30 Y0 D01 F80;一个普通程序只能描述一个几何形状,因此,它缺乏通用性和柔性。而用户宏程序本体中可以使用变量进行编程,也可以用宏程序指令对变量进行赋值、算术和逻辑运算等处理,从而能使宏程序执行一些有规律变化的动作。

3. 宏程序的分类

FANUC 数控系统宏程序分为 A、B 两种。在一些较老的 FANUC 系统中采用 A 类宏程序,已基本被淘汰,现在比较先进的 FANUC 数控系统(FANUC 0i)中采用 B 类宏程序。本书只介绍 B 类宏程序的编程。

(二) 变量

1. 变量的表示

在普通的主程序和子程序中,总是将一个具体的数值赋给一个地址,为了使程序具有通用性、灵活性,在宏程序中引入了变量。一个变量由符号"#"和变量号组成。例如,#i(i=1,2,3,…),即#1,#2,#101,#501 等。

变量号除了可用数字表示之外,也可以用表达式表示,但表达式必须全部写在方括号"[ ]"内,其计算结果作为变量号。例如,#[#4+#5+10],当#4=10、#5=100 时,该变量表示#120。

2. 变量的引用

将变量跟随在地址符的后面,称为变量的引用。例如,"G01 X#101 Y[#102-80] F#9;",当变量赋值为#101=20、#102=50、#9=80 时,上面这个程序段即表示"G01 X20 Y-30 F80"。

3. 变量的类型

变量分为局部变量、全局变量(公共变量)、系统变量和空变量四种类型,如表 4-3 所示。

表 4-3 变量的类型表

变量的类型	变量号	功 能
局部变量	#1~#33	只能在一个宏程序中使用
全局变量	#100~#199	在各宏程序中可以公用的变量
	#500~#599	
系统变量	#1000~#9999	数控系统固定用途的变量
空变量	#0	该变量的值总为空

（1）局部变量。局部变量(#1~#33)指的是在一个宏程序中局部使用的变量。比如，当宏程序 A 调用宏程序 B 而且它们都有变量#1 时，由于变量#1 服务于不同的局部，所以宏程序 A 与宏程序 B 中#1 不是同一个变量，可以赋给不同的数值，且互不影响。

（2）全局变量。全局变量(#100~#199,#500~#599)在不同的宏程序中具有相同的意义，为各宏程序所共有。当宏程序 A 和宏程序 B 都有变量#101 时，由于#101 是全局变量，所以宏程序 A 和宏程序 B 中的#101 是同一个变量。当机床断电时，变量#100~#199 的数据将丢失，故称为操作型变量；而变量#500~#599 的数据不丢失，故称为保持型变量，需要保持不变的数据可赋值给变量#500~#599。

（3）系统变量。系统变量(#1000~)是指有固定用途的变量，它的值决定了系统的状态。系统变量包括刀具补偿变量、接口信号变量和位置信号变量等。

（4）空变量。空变量的值总是空的，不能给该变量赋值。

（三）用户宏程序的格式与调用

1. 用户宏程序的编写格式

用户宏程序的编写格式与子程序相同，其格式如下：

O8435;(宏程序名)

……

G01 Z-5 F50;(常量程序段)

G41 G01 X#24 Y#25 D01 F#9;(带有变量的程序段)

……;

M99;(宏程序结束)

宏程序基础
理论(2)

2. 用户宏程序的模态与非模态调用

（1）非模态调用(G65)。

在主程序中，G65 调用用户宏程序的格式：

G65 P(p) L(l) <自变量赋值>;

其中，p 为宏程序号；l 为重复调用次数(1~9999,1 次时 L 可省略)；自变量赋值是由地址符及数值组成的，用以对宏程序中的局部变量赋值。

宏程序同子程序一样，一个宏程序可被另一个宏程序调用，最多可调用 4 次。

例 4-5 用户宏程序非模态调用的编程格式如图 4-15 所示。

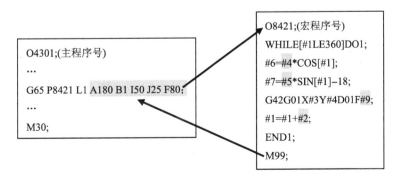

图 4-15　G65 宏程序调用指令编程实例

主程序中"G65 P8421 L1 A180 B1 I50 J25 F80"为用户宏程序调用程序段,其调用说明如下:G65 调用宏程序指令必须写在句首,用地址 P 指定用户宏程序的程序号 O8421。当要求重复调用时,在地址 L 后指定重复次数(1~9999),省略 L 时,默认调用 1 次。使用自变量赋值,其地址后数值赋值给宏程序中的局部变量,本例宏程序局部变量经赋初值后为:#1=180,#2=1,#4=50,#5=25,#9=80。

(2)模态调用(G66,G67)。

在主程序中,G66 调用用户宏程序的格式如下:

G66(p) L(l) <自变量赋值>;(建立模态调用)

G67;(取消模态调用)

说明:G66 程序段仅指定用户宏程序的模态调用,并通过自变量赋值给用户宏程序的局部变量赋初值,而不调用用户宏程序。一旦 G66 指令执行后,则在有坐标轴移动的程序段后面调用宏程序,且在 G66 指令程序段后的程序段中不能再通过自变量赋值对用户宏程序赋值。

3. 自变量赋值

若要向用户宏程序本体传递数据,必须由自变量赋值来指定,其值可以有符号和小数点,且与地址无关。用户宏程序使用的是局部变量(#1~#33),与其对应的自变量赋值有以下两种类型。

自变量赋值 I:用大写英文字母后加数值进行赋值,除了 G、L、O、N 和 P 之外,其余 21 个大写字母均可以给自变量赋值,每个字母赋值 1 次。赋值时不必按字母的顺序进行,但使用 I、J、K 时,必须按字母顺序指定,不赋值的字母可以省略。

自变量赋值 II:使用 A、B、C 和 I_i、J_i、K_i($i=1$~10)后加数值进行赋值,A、B、C 每个字母赋值 1 次,同组的 I、J、K 必须按字母顺序指定,不赋值的字母可以省略。注意:I、J、K 的下标用于确定自变量赋值的顺序,在实际编程中不写。自变量赋值 I、II 地址与宏程序中局部变量的对应关系见表 4-4。

表 4-4 自变量赋值 I、II 的地址与宏程序中局部变量的对应关系

自变量赋值 I 地址	对应的局部变量	自变量赋值 I 地址	对应的局部变量	自变量赋值 II 地址	对应的局部变量	自变量赋值 II 地址	对应的局部变量
A	#1	—	#14	A	#1	K_5	#18
B	#2	—	#15	B	#2	I_6	#19
C	#3	—	#16	C	#3	J_6	#20
I	#4	Q	#17	I_1	#4	K_6	#21
J	#5	R	#18	J_1	#5	I_7	#22
K	#6	S	#19	K_1	#6	J_7	#23
D	#7	T	#20	I_2	#7	K_7	#24
E	#8	U	#21	J_2	#8	I_8	#25
F	#9	V	#22	K_2	#9	J_8	#26

续表

自变量赋值Ⅰ地址	对应的局部变量	自变量赋值Ⅰ地址	对应的局部变量	自变量赋值Ⅱ地址	对应的局部变量	自变量赋值Ⅱ地址	对应的局部变量
—	#10	W	#23	I_3	#10	K_8	#27
H	#11	X	#24	J_3	#11	I_9	#28
—	#12	Y	#25	K_3	#12	J_9	#29
M	#13	Z	#26	I_4	#13	K_9	#30
				J_4	#14	I_{10}	#31
				K_4	#15	J_{10}	#32
				I_5	#16	K_{10}	#33
				J_5	#17		

自变量赋值的其他说明如下。

① 自变量赋值Ⅰ、Ⅱ的混合使用:CNC 系统内部自动识别自变量赋值Ⅰ和Ⅱ。如果自变量赋值Ⅰ、Ⅱ混合赋值,以从左到右书写的顺序为准,左为先,右为后,较后赋值的自变量类型有效,强烈建议在实际编程时,使用自变量赋值Ⅰ进行赋值。

② 小数点的问题。没有小数点的自变量数据的单位为各地址最小设定单位。传递没有小数点的自变量的值将根据机床实际的系统配置而定。建议在宏程序调用中使用小数点。

③ 调用嵌套。调用可以4级嵌套,包括 G66 模态调用和 G65 非模态调用,但不包括 M98 子程序调用。

④ 局部变量的级别。局部变量的嵌套从0级到4级,主程序是0级。当用 G65 或 G66 调用宏程序时,局部变量级别加1,此时,上一级的局部变量值被存储在 CNC 系统中,下一级局部变量被准备,可以进行自变量赋值。当在被调用宏程序中执行 M99 时,控制返回到调用的程序,此刻,局部变量级别减1,并恢复宏程序调用时保存的局部变量值,即上一级被存储的局部变量值被恢复,而下一级的局部变量值被清除。

4. 用户宏程序的子程序调用

用户宏程序的子程序调用与一般程序的子程序调用相同,采用 M98 指令。

调用格式:

M98 P(p) L(l);

其中,p 为宏程序号;l 为重复调用次数(1~9999),调用1次时 L 可省略不写。M98 指令与 G65 指令相比较,不同之处是 M98 指令调用不能进行自变量赋值。

(四) 运算指令

B 类宏程序的运算指令类似于数学运算,用各种数学符号来表示,常用的运算指令见表4-5。

表 4-5 用户宏程序功能 B 的运算指令

功能	格式	示例
赋值	#i = #j	#1 = 100;(表示变量#1 的值是 100) #100 = #1;(#100 = 100) #100 = #100+1;(#100 = 101,递增,宏程序的引擎)
加	#i = #j+#k	#1 = 100;#2 = 100;#100 = #1+#2;(#100 = 200)
减	#i = #j-#k	#1 = 100;#1 = #1-1;(#1 = 99,递减,宏程序的引擎)
乘	#i = #j * #k	#1 = 100;#2 = 100;#100 = #1 * #2;(#100 = 10000)
除	#i = #j/#k	#1 = 90;#100 = #1/30.;(#100 = 3)
正弦函数	#i = #SIN[#j]	#1 = 45; #100 = SIN[#1];(#100 = 0.707) #101 = COS[#1+15];(#100 = 0.866)
余弦函数	#i = COS[#j]	
正切函数	#i = TAN[#j]	
反正弦函数	#i = ASIN[#j]	#1 = 1; #2 = 2; #100 = ATAN[#1]/#2;(#100 = 22.5°)
反余弦函数	#i = ACOS[#j]	
反正切函数	#i = ATAN[#j]	
平方根	#i = SQRT[#j]	#1 = 30;#2 = 40;#3 = SQRT[#1 * #1+#2 * #2];(#3 = 50)
取绝对值	#i = ABS[#j]	#1 = 30;#2 = 40;#3 = ABS[#1-#2 * #2];(#3 = 130)
四舍五入	#i = ROUND[#j]	#1 = 10.25;#100 = ROUND[#1];(#100 = 10)
上取整	#i = FIX[#j]	#1 = 10.25;#100 = FIX[#1];(#100 = 11)
下取整	#i = FUP[#j]	#1 = 10.25;#100 = FUP[#1];(#100 = 10)
指数函数	#i = EXP[#j]	#4 = EXP[#1];
自然对数	#i = LN[#j]	#4 = LN[#1 * #1-#6];
与	#i = #jAND#k	逻辑运算一位一位地按二进制执行 逻辑运算口诀:与运算有 0 为 0,全 1 为 1;或运算有 1 为 1,全 0 为 0;异或运算不同为 1,相同为 0
或	#i = #jOR#k	
异或	#i = #jXOR#k	

宏程序运算说明如下:

(1) 赋值。

① 赋值号"="两边内容不能互换,左边只能是变量,右边可以是数值、变量或表达式。

② 一个赋值语句只能给一个变量赋值。

③ 可以多次给一个变量赋值,新变量值将取代原变量值。

④ 赋值表达式的运算顺序与数学运算相同。

⑤ 辅助功能的变量值有最大限制。例如,将 M 赋值为 300 显然是不合理的。

(2) 函数 SIN、COS 等的角度单位是度,分和秒要换算成带小数点的度。例如,90°30′要换算成度,写成 90.5°。

(3) 运算的优先顺序是:表达式中方括号的运算,函数运算,乘和除运算(逻辑与),

加和减运算(逻辑或、逻辑异或)。

（五）控制指令

在程序中使用控制指令起到控制程序流向的作用。

1. 分支语句

(1) 无条件转移语句。

格式：

GO TO n；

说明：当程序执行该语句时，无条件转移到程序段号为 n 的程序段。n 为程序段号，可以取 1~9999，也可以用表达式。

(2) 条件转移语句(IF 语句)。

格式 1：

IF [<条件表达式>] GO TO n；

功能：如果条件表达式结果为真，则程序转移到程序段号为 n 的程序段执行，程序段号 n 可以由变量或表达式替代。如果指定的条件表达式结果为假，则程序顺序执行下一个程序段。例如：

IF [#1 GT 10] GO TO 100

……

N100 G00 G90 Z50；

表示如果变量#1 的值大于 10 为真，那么程序转移到程序段号为 N100 的程序段执行；否则，程序执行 IF 语句的下一个程序段。

格式 2：

IF [<条件表达式>] THEN

功能：如果条件表达式结果为真，则执行预先决定的宏程序语句，而且只执行一个宏程序语句。例如：

IF[#1 EQ #2] THEN #3=5；(如果#1=#2 的值相等，则将 5 赋给变量#3)

注意：条件表达式必须包括比较运算符，比较运算符必须插在两个变量中间或变量和常量中间，且条件表达式必须包含在一对方括号内。表达式可以替代变量，比较运算符由两个字母组成，用于两个值的比较，以确定它们之间的关系。比较运算符见表 4-6。

表 4-6 比较运算符

比较运算符	含 义	英文注释
EQ	等于	Equal
NE	不等于	Not Equal
GT	大于	Great Than
GE	大于等于	Great Than or Equal
LT	小于	Less Than
LE	小于等于	Less Than or Equal

2. 循环语句（WHILE 语句）

（1）循环结构。

格式：

WHILE [<条件表达式>] DO n；（n=1,2,3）

……（循环体）

END n；

G01 X10 Y20；

功能：当条件表达式结果为真时，则重复执行 DO n 到 END n 之间的循环体；当条件表达结果为假时，则跳转到 END n 后的程序段执行。n 的取值须为 1,2,3；否则，系统会产生报警。

（2）循环嵌套。

FANUC 0i 系统允许编写 3 级循环嵌套。在循环嵌套中，DO n 到 END n 在编程时必须成对出现，并从最内层循环开始向外执行。如图 4-16 所示是循环嵌套的结构图。另外须注意：循环嵌套时，WHILE [<条件表达式>] DO n 至 END n 必须成对使用，嵌套级之间不允许出现循环交叉，如图 4-17 所示。

```
WHILE [条件式1] DO 1；
……
    WHILE [条件式2] DO 2；
    ……
        WHILE [条件式3] DO 3；
        ……
        END 3；
    ……
    END 2；
……
END 1；
```

图 4-16　循环嵌套结构图

```
WHILE [条件式1] DO 1；
……
    WHILE [条件式2] DO 2；
    ……
    END 1；
……
END 2；
```

图 4-17　循环交叉（不允许）

（六）典型宏程序的设计

1. 椭圆凸台轮廓铣削宏程序的设计

例 4-6　如图 4-18 所示的椭圆凸台零件，已知材料为 45 钢，粗加工和底面精加工已完成，侧面精加工余量为 0.3 mm，刀具选取 ϕ16 mm 的高速钢立铣刀，要求设计该零件的椭圆凸台精铣程序。

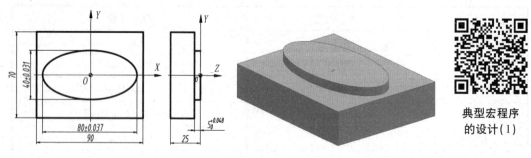

图 4-18　椭圆凸台零件

典型宏程序的设计(1)

（1）建立工件坐标系。建立的工件坐标系如图 4-18 所示,工件零点在工件上表面的中心。

（2）设计走刀路线。拟合加工椭圆曲线一般采用两种方式:① 直线拟合非圆曲线;② 圆弧拟合非圆曲线。本文拟采用角度变量的直线拟合加工。为了提高加工精度,选择顺铣方式,采用 G41 指令编程。因此,设计的椭圆凸台轮廓精加工走刀路线为 $P_0 \rightarrow P_1 \rightarrow \cdots\cdots$ (椭圆的节点坐标)$\rightarrow P_1 \rightarrow P_0$,如图 4-19 所示。

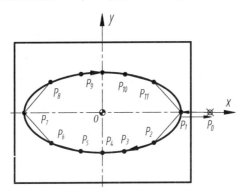

图 4-19　椭圆凸台轮廓的走刀路线

（3）数值计算。根据零件图和走刀路线,确定基点坐标 $P_0(55,0)$、$P_1(40,0)$。难点在于椭圆的节点坐标如何计算,而宏程序恰好可以实现节点坐标的循环计算。

① 建立数学模型。分析零件图形特征,确定并深刻理解非圆曲线方程含义是程序设计的关键。本例模型采用椭圆参数方程:$x = a\cos\theta, y = b\sin\theta$。其中,$\theta$ 为极角;a 为椭圆长半轴长,为 40 mm;b 为椭圆短半轴长,为 20 mm;(x,y) 为与极角 θ 对应的椭圆上动点的坐标。

② 确定自变量与因变量。根据模型,可得参数 θ 为椭圆方程的自变量,用变量#1 表示,变量#1 起始值为 $0°$,终止值为 $-360°$,范围为 $0° \sim 360°$。根据允许的编程误差确定极角每次改变量,误差要求越小,该值取值越小,误差要求越大,该值取值越大,一般取 $\pm 1°$ 可满足要求,这里极角每次改变量为递减改变量,用变量#6 表示,取值为 $-1°$。

因变量为椭圆上动点的坐标(x,y),x 选择变量#7 表示,y 选择变量#8 表示,那么因变量的值用宏程序语句即可表示为:#7 = 40 * COS[#1],#8 = 20 * SIN[#1]。

③ 计算节点坐标,直线段拟合椭圆。计算节点坐标,微小直线段拟合椭圆常采用 WHILE 循环语句编程实现,编写步骤与内容如下。

a. 变量赋值。

#1 = 0;（变量#1 赋初始值 $0°$）

#6 = 1;（变量#6 赋值为 $1°$）

b. 循环判断(判一判)。

WHILE[#1 GE -360]DO 1;（判断当变量#1 $\geqslant -360°$时,执行循环体）

c. 计算节点坐标(算一算)。

#7 = 40 * COS[#1];（计算椭圆上动点离心角为#1 时的 X 坐标值,并赋值给变量#7）

典型宏程序的设计(2)

#8=20*SIN[#1];(计算椭圆上动点离心角为#1时的Y坐标值,并赋值给变量#8)

d. 走微小直线段(走一走)。

G41 G01 X#7 Y#8 D01 F80;(直线拟合椭圆)

e. 自变量递变(变一变)。

#1=#1-#6;(自变量递减#6,宏程序的引擎)

f. 循环结束符。

END1;(循环结束)

通过上述几个简短的宏程序语句,即可实现椭圆曲线节点坐标的循环计算功能,同样的条件,在自动编程时生成的程序段多达 360 条。

(4) 编制程序代码。综上所述,编写的程序代码如 O8451 所示。该程序只需改变椭圆长、短半轴的长和极角的起始值、终止值,即可加工任意大小和任意极角范围的椭圆轮廓;而根据需要再添加局部坐标系和坐标旋转程序段,又可以实现加工任意位置和任意旋转角度的椭圆轮廓。

为便于编制此类程序代码,对拟合非圆曲线轮廓的宏程序语句,小结口诀如下:变量赋值→判一判(WHILE 语句)→算一算(曲线的因变量坐标计算)→走一走(G01 走直线段,拟合非圆曲线轮廓)→变一变(自变量值递增或递减)→循环结束。

O8451;(程序名)

G17 G21 G40 G49 G80;(程序初始化)

G91 G28 Z0;(刀具沿 Z 轴回零)

G91 G28 X0 Y0;(刀具沿 XY 轴回零)

G54 G90 G00 X55 Y0 S600 M03;(建立工件坐标系)

G00 Z50;(刀具快速至安全平面 Z50)

G00 Z5 M08;(刀具快速至进刀平面 Z5)

G01 Z-5 F50;(刀具切削进给至 Z-5)

#1=0;(变量#1 赋初始值 0°)

#6=1;(变量#6 赋值为 1°)

WHILE[#1GE-360]DO1;(判断当变量#1≥-360°时,执行循环体)

#7=40*COS[#1];(计算椭圆上动点离心角为#1时的X坐标值,并赋值给变量#7)

#8=20*SIN[#1];(计算椭圆上动点离心角为#1时的Y坐标值,并赋值给变量#8)

G41 G01 X#7 Y#8 D01 F80;(建立、执行刀具补偿,刀具走一微小直线段,拟合加工椭圆曲线轮廓)

#1=#1-#6;(自变量递减 1°)

END1;(循环结束符)

G40 G01 X55 Y0 F200;(取消刀具半径补偿)

G00 Z50;(刀具快速至安全平面 Z50)

G00 Z200;(刀具快速至返回点 Z200)

M30;(程序结束)

练 4-3 如图 4-20 所示的带椭圆外轮廓零件,已知材料为 45 钢,粗加工和底面精加工已完成,侧面精加工余量为 0.3 mm,刀具选取 $\phi 16$ mm 的高速钢立铣刀,要求设计该零件的带椭圆外轮廓精铣程序。

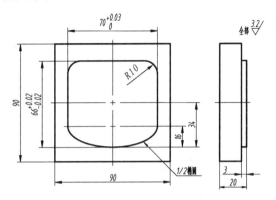

图 4-20　带椭圆曲线的凸台零件

2. 球冠面铣削宏程序的设计

例 4-7　如图 4-21 所示的球冠面零件,已知材料为 45 钢,粗加工和顶面、底面精加工已完成,球冠面精加工余量为 0.3 mm,刀具选取 $\phi 16$ mm 的高速钢平底刀,要求设计该零件球冠面的精加工程序。

(1) 建立工件坐标系。建立工件坐标系,如图 4-21 所示,工件零点在工件上表面中心。

(2) 设计走刀路线。球冠面的走刀路线有自下而上的等高环切法(爬坡法)和自上而下的等高环切法(下坡法)两种。这里采用爬坡法,在同一高度上刀具的走刀路线为圆形,只需不断微小改变高度值,即可加工出球冠面。走刀路线投影示意图如图 4-22 所示。

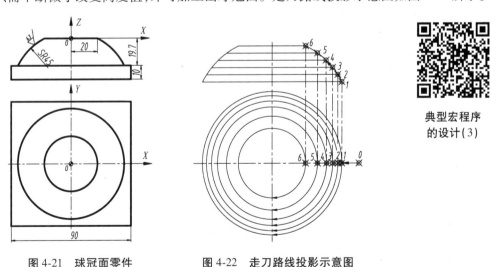

典型宏程序的设计(3)

图 4-21　球冠面零件　　　图 4-22　走刀路线投影示意图

(3) 数值计算。根据曲面走刀路线的设计,建立数学模型,如图 4-23 所示。由零件图和模型图,可知 $O_1C = O_1B = O_1F = 45$ mm,$OB = 20$ mm,$OD = 19.7$ mm,要求出过圆弧 BC 上任意一点 F 的圆截面半径与刀位点坐标,才能编程。

① 确定模型方程。在 RT△O_1EF 中,由勾股定理可得,过圆弧 BC 上任意一点 F 的圆截面半径表达式为

$$EF = \sqrt{O_1F^2 - O_1E^2} = \sqrt{45^2 - O_1E^2}$$

② 确定自变量为 O_1E,选用变量#3 表示,它的起始值为 O_1D,终止值为 O_1O,均需要求出。

在 RT△O_1OB 中,已知 $OB=20$ mm, $O_1B=45$ mm,由勾股定理,可得

$$O_1O = \sqrt{O_1B^2 - OB^2} = \sqrt{45^2 - 20^2} \approx 40.311(\text{mm})$$

又知,$OD=19.7$ mm,故 $O_1D=O_1O-OD=40.311-19.7=20.611$(mm)。即求出变量#3 的起始值为 $O_1D=20.611$ mm,终止值为 $O_1O=40.311$ mm,取值范围为[20.611,40.311]。

③ 确定因变量为 EF,选用变量#4 表示,球半径选用 #1 表示,则 EF 用宏语句可表示为#4 = SQRT[#1 * #1 - #3 * #3]。

④ 确定刀位点坐标。结合上述和图 4-23 所示几何关系,即可确定刀具刀位点 X 轴坐标为#4+#2(其中#2 变量表示刀具半径值),刀位点 Z 轴坐标为[-#5+#3](其中#5 表示 O_1O 的长度)。

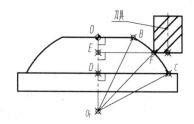

图 4-23 数学模型

(4) 编制程序代码。基于上述结果,编写的程序代码如 O8415 所示,加工精度由 O_1E 每次递增量的大小控制。该程序只需改变球冠面的半径、刀具半径,以及模型中 O_1E 的起始值、终止值,即可加工任意大小和任意高度范围的球冠面;而根据需要再添加局部坐标系程序段,又可实现加工任意位置的球冠面。

为便于编制此类程序代码,对球冠面铣削的宏程序语句,小结口诀如下:变量赋值→判一判(WHILE 语句)→算一算(计算曲面的因变量圆截面半径)→走一走(刀具先走直线段移至本层加工深度,再走圆弧铣整圆)→变一变(自变量值递增或递减)→循环结束。

```
O8415;(程序号)
#1=45;(球半径)
#2=8;(立铣刀半径)
#3=20.611;(自变量#3 赋初值 20.611)
#5=40.311;(变量#5 赋值 40.311)
#11=0.1;(#11 表示变量#3 的每次增量为 0.1,其取值要与#3 总增量成整数倍关系)
G17 G21 G40 G49 G80;(程序初始化)
G91 G28 Z0;(刀具沿 Z 轴回零)
G54 G90 G00 X0 Y0 S600 M03;(建立 G54)
Z50;(刀具快速到 Z50)
X55 Y0;(刀具快速到下刀点,外轮廓下刀点设置在工件外面,保证刀具凌空处下刀)
Z5;(刀具快速到 R 点)
WHILE [#3LE#5] DO1;(当条件式成立时,循环继续)
#4=SQRT[#1 * #1-#3 * #3];(计算圆截面半径)
```

G01 X[#4+#2] Z[-#5+#3] F80;(刀具以 G01 方式进给至 F 点)
G02 I-[#4+#2];(刀具顺铣加工整圆)
#3=#3+#11;(变量#3 递增,增量#11=0.1)
END1;(循环结束)
G00Z200;(刀具抬刀至安全位置 Z200)
M30;(程序结束)

3. 圆周均布孔系钻削宏程序的设计

例 4-8 加工如图 4-24 所示的圆周均布孔系,已知工件材料为 45 钢,工艺路线是先用 A3 中心钻钻中心孔,再用 φ8 mm 钻头钻通孔。钻中心孔的切削用量:背吃刀量为 1.5 mm,转速为 1 500 r/mm,进给速度为 50 mm/min。钻通孔的切削用量:背吃刀量为 4 mm,转速为 800 r/min,进给速度为 80 mm/min。要求设计该零件的加工通用宏程序。

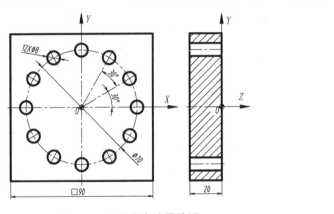

图 4-24 圆周均布孔零件图

本数控程序设计如下。

(1) 建立工件坐标系和编程模型。建立工件坐标系,如图 4-24 所示,工件零点在零件上表面。建立编程模型,如图 4-25 所示,在模型中该孔系的圆心坐标为 (X,Y),圆周直径为 D,第 1 个孔与 X 轴正向的夹角为 A,各孔间角度间隔为 B,孔数为 H,孔深为 Z,角度方向逆时针为正,顺时针为负。

(2) 设计走刀路线。设计的孔系加工走刀路线如图 4-25 所示,为 1→2→3…→H−1→H,逆时针依次加工各孔。

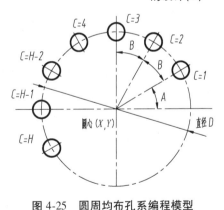

图 4-25 圆周均布孔系编程模型

(3) 确定基点坐标。根据图 4-25 所示几何关系,可确定自变量为孔序号 C,取值为 $[1,H]$,因变量为基点坐标,再由图 4-25 可推出,圆周上第 C 个孔中心的 X 轴坐标值为 $X+[D/2]\times COS[A+(C-1)\times B]$,$Y$ 轴坐标值为 $Y+[D/2]\times SIN[A+(C-1)\times B]$。

(4) 编写程序单。为便于宏程序编写和使用,自变量赋值如表 4-7 所示,编制的宏程序如 O8452 所示。

表 4-7 宏程序自变量地址和对应的局部变量关系

序号	自变量地址	参数含义	对应的局部变量
1	A	第 1 个孔的角度	#1
2	B	各孔间角度间隔 B	#2
3	D	圆周直径	#7
4	F	进给速度,单位:mm/min	#9
5	H	孔数	#11
6	R	固定循环 R 点	#18
7	X	孔系中心 X 坐标值	#24
8	Y	孔系中心 Y 坐标值	#25
9	Z	孔深,非绝对值	#26

O8452;(宏程序号)
#3=1;(变量赋值:孔序号变量置1,即从第1个孔开始)
WHILE[#3LE#11]DO 1;(判一判:当#6<=#11 时,循环1继续)
#4=#1+[#3-1]*#2;(算一算:第#3 个孔的角度)
#5=#24+[#7/2]*COS[#4];(算一算:计算第#3 个孔中心的 X 坐标值)
#6=#25+[#7/2]*SIN[#4];(算一算:计算第#3 个孔中心的 Y 坐标值)
G99 G81 X#5 Y#6 Z#26 R#18 F#9;(走一走:固定循环指令 G81 方式钻孔)
#3=#3+1;(变一变:孔序号变量增1)
END 1;(循环结束:循环1结束)
G80;(取消固定循环)
M99;(宏程序结束)

主程序通过 G65 非模态调用所编制的圆周均布孔系宏程序 O8452,即可实现该零件的孔系加工。经过对零件分析,加工本孔系钻中心孔自变量赋值:A30、B30、D70、F50、H12、R3、X0、Y0、Z-1.5,而钻通孔自变量赋值:A30、B30、D70、F80、H12、R3、X0、Y0、Z-22.5。至此,可编制该零件孔系加工主程序如 O4103 所示。

O4103;(主程序号)
N1 G17 G21 G40 G49 G15 G69 G80;(程序初始化)
G91 G28 Z0;(Z 轴从当前点回零)
T01 M06;(加工中心自动换1号刀具)
G54 G90 G00 X0 Y0 S1500 M03;(建立 G54)
G43 Z50 H01 M08;(刀具快速运动到 Z50)
G65 P8452 X0 Y0 Z-1.5 R3 F50 A30 B30 D70 H12;(调用宏程序,加工孔系各孔中心孔)
G00 Z50 M09;(切削液关)

G91G28Z0M05;(刀具沿Z轴回零)
M00;(手动换2号刀具)
T02 M06;(加工中心把M00改成T02 M06,自动换2号刀具)
N2 G54 G90 G00 X0 Y0 S800 M03;(建立G54)
G43 Z50 H02 M08;(刀具快速运动到Z50)
G65 P8452 X0 Y0 Z-22.5 R3 F80 A30 B30 D70 H12;(调用宏程序,钻孔系各通孔)
G00 Z50 M09;(切削液关)
G00 Z200 M05;(刀具快速到Z200)
M30;(主程序结束)

任务实施

一、平面数控铣削程序编制

具体的加工程序编制一般经过建立工件坐标系、设计走刀路线、确定基点坐标值和编写程序代码四个环节,下面进行平面加工程序的编制。

(一) 工件坐标系的建立

工件坐标系零点的确定一般考虑以下几点:① 编程原点确定在工件的设计基准上,即零件的对称中心;② 粗加工走刀路线尽量短,以缩短加工时间,精加工为保证加工质量,刀具切向切入/切出工件;③ 方便基点坐标计算;④ Z轴零点一般确定在工件的顶面或底面上。基于以上所述,本综合零件XY轴零点确定在工件的对称中心,Z轴零点在型腔零件的上平面,建立好的工件坐标系如图4-26所示。

(二) 平面加工走刀路线的设计和基点坐标的确定

走刀路线的设计和走刀路线基点坐标的确定是数控编程的关键工作之一,关系到数控编程质量、机床加工效率和零件的加工质量,走刀路线设计的依据是根据型腔零件的加工工艺,编写数控程序,可以说加工工艺的进一步细化,加工程序本身其实就是加工工艺。

1. 综合零件平面铣加工走刀路线的设计

平面铣削加工在工艺设计中已经确定选择$\phi 16$ mm的立铣刀,在XY平面内连续铣削走刀路线一般有单向不对称顺铣、单向不对称逆铣、Z字型双向行切。Z字型双向行切走刀路线一般用于平面的粗加工和半精加工,或精度要求不高的平面精加工,单向不对称顺铣一般用于工件的精加工,单向不对称逆铣一般用于工件表面的粗加工。本型腔平面精度要求一般,其粗加工和半精加工选择Z字型双向行切,设计的走刀路线为$B_1 \to B_2 \to B_3 \to \cdots\cdots \to B_{14}$,如图4-27所示。

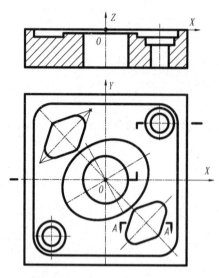

图 4-26　型腔零件的工件坐标系

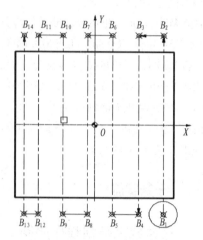

图 4-27　平面铣削走刀路线图

2. 基点坐标的确定

基点坐标是编程轨迹两线段相交或切点的坐标值,其确定方法一般有人工计算法和 CAD 查询法,人工计算法一般适用于零件比较简单的情况,这里采用软件 CAD 查询法,确定基点坐标过程如下:

(1) 使用 CAD 软件精确绘图。启动 AutoCAD 软件,新建文件,精确绘制零件平面外形和刀具加工走刀路线,如图 4-27 所示(比例为 1∶1)。

(2) 使用 UCS 命令使用户坐标系和编程坐标系原点重合。在 CAD 命令行窗口中录入"UCS"命令后,按"Enter"回车键,如图 4-28 所示。之后,CAD 软件下面命令行窗口即变为如图 4-29 所示的界面,此时录入"M"字母,按"Enter"回车键。此时 CAD 命令行窗口如图 4-30 所示。提示:要求指定新的原点,采用光标捕捉的方法,使得用户坐标系与编程坐标系原点重合,如图 4-31 所示。

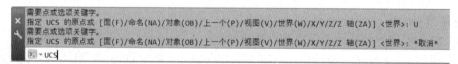

图 4-28　在 CAD 命令行窗口中录入"UCS"命令界面

图 4-29　在 CAD 命令行窗口中输入"M"命令界面

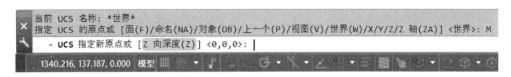

图 4-30　CAD 命令行窗口提示指定用户坐标系的新原点

（3）查询坐标值。选择"工具"→"查询"→"点坐标"命令，如图 4-32 所示，CAD 软件命令行窗口出现如图 4-33 所示的捕捉基点提示。如图 4-34 所示，捕捉 B_1 基点后，在命令行窗口中即可查询到 B_1 基点坐标值，如图 4-35 所示。

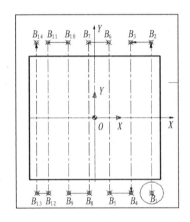

图 4-31　用户坐标系与编程坐标系原点重合　　图 4-32　选择"点坐标"命令

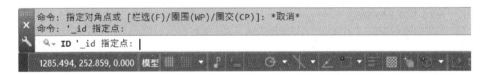

图 4-33　CAD 命令行窗口出现指定点提示

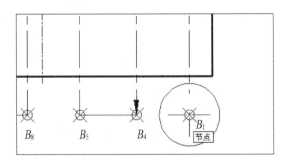

图 4-34　B_1 基点捕捉画面

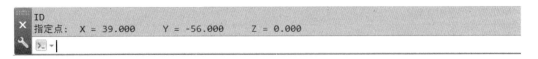

图 4-35　CAD 命令行窗口出现 B_1 基点坐标值

依据图 4-27 所述的走刀路线 $B_1 \to B_2 \to B_3 \to \cdots \to B_{14}$，逐点查询，即可得到 B_1、B_2、$B_3 \cdots B_{14}$ 的坐标值，此处不再重复。一般情况下坐标值小数点后保留 3 位有效数字，查询的各基点坐标值结果如下：$B_1(39,-56)$，$B_2(39,56)$，$B_3(25,56)$，$B_4(25,-56)$，$B_5(11,-56)$，$B_6(11,56)$，$B_7(-3,56)$，$B_8(-3,-56)$，$B_9(-17,-56)$，$B_{10}(-17,56)$，$B_{11}(-31,56)$，$B_{12}(-31,-56)$，$B_{13}(-40,-56)$，$B_{14}(-40,56)$。

根据上面确定的走刀路线、基点坐标值，编写的零件顶面、底面的数控铣削程序如表 4-8 所示。

表 4-8 零件顶面、底面的数控铣削程序

零件名称	综合零件	零件图号	M04	编制		日期	
程序号		O4301		ϕ16 mm 键槽铣刀			
程序段号		程序内容		程序说明			
	O4301;			平面铣加工数控程序			
N0010	G17 G21 G40 G49 G80;			数控程序初始化			
N0011	G91 G28 Z0;			刀具沿 Z 轴回参考点			
N0012	G90 G00 G54 X39 Y-56 S500 M03;			绝对坐标编程方式，建立工件坐标系，刀具沿 XY 平面快速至下刀点，主轴转速为 500 r/min，正转			
N0013	G43 Z50 H01;			刀具快速到安全平面，距离工件顶面 50 mm 处			
N0014	G01 Z5 F500 M08;			刀具沿 Z 轴进刀到参考点，切削液开			
N0015	G01 Z-2 F50;			刀具沿 Z 轴进给到切削深度 2 mm 处			
N0016	G01 X39 Y56 F60;						
N0017	X25 Y56;						
N0018	X25 Y-56;						
N0019	X11 Y-56;						
N0020	X11 Y56;						
N0021	X-3 Y56;			采用刀心编程，走刀路线采用 Z 字形双向行切法，行距为 14 mm			
N0022	X-3 Y-56;						
N0023	X-17 Y-56;						
N0024	X-17 Y56;						
N0025	X-31 Y56;						
N0026	X-31 Y-56;						
N0027	X-40 Y-56;						
N0028	X-40 Y56;						
N0029	G00 Z50 M09;			刀具沿 Z 轴快速至距离工件顶面 50 mm 处			
N0030	G91 G28 Z0 M05;			刀具沿 Z 轴回零			
N0031	M30;			程序结束			

二、钻中心孔及钻孔加工程序的编制

考虑基准统一原则,编程坐标系统仍采用图 4-26 中建立的编程坐标系。

(一)钻孔走刀路线和基点坐标的确定

确定孔加工的走刀路线:一是考虑刀具最短路线原则,减少空刀时间,提高加工效率;二是考虑孔系加工路线有可能由于机床传动系统上的原因,存在反向间隙误差,反向间隙会影响孔的位置精度。因此,设计的 $\phi 2.5$ 中心钻钻三个中心孔的走刀路线如图 4-36 所示,为 $P_1 \rightarrow P_2 \rightarrow P_3$,钻 $3-\phi 9.8$ mm 孔的走刀路线与钻中心孔相同。

孔中心位置的基点 P_1、P_2、P_3 坐标值,由零件图尺寸可知,P_1 基点坐标为 $(-30,-30)$、P_2 基点坐标为 $(0,0)$ 及 P_3 基点坐标为 $(30,30)$。

(二)钻中心孔及钻孔加工程序清单

由于这里孔加工为浅孔加工(一般长径比小于 5 为浅孔),为简化程序,采用固定循环 G81 指令,编写程序如表 4-9 所示,数控程序含义见程序段注释。

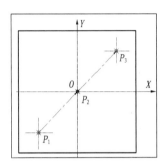

图 4-36 钻中心孔与钻孔的走刀路线

表 4-9 钻中心孔及钻孔加工程序清单

零件名称	综合零件	零件图号	M04	编制		日期	
程序号	O4302			刀具:$\phi 3$ mm 中心钻、钻头 $\phi 9.8$ mm			
程序段号		程序内容			程序注释		
	O4302;			程序名			
N0030	G17 G21 G40 G49 G80;			数控程序初始化			
N0031	G91 G28 Z0;			刀具沿 Z 轴回零			
N0032	G90 G00 G54 X-30 Y-30 S1500 M03;			绝对坐标编程,建立工件坐标系,刀具沿 XY 平面快速至 P_1 点,主轴转速为 1 500 r/min,正转			
N0033	G43 Z50 H02 M08;			刀具快速到安全平面,距离工件顶面 50 mm 处,刀具长度补偿号为 H02,打开切削液			
N0034	G99 G81 Z-1.5 R5 F50;			采用 G81 指令简化编程,钻第 1 个中心孔			
N0035	X-0 Y-0;			钻第 2 个中心孔			
N0036	G98 X30 Y30;			钻第 3 个中心孔			
N0037	G80 M09;			取消循环			
N0038	G91 G28 Z0 M05;			刀具沿 Z 轴回参考点			
N0039	M00;			程序暂停,手动换 $\phi 9.8$ mm 的钻头			
N0040	G90 G00 G54 X-30 Y-30 S700 M03;			建立 G54,刀具沿 XY 平面快速至 P_1 点,主轴转速为 700 r/min,正转			

续表

程序段号	程序内容	程序注释
N0041	G43 Z50 H03 M08;	刀具快速到安全平面,距离工件顶面 50 mm 处,刀具长度补偿号为 H03
N0042	G99 G81 Z-24 R5 F50;	采用 G81 简化编程,钻第 1 个 $\phi 9.8$ mm 的孔
N0043	X0 Y0;	钻第 2 个 $\phi 9.8$ mm 的孔
N0044	G98 X30 Y30;	钻第 3 个 $\phi 9.8$ mm 的孔
N0045	G80 M09;	取消循环
N0046	G91 G28 Z0 M05;	刀具沿 Z 坐标轴回参考点
N0047	M30;	程序结束

三、型腔内轮廓和斜椭圆凸台粗、精加工程序的编制

考虑基准统一原则,编程坐标系统仍采用图 4-26 中建立的编程坐标系。

(一) 走刀路线的设计

型腔加工分为区域余量加工和轮廓加工,由于本工件内腔较小,所选择的 $\phi 16$ 刀具,在内轮廓和斜椭圆凸台外轮廓粗加工时,即可把区域加工余量去掉,斜椭圆凸台顶面采用手动操作加工,所以,区域余量去除和斜椭圆凸台顶面不再单独编制加工程序。

为了简化程序编制,编制型腔内轮廓和椭圆岛屿外轮廓的粗、精加工程序,采用刀具半径补偿功能,它们的粗、精加工仅需改变刀具补偿值即可。轮廓走刀路线的组成为"刀具切入/切出路径+零件轮廓",重点是切入/切出路径的设计,切入/切出路径一般有径向切入/切出、切向切入/切出和混合切入/切出,考虑零件轮廓加工精度和简化编程,此处选择径向切入/切出路径设计。

刀具铣削轮廓侧面切削方式分为顺铣和逆铣,一般粗加工和硬皮材料选择逆铣,精加工选择顺铣。为使粗、精加工能用同一个加工程序,本次设计粗、精加工均选择顺铣,对应的刀具半径补偿指令为 G41 指令,使用 G41 指令刀具半径左补偿时,加工型腔内轮廓刀具轨迹为逆时针方向,加工斜椭圆凸台刀具轨迹为顺时针方向。

综上所述,设计的型腔内轮廓、斜椭圆凸台外轮廓走刀路线如图 4-37 所示,即方形内轮廓走刀路线为 $A_1 \to A_2 \to A_3 \to A_4 \to A_5 \to A_6 \to A_2 \to A_1$,斜椭圆凸台外轮廓走刀路线为 $E_1 \to E_2 \to E_2 \to E_1$。

(二) 基点坐标的确定

确定方形内轮廓走刀路线基点坐标的关键是下刀点 A_1 的坐标值,要考虑刀具半径 8 mm 和不要过切椭圆凸台,A_1 点的 Y 坐标为 A_2 点的 Y 坐标 40 减去刀具半径值 8,再加上 1 mm 的安全间隙,经计算为 31 mm,A_1 点的 X 坐标为 0。为简化编程和坐标计算,采用倒圆指令编程,因此,只要确定四个角基点的坐标值,通过计算确定各基点坐标为: $A_1(0,31)$、$A_2(0,40)$、$A_3(-$

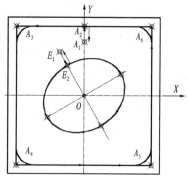

图 4-37 型腔内轮廓及斜椭圆凸台外轮廓走刀路线图

$40,40)$、$A_4(-40,-40)$、$A_5(40,-40)$、$A_6(40,40)$。

为简化斜椭圆凸台走刀路线基点坐标的计算,这里采用坐标旋转 G68/G69 指令编程,确定各基点的坐标为:$E_1(0,29)$、$E_2(0,20)$。由于数控系统没有椭圆插补指令,椭圆凸台编程是数控程序编制的难点所在,解决方法有自动编程和宏程序编程。自动编程过程烦琐,需要建模、参数设置及后处理等操作,且生成的程序冗长、可读性差、精度控制能力差及柔性差。宏程序编程是手工编程的最高境界,能克服自动编程的缺点,且程序具有短小精悍、智能的优点,能扩展数控机床的性能,解决非圆曲线轮廓、规则球面、斜面等典型表面的编程难题,因此,这里选择宏程序编制斜椭圆凸外轮廓的数控程序。

(三) 型腔内轮廓和斜椭圆凸台外轮廓程序的编制

为简化编程,在对椭圆凸台外轮廓进行编程时,采用坐标旋转 G68/G69 指令。椭圆凸台外轮廓是数控编程的难点,用折线逼近椭圆凸台外轮廓的关键是其节点坐标的计算,而宏程序恰好可以实现节点坐标的自动计算。为便于编程,设计的宏程序编程流程图如图 4-38 所示。

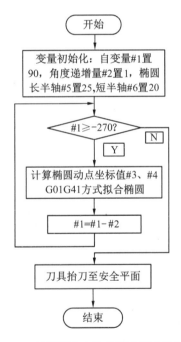

图 4-38 斜椭圆凸台外轮廓宏程序流程图

基于以上所述,编制的程序如表 4-10 所示,供参考。该程序只需修改切削用量即可用于精加工,当粗加工时,D01 设置为 8.3 mm,转速为 500 r/min,进给速度为 80 mm/min;当精加工时,理论上 D01 设置为刀具半径值 8 mm,实际加工中要根据测量结果进行修正,转速为 600 r/min,进给速度为 50 mm/min。

表 4-10 型腔内轮廓、斜椭圆凸台外轮廓粗加工程序单

零件名称	综合零件	图号	M04	编制		日期	
程序号	O4303			ϕ16 mm 键槽铣刀			
程序段号	程序内容			程序注释			
	O4303;			程序名			
N0051	G17 G21 G40 G49 G80;			程序初始化			
N0052	G91 G28 Z0;			刀具沿 Z 轴回零			
N0053	G90 G00 G54 X0 Y31 S500 M03;			绝对坐标编程,建立工件坐标系,刀具沿 XY 平面快速至 A_1 点,主轴转速为 500 r/min,正转			
N0054	G43 Z50 H01;			刀具快速到安全平面,距离工件顶面 50 mm 处,刀具长度补偿号为 H01			
N0055	Z5 M08;			切削液打开			
N0056	G01 Z-4 F15;			刀具沿 Z 轴进给至切削深度 4 mm 处			
N0057	G41 G01 X0 Y40 D01 F80;			建立刀具半径左补偿,补偿号为 D01,粗加工前设置该参数为 8.3 mm			
N0058	G01 X-40 Y40,R10;			使用倒圆 R 指令简化编程,执行刀具半径补偿功能加工零件内轮廓			
N0059	Y-40,R10;						
N0060	X40,R10;						
N0061	Y40,R10;						
N0062	X0;						
N0063	G40 G01 Y31 F100;			取消刀具半径补偿功能,刀具返回至下刀点			
N0064	G00 Z50;			刀具快速抬刀至工件顶面以上 50 mm 处			
N0065	G68 X0 Y0 R30;			坐标系以编程原点为中心旋转 30°			
N0066	G00 X0 Y29;			刀具快速至加工椭圆凸台轮廓下刀点 E_1			
N0067	Z5;			刀具快速至参考点			
N0068	G01 Z-4 F15;			刀具进给至切削深度,进给速度为 15 mm/min			
N0069	#1=90;			自变量赋初始值 90°			
N0070	#2=1;			角度递增值			
N0071	#5=25;			椭圆凸台长半轴赋值 25 mm			
N0072	#6=20;			椭圆凸台短半轴赋值 20 mm			

续表

程序段号	程序内容	程序注释
N0073	WHILE[#1GE-270]DO1;	斜椭圆凸台外轮廓加工循环,用折线逼近椭圆曲线
N0074	#3=#5*COS[#1];	
N0075	#4=#6*SIN[#1];	
N0076	G41 G01 X#3 Y#4 D01 F80;	
N0077	#1=#1-#2;	
N0078	END1;	
N0079	G01 G40 X0 Y29 F200;	取消刀具半径补偿
N0080	G00 Z50 M08;	刀具抬刀至Z50
N0081	G69 M05;	取消坐标系旋转
N0082	G00 Z200;	Z轴刀具快速到Z200 mm处
N0083	M30;	程序结束

四、铣孔加工程序的编制

考虑到基准统一原则,编程坐标系采用图4-26中建立的编程坐标系不变。

(一) $\phi25$ mm 通孔精加工走刀路线的设计

该孔已在前述工步钻至$\phi9.8$ mm,目的是改善铣刀的切削条件。该孔粗、精铣采用同一程序,粗加工时,只需改变精加工程序中的切削用量和刀具补偿值即可,故这里仅介绍该孔精铣程序的编制。精加工时为保证加工精度,切入/切出路径采用圆弧切入/切出整圆内轮廓,同时该孔深度较深,Z方向需要分层加工。设计的XY走刀路线如图4-39所示,即$O \to F_1 \to F_2 \to F_2 \to F_3 \to O$,设计的Z方向走刀路线如图4-40所示,共分为5层,每层的走刀路线均相同,故可采用子程序简化编程。

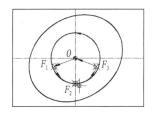
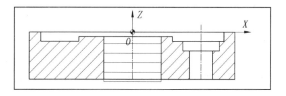

图4-39 铣孔XY走刀路线　　　　图4-40 铣孔Z方向走刀路线

(二) 基点坐标的确定

根据铣孔走刀路线图,通过CAD查询法确定的基点坐标为:$O(0,0)$、$F_1(-10.72,-4)$、$F_2(0,-12.5)$、$F_3(10.72,-4)$。

(三) $\phi25$ mm 通孔精加工程序的编制

由图4-39、图4-40的走刀路线和确定的基点坐标,采用主、子程序编制的数控程序如表4-11所示,供参考。

表 4-11 φ25 mm 通孔精加工程序

零件名称	综合零件	零件图号	M04	编制		日期	
程序号	主程序 O4304，子程序 O4601			φ16 mm 立铣刀			
程序段号	程序内容			程序注释			
	O4304;			主程序名			
N0090	G17 G21 G40 G49 G80;			数控程序初始化			
N0091	G91 G28 Z0;			刀具沿 Z 轴回零			
N0092	G90 G00 G54 X0 Y0 S600 M03;			绝对坐标编程，建立工件坐标系，刀具沿 XY 平面快速至 O 点，主轴转速为 600 r/min，正转			
N0093	G43 Z50 H01;			刀具快速到安全平面，即距离工件顶面 50 mm 处，刀具长度补偿号为 H01			
N0094	Z5 M08;			切削液打开			
N0095	G01 Z-1 F20;			刀具下降至顶面以下 1 mm 处			
N0096	M98 P4601 L5;			主程序调用子程序 5 次分层加工孔			
N0097	G00 Z50 M08;			刀具沿 Z 轴快速到 Z 坐标值 50 mm 处			
N0098	G91 G28 Z0 M05;			刀具沿 Z 轴回零			
N0099	M30;			主程序结束			
	O4601;			子程序名			
N0100	G91 G01 Z-4 F15;			刀具沿 Z 轴每层增量进给切削深度			
N0101	G90 G41 G01 X-10.72 Y-4 D01 F50;			建立刀具半径左补偿			
N0102	G03 X0 Y-12.5 R11;			刀具圆弧切向切入整圆内轮廓			
N0103	G03 I0 J12.5;			整圆编程采用 IJ 方式编程			
N0104	G03 X10.72 Y-4 R11;			刀具圆弧切向切出整圆轮廓			
N0105	G40 G01 X0 Y0 F120;			取消刀具半径左补偿			
N0106	M99;			子程序结束			

五、沉孔和菱形槽加工程序的编制

（一）沉孔和菱形槽走刀路线的确定

直径 φ18 mm 沉孔加工精度要求不高，为简化编程，沉孔整圆走刀路线的切入/切出路径确定采用径向切入/切出的方式，确定的沉孔走刀路线如图 4-41 所示，为 $E_1 \to E_2 \to E_2 \to E_1$。菱形槽数控编程比较复杂，为简化编程和计算基点坐标，确定采用坐标系旋转指令和子程序进行数控铣削加工编程，确定旋转前的走刀路线，如图 4-42 所示，为 $H_1 \to H_2 \to H_3 \to H_4 \to H_5 \to H_6 \to H_2 \to H_1$。

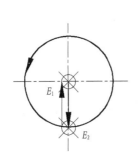
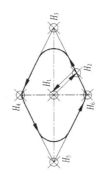

图 4-41 铣沉孔走刀路线图　　图 4-42 菱形槽走刀路线图

(二) 基点坐标的确定

1. 沉孔走刀路线基点坐标的确定

由零件图可知,第 I 象限内沉孔中心的绝对坐标 E_1 为 (30,30),第 III 象限内沉孔中心的绝对坐标 E_2 为 (-30,-30),为简化编程,采用子程序进行编程,为了使孔形状与孔位置无关,子程序 XY 需采用增量编程,$E_1 \to E_2$ 基点增量坐标为 $E_2(0,-9)$,加工整圆 $E_2 \to E_2$ 基点增量坐标为 $E_2(0,0)$,$E_2 \to E_1$ 基点增量坐标为 $E_1(0,9)$。

2. 菱形槽走刀路线基点坐标的确定

为简化编程,采用子程序、坐标旋转和倒圆指令进行编程,为使菱形槽形状与其位置无关,子程序 XY 需采用增量编程。为便于确定基点坐标和防止过切,H_2 取菱形边的中点,采用计算法,确定坐标旋转后的菱形槽走刀路线上基点坐标为:绝对坐标 $H_1(32,0)$;增量坐标 $H_2(5,10)$、$H_3(-5,10)$、$H_4(-10,-20)$、$H_5(10,-20)$、$H_6(10,20)$、$H_2(-5,10)$、$H_1(-5,-10)$。

注意: H_2 点不能取在菱形槽的角落,否则零件会被过切。

基于以上所述,编写沉孔及菱形槽加工程序,如表 4-12 所示,供参考。

表 4-12　沉孔及菱形槽加工程序单

零件名称	综合零件	零件图号		编制		日期	
程序编号	O4305			$\phi 8\ mm$ 键槽铣刀			
程序段号	程序内容			程序注释			
	O4305;			主程序名			
N0110	G17 G21 G40 G49 G80;			数控程序初始化			
N0111	G91 G28 Z0;			刀具沿 Z 轴回零			
N0112	G90 G00 G54 X30 Y30 S1000 M03;			建立 G54,刀具快速至第 1 沉孔位置,主轴转速为 1 000 r/min,正转			
N0113	G43 Z50 H04 M08;			刀具快速到安全平面,即距离工件顶面 50 mm 处,刀具长度补偿号为 H04			

续表

程序段号	程序内容	程序注释
N0114	M98 P4602;	调用子程序 O4602
N0115	G90 G00 Z50;	刀具快速抬刀 50 mm
N0116	G00 X-30 Y-30;	刀具快速定位至第 2 个沉孔中心位置
N0117	M98 P4602;	调用子程序 O4602
N0118	G90 G00 Z50;	两沉孔加工完毕。刀具快速抬刀 50 mm
N0119	G68 X0 Y0 R-45;	工件坐标系旋转-45°
N0120	M98 P4603;	调用子程序 O4604,加工第 1 个菱形槽
N0121	G68 X0 Y0 R135;	工件坐标系旋转 135°
N0122	M98 P4603;	调用子程序 O4603,加工第 2 个菱形槽
N0123	G69 M08;	取消工件坐标系旋转
N0124	G00 Z300 M05;	刀具沿 Z 轴快速到 Z300 mm 处
N0125	M30;	主程序结束
N0126	O4602;	铣沉孔子程序
N0127	Z5 M08;	刀具至参考点 5 mm 处,切削液打开
N0128	G01 Z-8 F15;	刀具沿 Z 轴进给至切削深度 8 mm
N0129	G91 G41 G01 X0 Y-9 D03 F40;	采用增量编程,建立刀具半径左补偿
N0130	G03 I0 J9;	整圆采用 IJ 方式编程
N0131	G40 G01 X0 Y9 F120;	取消刀具半径左补偿功能
N0132	M99;	子程序结束
N0133	O4603;	铣菱形槽子程序
N0134	G00 X32 Y0;	刀具快速定位至下刀点(32,0)
N0135	G01 Z2 F200;	刀具下降至参考点 Z2 mm 处
N0136	G01 Z-6 F15;	刀具切削进给至切削深度-6 mm
N0137	G91 G41 G01 X5 Y10 D03 F50;	建立刀具半径左补偿,刀具直线切削进给至 H_2 点
N0138	G01 X-5 Y10;	刀具切削进给至 H_3 点
N0139	G01 X-10 Y-20;	刀具切削进给至 H_4 点
N0140	G01 X10 Y-20;	刀具切削进给至 H_5 点
N0141	G01 X10 Y20;	刀具切削进给至 H_6 点
N0142	G01 X-5 Y10;	刀具切削进给至 H_2 点
N0143	G40 G01 X-5 Y-10 F120;	刀具从 H_2 点切削进给至 H_1 下刀点,取消刀具半径左补偿
N0144	G90 G00 Z50;	刀具抬刀 50 mm
N0145	M99;	子程序结束

六、铰孔程序的编制

考虑到基准统一原则,编程坐标系不变。

(一) 走刀路线的设计

铰孔加工属于点位加工,确定的走刀路线如图 4-43 所示,为 $M_1 \to M_2$。

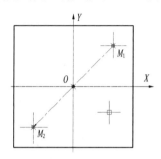

图 4-43 铰孔走刀路线图

(二) 基点坐标的确定和程序的编制

由零件图尺寸,可确定基点坐标为:$M_1(30,30)$、$M_2(-30,-30)$。采用 G85 指令编制的程序如表 4-13 所示,供参考。

表 4-13 铰孔加工程序清单

零件名称	综合零件	零件图号	M04	编制		日期	
程序编号	O6006			φ10 mm 铰刀			
程序段号		程序内容			程序注释		
	O4306;			程序名			
N0150	G17 G21 G40 G49 G80;			程序初始化			
N0151	G91 G28 Z0;			刀具沿 Z 轴回零			
N0152	G90 G00 G54 X30 Y30 S180 M03;			绝对坐标编程,建立工件坐标系,刀具 XY 平面快速至第 1 孔位置,主轴转速为 180 r/min,正转			
N0153	G43 Z50 H05 M08;			刀具快速到安全平面,即距离工件顶面 50 mm 处,刀具长度补偿号为 H05			
N0154	G99 G85 Z-22 R5 F20;			固定循环指令 G85 铰孔加工			
N0155	G98 X-30 Y-30;			铰第 2 个孔			
N0156	G80 M09;			取消固定循环指令			
N0157	G91 G28 Z0 M05;			刀具沿 Z 轴回零			
N0158	M30;			程序结束			

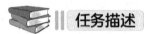 **任务小结**

本任务主要介绍了坐标变换指令和宏程序基本理论知识,重点应掌握局部坐标系指令、坐标旋转指令和宏程序的应用。坐标变换指令在数控手工编程时可以简化编程,宏程序在数控手工编程中占有重要位置,对于非圆曲线轮廓和规则曲面可以采用宏程序编程,当然,也可以采用自动编程。根据所设计的工艺,综合运用所学的数控编程知识编制综合零件的数控程序。

任务 4.3 综合零件的实际加工

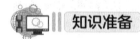 **任务描述**

操作数控铣床,运行任务 4.2 中编制的程序,完成该综合零件的实际加工。

知识准备

与项目 1 中任务 1.5、1.6 相同。

 **任务实施**

以小组为单位,每组 3~4 名学生,组内成员逐个练习 1~2 遍,实施过程如下。

一、综合零件的加工准备

1. 校验数控加工程序

前面已经将该综合零件各工序的加工程序编制好了,下面要将编制的程序录入数控铣床,在录入过程中要认真仔细,避免出现错误。在录入数控铣床程序后,即可校验程序的正确性,在校验程序时,要切记按下机床面板上的锁住键和空运行键,检验图形走刀模拟轨迹和程序语法是否正确,如发现错误,要仔细检查并修改,直至没有错误为止。在校验程序时遇到最大的问题就是刀具半径补偿问题。

2. 准备刀具、量具和工具

根据确定的工艺卡片,准备好ϕ2.5 mm 中心钻,ϕ16 mm 键槽铣刀,ϕ9.8 mm 的直柄钻头,ϕ8 mm 的键槽铣刀和ϕ10 mm 的铰刀,准备好相应的弹簧夹和刀柄,并安装好。量具主要是准备好游标卡尺和内测千分尺。夹具采用数控车间机床上的平口钳。

3. 准备毛坯

准备好尺寸为 95 mm×95 mm×25 mm 的毛坯。

二、综合零件的实际加工

1. 铣工件底面

（1）装夹工件。先将平口钳放到数控铣床工作台上，用螺栓预紧平口钳，并使用百分表找正平口钳后夹紧。再以工件顶面为粗基准限制 3 个自由度，以工件后侧面为粗基准限制 2 个自由度，装夹工件，并保证工件露出钳口顶面安全距离。

（2）装夹刀具。将 $\phi 16$ mm 的键槽铣刀安装刀数控铣床主轴上，安装时注意刀柄上的槽与主轴上的键对齐。

（3）对刀操作。对刀实际上是确定工件坐标系与机床坐标系之间的关系，即刀位点与工件原点重合时，刀位点在机床坐标系里的坐标值，对刀也就是要寻找 x、y、z 这三个坐标值。同时在对刀前要确认已经建立了机床坐标系，即数控铣床进行了正确回零。

（4）调出校验好的铣平面加工程序。

（5）运行程序，首件试切削加工底面。

在首次运行程序时，要千万注意观察刀具与工件之间的相对位置，看与程序编制的是否一致，发现异常，果断停机。

2. 手动铣工件 4 个侧面

以已加工的工件底面与固定钳口接触，顺次装夹工件手动铣削工件的后侧面、前侧面、左侧面和右侧面，保证对边平行、邻边垂直和 90 mm×90 mm 的尺寸要求。

3. 铣工件顶面

步骤同铣工件底面，操作也一样，通过加工保证工件的高度尺寸 20 mm。

其他工步操作方法、步骤与上述铣平面一样，只是繁简不同而已，这里不再重复了。最终加工的零件如图 4-44 所示。

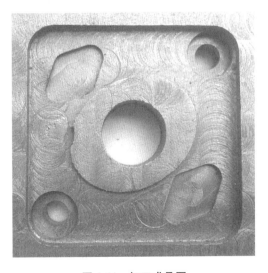

图 4-44 加工成品图

三、加工质量分析

综合零件加工完成后，用游标卡尺、粗糙度标尺、内径千分尺、半径规等量具，对综合零件按零件图逐项测量，尺寸精度基本合格，个别超差的尺寸通过修改刀具半径补偿值重新加工进行修正。从刀具对刀误操作将刀尖碰伤，导致表面粗糙度均不合格，可以看出，刀具对零件加工质量有着至关重要的作用。

任务小结

本任务主要是学习机床实操加工综合零件，依次训练综合零件程序的编辑与校验、工件与刀具的装夹、对刀、自动加工/单段运行、尺寸精度控制及工件检验等操作，其中重、难点是对刀操作。通过综合零件的操作加工，熟练掌握数控铣床的基本操作，积累加工经验知识。

思考与训练

一、选择题

1. 通常采用球头铣刀加工比较光滑的曲面，表面加工质量不会很高。这是由（　　）造成的。
  A. 步距太小　　　　　B. 行距不够密　　　　C. 球刀刀刃不太锋利

2. 用球头铣刀加工曲面时，降低残留高度的方法是（　　）。
  A. 加大球刀半径和减小行距　　　　B. 加大球刀半径和加大行距
  C. 减小球刀半径和减小行距　　　　D. 减小球刀半径和加大行距

3. 在工件坐标系里建立局部坐标系的指令是（　　）。
  A. G52　　　　　B. G53　　　　　C. G92　　　　　D. G54.1

4. FANUC 0i 系统中，程序段 G51 X0 Y0 P2000 中，P 地址的含义是（　　）。
  A. 缩放比例　　　B. 子程序号　　　C. 循环参数　　　D. 暂停时间

5. G17 G68 X_Y_R_ 中的地址 R 表示（　　）。
  A. 旋转半径　　　B. 旋转角度　　　C. 缩放倍数　　　D. 半径

6. 在自变量赋值方法Ⅰ中，与字母 A 对应的变量是（　　）。
  A. #3　　　　　　B. #2　　　　　　C. #1　　　　　　D. #25

7. IF［#1LT#2］GOTO 100 表示的意义是（　　）。
  A. 如果#1＝#2，则执行 N100　　　　B. 如果#1≥#2，则执行下一个程序段
  C. 如果#1＞#2，则执行 N100　　　　D. 如果#1＜#2，则执行 N100

8. 宏程序非模态调用指令 G65 P<p>L<l><自变量赋值>中，p 表示（　　）。
  A. 调用次数　　　　　　　　　　　B. 传递给宏程序的数据
  C. 自变量　　　　　　　　　　　　D. 要调用的宏程序号

9. 在宏程序运算指令中,#1 = SQRT[#2]代表的意义是(　　)。
A. 数列　　　　　　B. 求平方根　　　　　C. 矩阵　　　　　　D. 求商
10. 用户宏程序的结尾用(　　)返回主程序。
A. M02　　　　　　B. M30　　　　　　　C. M99　　　　　　D. M00

二、判断题

1. 宏程序最大的特点是使用变量。（　　）
2. G65是非模态调用宏程序的指令。（　　）
3. "#1 = #2"表示1号变量与2号变量大小相等。（　　）
4. B类宏程序的运算指令中SIN、COS等函数的角度单位是度,分和秒要换算为带小数点的度。（　　）
5. 当型循环语句"WHILE [条件式] DO n"中的"n"表示执行循环体的次数。（　　）
6. 在自变量赋值方法Ⅰ中,与字母C对应的变量是#2。（　　）
7. 在宏程序运算指令中,形式为"#i = #j * #k"代表的意义是乘积。（　　）
8. 表达式"#1 = #1 + 1"是一个错误的宏程序语句。（　　）
9. "#1GE#3"表示#1大于、等于#3。（　　）
10. 用直线段或圆弧段拟合非圆曲线,拟合线段与被加工曲线的交点称为基点。（　　）

三、项目训练题

如图4-45至图4-48所示为综合零件图,已知材料为45钢,毛坯比零件长、宽、高尺寸分别大5 mm。要求设计其数控加工工艺,编制数控程序,并操作数控铣床完成零件加工。

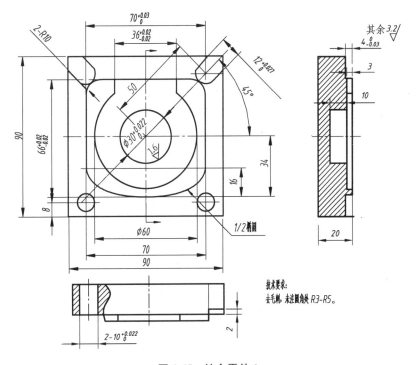

图 4-45　综合零件1

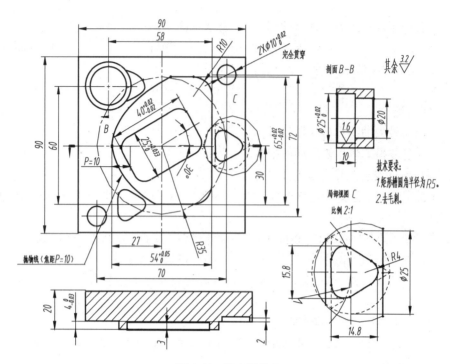

图 4-46 综合零件 2

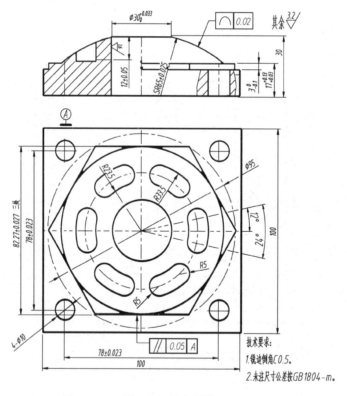

图 4-47 综合零件 3

项目 4 综合零件的数控加工工艺设计与编程

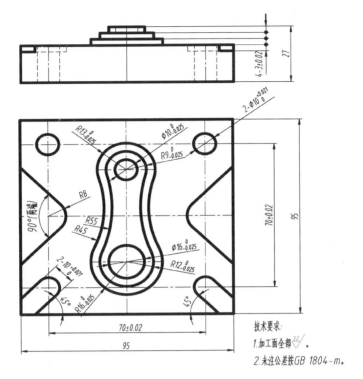

图 4-48 综合零件 4

考核评价

本项目评价内容包括基础知识与技能评价、学习过程与方法评价、团队协作能力评价和工作态度评价。评价方式包括学生自评、小组互评和教师评价。具体见表 4-14，供参考。

表 4-14 考核评价表

姓名		学号			班级		时间	
考核项目	考核内容	考核要求	分值	小计	学生自评 30%	小组互评 30%	教师评价 40%
基础知识与技能评价	工艺文件	合理设计综合零件的工艺	10	40			
	数控程序	独立编制综合零件的程序	10				
	机床操作	熟练操作机床，加工出零件	10				
	安全文明生产	机床操作规范，工量具摆放整齐，着装规范，举止文明	10				
学习过程与方法评价	各阶段学习状况	严肃、认真，保质保量按时完成每个阶段的学习任务	15	30			
	学习方法	掌握正确有效的学习方法	15				

续表

考核项目	考核内容	考核要求	分值	小计	学生自评 30%	小组互评 30%	教师评价 40%
团队协作能力评价	团队意识	具有较强的协作意识	10	20			
	团队配合状况	积极配合团队成员共同完成工作任务,为他人提供帮助,能虚心接受他人的意见,乐于贡献自己的聪明才智	10				
工作态度评价	纪律性	严格遵守学校和实训室的各项规章制度,不迟到、不早退、不无故缺勤	5	10			
	责任性、主动性与进取心	具有较强的责任感,不推诿、不懈怠;主动完成各项学习任务,并能积极提出改进意见;对学习充满热情和自信,积极提升综合能力与素养	5				
合计							
教师评语					得分		
					教师签名		

项目 5　阶梯轴零件的数控加工工艺设计与编程

1. 能力目标
（1）根据给定零件图，能够正确、合理设计阶梯轴零件的数控加工工艺。
（2）根据阶梯轴零件的数控加工工艺，能够编制阶梯轴零件的数控程序。
（3）能严格遵守数控车床安全操作规程，操作数控车床，加工出合格的阶梯轴零件。

2. 知识目标
（1）了解 FANUC 0i 数控车床结构、参数与面板的基本知识。
（2）掌握 FANUC 0i 数控车床安全操作规程知识。
（3）掌握 FANUC 0i 数控车床开关机、回零、手动操作、MDI 运行、程序编辑与校验、对刀及自动加工等操作知识。
（4）掌握数控车床及其加工工艺基本知识。
（5）掌握数控车床的坐标系。
（6）掌握数控车削基本编程指令和单一固定循环指令（F、S、T、G00、G01、G04、G50、G28 和 G90、G94）。
（7）掌握阶梯轴零件的数控车削工艺设计方法和手工编程方法。

使用数控车床加工零件，一般来说都需要经过三个主要环节，即数控加工工艺设计、编制加工程序、实际操作机床加工。本项目主要学习阶梯轴零件的数控加工工艺设计和数控程序编制，并完成零件的加工。

任务 5.1　认识数控车床

熟悉数控车床的安全操作规程、结构、技术参数和面板上各按钮的功能。

一、数控车床的基础知识

(一) 数控车床的分类

1. 按车床主轴的配置形式分类

(1) 卧式数控车床。机床主轴轴线处于水平位置的数控车床为卧式数控车床。卧式数控车床又分为水平床身卧式数控车床和倾斜床身卧式数控车床。倾斜导轨结构可以使车床具有更大的刚性,并易于排除切屑。本书以卧式数控车床为例。

(2) 立式数控车床。机床主轴轴线垂直于水平面的数控车床为立式数控车床。立式数控车床有单柱立式数控车床和双柱立式数控车床两种。主要用于加工径向尺寸大、轴向尺寸相对较小的大型盘类零件。

2. 按数控系统的功能分类

(1) 经济型数控机床。一般采用步进电动机驱动的开环伺服系统,具有 CR 显示、程序存储、程序编辑等功能,加工精度较低,功能较为简单。这种车床的机械部分多是在普通车床的基础上改进的。

(2) 普通数控车床。较高档次的数控车床,具有刀尖圆弧半径自动补偿、恒线速度控制、倒角、固定循环、螺纹切削、图形显示、用户宏程序等功能,加工能力强,适宜于加工精度高、形状复杂、循环周期长、品种多变的单件或中小批量零件的加工。

(3) 车削加工中心。车削加工中心具有附加动力刀架和主轴分度机构,有一套自动换刀装置,实现多工序连续加工,除车削外,还可以在零件的内外表面和端面铣平面、凸轮、各种键槽或钻、铰、攻丝等的加工,在一台加工中心上可实现原来多台数控机床才能实现的加工功能。

3. 按数控系统分类

目前企业常用数控系统有 FANUC 数控系统、SIEMENS 数控系统、华中数控系统、广州数控系统等,每一种又有多种型号。本书以 FANUC 0i Mate-TC 为例。

(二) 数控车床的结构及技术参数

数控车床又称 CNC 车床,即采用计算机数字控制的车床。它是当今国内外使用量较大的一种数控机床,主要用于回转体零件的加工。一般能自动完成内外圆柱面、内外圆锥面、复杂回转内外曲面、圆柱圆锥螺纹等表面的切削加工,可进行车槽、钻孔、车孔、扩孔、铰孔、攻螺纹等工作。

数控车床的外形如图 5-1 所示。它主要由床身、主轴箱、床鞍、尾座、刀架、液压系统、润滑系统及数控系统等组成。

项目 5　阶梯轴零件的数控加工工艺设计与编程

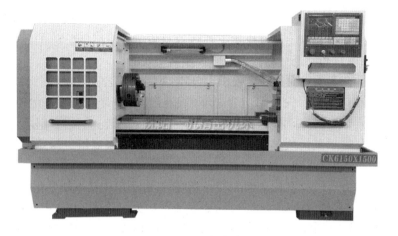

数控车床的基础知识

图 5-1　数控车床外形

数控车床的技术参数反映了车床的性能和适用范围。数控车床主要技术参数有床身与刀架最大回转直径、最大切削长度、最大车削直径等。表 5-1 所列为 CK6150 型数控车床的主要技术参数。

表 5-1　CAK6150 数控车床的主要技术参数

项目	参数	项目	参数
机床型号	CK6150DJ	刀架的最大 X 方向行程	250 mm
数控系统	FANUC 0i mate-TC	刀架的最大 Z 方向行程	890 mm
最大工件回转直径	ϕ500 mm	主轴电动机功率	11 kW
最大切削直径	ϕ300 mm	X 轴电动机功率	1.2 kW
最大切削长度	ϕ850 mm	Z 轴电动机功率	1.2 kW
滑板上最大切削直径	ϕ280 mm	主轴转速范围	22~220/71~710/215~200 r/min
主轴通孔直径	ϕ70 mm	主轴转速级数	3 挡、无级变速
刀架工位数	4	X、Z 轴最大移动速度	20 m/min
刀架转位时间	3 s	主轴前端锥孔锥度	1 : 20

（三）CNC 装置的主要功能

CNC 装置的功能通常包括基本功能和选择功能，选择功能是供用户根据机床特点和用途进行选择的功能。CNC 装置的功能主要反映在准备功能 G 指令代码和辅助功能指令代码上。

1. 主轴功能

主轴功能除了对车床进行无级调速外，还具有同步进给控制、恒线速度控制及最高转速控制等功能。

（1）同步进给速度。在加工螺纹时，主轴的旋转与进给速度运动必须保持一定的同步关系。例如,车削等螺距螺纹时,主轴每旋转一周,其进给运动方向(Z 或 X)必须严格位移一个螺距或导程。其控制方法是通过检测主轴转数及角位移原点(起点)的元件(如主轴脉冲发生器)与控制装置相互进行脉冲信号的传递而实现的。

(2) 恒线速度控制。在车削表面粗糙度要求十分均匀的半径表面(如端面、圆锥面及任意曲线构成的旋转面)时,车刀刀尖处的切削速度(线速度)必须随着刀尖所处直径的不同位置而相应地自动调整变化。该功能由 G96 指令控制其主轴转速,按所规定的恒线速度值运行,如 G96 S200 表示其恒线速度为 200 m/min。当需要恢复恒定转速时,可用 G97 指令对其注销。例如,G97 S1200,表示主轴转速为 1 200 r/min。

(3) 最高转速控制。当采用 G96 指令加工变径表面时,由于刀尖在不断变化,当刀尖接近工件轴线(中心)位置时,因其直径接近零,线速度又规定为恒定值,主轴转速将会急剧升高。为预防主轴转速过高而发生事故,该系统则规定可用 G50 指令限定其恒线速度运动中的最高转速。例如,G50 S2000,表示主轴最高转速为 1 200 r/min。

2. 多坐标控制功能

控制轴数是指控制系统最多可以控制多少个坐标轴,其中包括平动坐标轴和回转坐标轴。基本平动坐标轴是 X、Y、Z 轴,基本回转坐标轴是 A、B、C 轴。联动轴数是指数控系统最多可以同时控制多少个坐标方向的运动。联动轴数小于或等于控制轴数,例如,某机床控制轴数为 5,而联动轴数为 4。

3. 自动返回参考点功能

系统规定刀具从当前位置快速返回至参考位置的功能,其中指令为 G28。该功能既适用于单坐标轴返回,又适用于 X 和 Z 两个坐标轴同时返回。

4. 螺纹车削功能

螺纹车削功能可控制完成各种等螺距螺纹的加工,如圆柱(右、左旋)、圆锥及端面螺纹等。

5. 辅助编程功能

除基本的编程功能外,数控系统通常还具有固定循环、子程序、宏程序等编程功能。

6. 插补功能

CNC 装置是通过软件进行插补计算的,构成控制系统的实时性很强,计算速度很难满足数控车床对进给速度和分辨率的要求。实际的 CNC 装置插补功能被分为粗插补和精插补。

进行轮廓加工的零件的形状,大部分是由直线和圆弧构成的,有的是由更复杂的曲线构成的,因此有直线插补、圆弧插补、抛物线插补、极坐标插补、螺旋线插补、样条曲线插补等。实现插补运算的方法有逐点比较法和数字积分法等。

7. 辅助功能

辅助功能是数控加工中不可缺少的辅助操作,用地址 M 和它后续的数字表示。在 ISO 标准中,可用 M00~M99 表示,共 100 种。辅助功能用来规定主轴的启动、停止,冷却液的开与关等。

8. 刀具功能

刀具功能用地址 T 和它后续的数值表示。刀具功能一般和辅助功能一起使用。

9. 补偿功能

加工过程中由于刀具磨损或更换刀具,以及机械传动的丝杠螺距误差和反向间隙,将使实际加工出的零件尺寸与程序规定的尺寸不一致,造成加工误差。因此,数控车床 CNC 装置设计了补偿功能,它可以把刀具磨损、刀具半径的补偿量、丝杠的螺距误差和反向间隙误差的补偿量输入 CNC 装置的存储器,按补偿量重新计算刀具的运动轨迹和坐标尺寸,从而加工出符合要求的零件。

10. 图像显示功能

一般的数控系统都有 LED 显示器,可以显示字符和图形、人机对话、自行诊断等,能动态显示刀具轨迹。

11. 自诊断功能

现代数控系统具有人工智能的故障诊断系统,可以用来实现对整个加工过程的监视,诊断数控系统的故障,并及时报警。

12. 通信功能

数控系统一般都配有 RS-232C 或 RS-422 远距离串行接口,可以按照用户的严格要求,与同一级计算机进行多种数据交换。现代数控系统大都具有制造自动化协议(MAP)接口,并采用光缆通信,提高数据传送的速度和可靠性。

(四) 数控车床操作面板功能

1. 数控系统面板

FANUC 0i 数控车床的系统面板如图 5-2 所示,由显示器和键盘组成,显示器用于显示数控加工程序、参数、刀具当前位置、报警、刀具运动轨迹、运行时间等。按键盘上的键,可以进行程序输入及编辑、参数设置等操作。数控车床的 MDI 键盘布局和各键的功能与数控铣床基本一致,分别是任务 1.1 中的图 1-11 和表 1-3,此处不再重复。

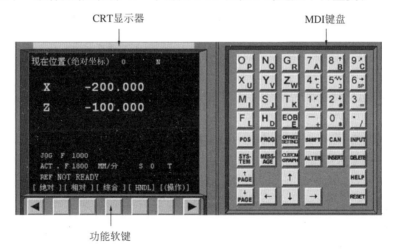

图 5-2　FANUC 0i 数控系统面板

2. 数控车床操作面板

数控车床操作面板如图 5-3 所示,大部分位于数控车床控制面板的下方,主要用于控制机床的运动状态,由模式选择按钮、运行控制开关等多个部分组成,各主要按钮的功能与数控铣床基本一致,见任务 1.1 部分,这里不再介绍。

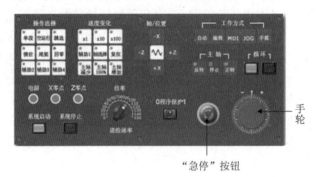

图 5-3　数控车床操作面板

二、数控车床安全操作规程

数控车床安全操作规程如下。

(1) 任何人员未经设备管理人员允许,不得开动车床。任何人员使用数控车床时,必须遵守本操作规程。在工作场地内禁止大声喧哗、嬉戏追逐,禁止吸烟,禁止从事一些未经管理人员同意的工作,不得随意触摸、启动各种开关。

(2) 数控车床的编程、操作和维修人员必须经过专门的技术培训,熟悉所用数控车床的使用环境、条件和工作参数等,严格按车床和数控装置使用说明书要求,正确、合理地操作机床。

(3) 操作数控车床时必须按要求穿戴劳保用品,不得穿短裤、拖鞋;女生禁止穿裙子,长头发要盘在合适的帽子里;操作数控车床时,禁止戴手套,并且不能穿过于宽松的衣服。

(4) 使用数控车床前必须先检查电源连接线、控制线及电源。不得欠过压、缺相、频率不符。

(5) 任何人员不得更改数控装置内部制造厂设定的参数。

(6) 在操作数控车床时严禁打开电气柜的门。

(7) 开机前,应熟悉数控车床的传动系统和各手柄的功用,并检查变换手柄是否在所要求的位置。

(8) 开机后,应先检查系统显示、车床润滑系统是否正常;空运行 10~20 min 后,进行各轴的返车床参考点操作,然后进入其他运行方式,以确保各轴坐标的正确性。

(9) 操纵控制面板上的各种功能按钮时,一定要辨别清楚并确认无误后才能进行操作,不要盲目操作。在关机前应关闭车床面板上的各功能开关(如转速、冷却开关)。

(10) 在操作加工前,应检查工件毛坯、刀具是否装夹牢固。手动操作时,设置进给速度宜在 1 500 mm/min 以内,一边操作,一边要注意拖板移动的情况。换刀时,必须先将刀架移动至换刀安全位置再换刀。

(11) 加工程序编制完成后,必须先模拟运行程序,待程序校验准确无误后,再启动数控车床加工。

(12) 数控车床工作时,操作者不能离开数控车床,当程序出错或数控车床性能不稳定时,应立即关机,消除故障后方能重新开机操作。

(13) 开动数控车床时应关闭防护罩,加工过程中严禁开启防护罩,以免发生意外事故。主轴未完全停止前,禁止触摸工件、刀具或主轴。触摸工件、刀具或主轴时要注意是否烫手,小心灼伤。

(14) 在操作范围内,应把刀具、工具、量具、材料等物品放在工具柜上,数控车床上不应放任何杂物。

(15) 设备空运行时,应让卡盘、卡爪夹持一工件,负载运转。禁止卡爪张开过大和空载运行。空载运行容易使卡盘、卡爪飞出伤人。

(16) 在数控车床上实操时,只允许一名操作员单独操作,其余非操作的人员应离开工作区。实操时,同组人员要注意工作场所的环境,互相关照,互相提醒,防止发生人员或设备的安全事故。

(17) 任何人在使用设备时,都应把刀具、工具、量具、材料等物品整理好,并做好设备清洁和日常设备维护工作。

(18) 加工过程中,如出现异常危急情况,应及时按下"急停"按钮,以确保人身和设备的安全。

(19) 数控车床出现故障时,应立即切断电源,立即上报并做好相关记录,勿带故障操作和擅自处理。操作者要注意保留现场,并向维修人员如实说明事故发生前后的情况,以利于分析和查找事故原因。

(20) 保持工作环境的清洁,每天下班前 10 min,要清理工作场所,必须做好当天的设备检查记录。

(21) 要认真填写数控车床的工作日志,做好交接工作,消除事故隐患。

(22) 下班前要清除切屑,擦净数控车床,拖板退到床尾一端,按下"急停"按钮,关闭 CNC 装置电源,关闭数控车床总电源。

任务实施

(1) 先由指导教师选取数控加工车间的一台数控车床,简要说明其组成结构、每部分的作用及数控车床加工零件的过程;再引导学生通过个人自学、小组讨论等方式,对本组负责的数控车床的基本结构(包括性能参数、工艺范围等)、每个组成部分的作用及数控车床加工零件的过程等进行学习,同时教师以随机提问等方式,检查学员的学习效果。

(2) 先由指导教师选取一台数控车床,演示操作介绍数控车床系统面板和操作面板知识,强调与数控铣床不同之处,再以小组为单位,学生逐个操作数控车床数控系统面板和车床操作面板各按键,熟悉各按键的名称和功能。

(3) 在进行上述工作过程中,通过自我评价、组内互评及教师点评,以便让每位学生发现不足、促进交流及共同提高。

任务小结

本任务主要介绍了数控车床基础知识和安全操作规程。在操作数控车床时没有安全意识或安全意识淡薄,安全知识缺乏和安全技能低下,多数情况下安全还停留在口头上,就容易发生安全事故。在教学中必须坚持安全第一、预防为主、综合治理的方针。第一次上数控车床实践课前,学生必须掌握数控车床安全操作规程的相关知识,安全考试合格后方能上岗操作。

了解数控车床的分类、结构、技术参数、数控系统功能,这是数控车床操作和选择车床的基础;熟悉数控系统面板和车床面板,是进行数控车床操作的关键。因此,辨识数控车床各组成部分的名称和作用,掌握技术参数的含义,熟悉面板各按键的名称和功能,至关重要。

任务 5.2 阶梯轴零件的数控加工工艺设计

任务描述

如图 5-4 所示为某阶梯轴零件,已知材料为 45 钢,数量为 10 个,毛坯为 $\phi 32$ mm × 80 mm,完成该零件的数控加工工艺设计。

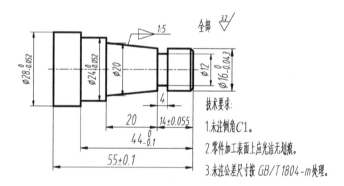

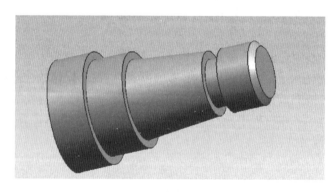

图 5-4 阶梯轴零件

知识准备

一、数控车削加工的对象

数控车削是数控加工中用得最多的加工方法之一,除了能够加工普通车床能加工的各种零件外,还能加工比较复杂的回转体类零件。根据数控车床具有加工精度高、能作直线和圆弧插补及在加工过程中能自动变速等特点,下列几种零件最适合数控车床车削加工。

(一)轮廓形状特别复杂或难以控制尺寸的回转体零件

由于数控车床具有直线和圆弧插补功能,部分车床数控装置还有某些非圆曲线插补功能,所以可以车削由任意直线和平面曲线组成的形状复杂的回转体零件和难以控制尺寸的零件,如具有封闭内成型面的壳体零件。如图5-5所示的壳体零件封闭内腔的成形面"口小肚大",在卧式车床上是无法加工的,而在数控车床上则很容易加工出来。

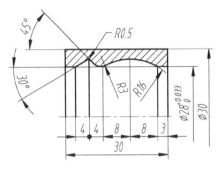

图 5-5 内腔壳体零件

组成零件轮廓的曲线可以是数学方程式描述的曲线,也可以是列表曲线。对于由直线或圆弧组成的轮廓,直接利用机床的直线或圆弧插补功能;对于由非圆曲线组成的轮廓,可以利用非圆曲线插补功能。若所选机床没有非圆曲线插补功能,则应先用直线或圆弧去逼近,然后用直线或圆弧插补功能进行插补切削。

(二)精度要求高的回转体零件

零件的精度要求主要指尺寸、形状、位置和表面等精度要求,其中表面精度主要指表面粗糙度值。例如,尺寸精度高达 0.001 mm 或更小的零件;圆柱度要求高的圆柱体零件;素线直线度、圆度和倾斜度均要求高的圆锥体零件;线轮廓度要求高的零件(其轮廓形状精度可超过用数控线切割加工的样板精度);在特种精密数控车床上,还可加工出几何轮廓精度高达 0.000 1 mm、表面粗糙度数值极小(Ra 达 0.02 μm)的超精零件(如复印机中回转鼓),以及通过恒线速度功能,加工表面精度要求高的各种直径变化的轮廓类零件。

(三)带特殊螺纹的回转体零件

普通卧式车床所能车削的螺纹相当有限,它只能车削等导程的直、锥面米制或英制螺纹,而且一台车床只能限定加工若干种导程的螺纹。数控车床不但能车削任何等导程的直、锥和端面螺纹,而且能车削增导程、减导程及要求等导程与变导程之间平滑过渡的螺纹。数控车床车削螺纹时主轴转向不必像普通车床那样交替变换,它可以一刀又一刀不停地循环,直到完成,所以它车削螺纹的效率很高。数控车床可以配备精密螺纹切削功能,再加上一般采用硬质合金成形刀具,以及可以使用较高的转速,所以车削出来的螺纹精度高、表面粗糙度值小。

二、数控车削的工艺设计

工艺设计是数控车削加工的前期工艺准备工作。工艺设计的合理与否,对程序编制、机床的加工效率和零件的加工精度都有重要影响。因此,应遵循一般的工艺原则,并结合数控车床的特点,认真而详细地设计好零件的数控车削加工工艺。工艺设计主要内容有:分析被加工零件的工艺性;拟定工艺路线,包括划分工序、选择定位基准、安排加工顺序和组合工序等;设计加工工序,包括选择工装夹具与刀具、设计走刀路线、确定切削用量;填写工艺文件等。

数控车削的
工艺设计

(一)零件的工艺分析

适合数控车床加工的零件或工序内容选定后,首要工作是对零件进行工艺性分析。

1. 零件轮廓几何要素分析

在分析零件轮廓几何要素时,主要工作是运用机械制图的基本知识分清零件图中给定的几何要素的定形尺寸、定位尺寸,确定几何要素(直线、圆弧、曲线等)之间的相对位置关系,防止"相交"误作"相切"关系,"相切"却被当作"相交"来对待。

作为工艺分析的重要环节,分析轮廓几何要素时,还应该计算出图样中未直接给出,而编程时又必须知道的基点坐标。一方面,校核图样标注的正确性;另一方面,为后续的编程工作做好铺垫。

2. 零件技术要求分析

对被加工零件的精度及技术要求进行分析,可以帮助我们选择合理的加工方法、装夹方法、进给路线、切削用量、刀具类型和角度等工艺内容。精度及技术要求的分析主要包括:① 分析精度及各项技术要求是否齐全合理;② 分析本工序的数控车削加工精度能否达到图样要求,若达不到,需要采取其他措施(如磨削)弥补的话,则应给后续工序留有余量;③ 找出图样上有位置精度要求的表面,这些表面应尽可能在一次装夹下完成加工;④ 对表面粗糙度要求较高的表面,应确定采用机床提供的恒线速度功能加工。

3. 零件结构工艺性分析

零件结构工艺性是指零件对加工方法的适应性,即所设计的零件结构应便于加工成型,且成本低、效率高。在数控车床上加工零件时,应根据数控车削的特点,认真审视零件结构的合理性。

数控车床车削零件时,刀具仅做平面运动,其成型运动形式比较简单,刀具轨迹不会太复杂。结构工艺性分析过程中对于像小深孔、薄壁件、窄深槽等允许刀具运动的空间狭小、结构刚性差的零件,安排工序时要特殊考虑刀具路径、刀具类型、刀具角度、切削用量、装夹方式等因素,以降低刀具损耗,提高加工精度、表面质量和劳动生产率。

(二)工艺路线的设计

1. 定位基准的选择

定位基准的选择包括定位方式的选择和被加工工件定位面的选择。

由于车削加工的成型运动形式和加工自由度的限制,数控车床在加工零件的定位基准选择上比较简单,没有太多的选择余地,也没有过多的基准转换问题。

轴(套)类零件的定位方式通常是一端外圆(或内孔)固定,即用三爪卡盘、四爪卡盘或弹簧套(轴)固定工件的外圆(或内孔)表面。但此种定位方式对于工件的悬伸长度有一定限制,工件悬伸过长会导致切削过程中产生变形,严重时将使切削无法进行。对于切削悬伸长度过长的工件可以采用一夹一顶或两顶尖定位,必要时再辅以中心架、跟刀架等辅助支撑,以减小工件的受力变形。

2. 加工方法的确定

一般根据零件的加工精度、表面粗糙度、材料、结构形状、尺寸及生产类型,确定零件表面的数控车削加工方法及加工方案。

(1)加工精度为IT8~IT9级、表面粗糙度为1.6~3.2 μm的除淬火钢以外的常用金属,可采用普通型数控车床,按粗车、半精车、精车的方案加工。

(2)加工精度为IT6~IT7级、表面粗糙度为0.2~0.63 μm的除淬火钢以外的常用金属,可采用精密型数控车床,按粗车、半精车、精车、细车的方案加工。

(3)加工精度为IT5级、表面粗糙度小于0.2 μm的除淬火钢以外的常用金属,可采用高档精密型数控车床,按粗车、半精车、精车、精密车的方案加工。

3. 工序的划分与顺序的安排

数控车削工序的划分和顺序的安排遵循数控加工工艺的一般方法和原则。这里着重说明零件数控车削加工顺序安排应遵循的原则。另外,一道工序内多个工步顺序的安排也遵循这些原则。

(1)先粗后精。按照粗车→半精车→精车的顺序进行,逐步提高加工精度。粗车将在较短的时间内将工件表面上的大部分加工余量切掉(图5-6),一方面提高金属切除率,另一方面满足精车的余量均匀性要求。若粗车后所留余量的均匀性满足不了精加工的要求时,则要安排半精车,为精车做好准备。精车要保证加工精度,按图样尺寸,一刀切出零件轮廓。

(2)先近后远。这里所说的远与近,是按加工部位相对于换刀点的距离大小而言的。在一般情况下,离换刀点远的部位后加工,以便缩短刀具移动距离,减少空行程时间。对于车削而言,先近后远还有利于保持坯件或半成品的刚性,改善其切削条件。

例如,当加工如图5-7所示的零件时,如果按φ38 mm→φ36 mm→φ34 mm的次序安排车削,不仅会增加刀具返回对刀点所需的空行程时间,而且一开始就削弱了工件的刚性,还可能使台阶的外直角处产生毛刺(飞边)。对这类直径相差不大的台阶轴,当第一刀的背吃刀量(图中最大背吃刀量可为3 mm左右)未超限时,宜按φ34 mm→φ36 mm→φ38 mm的次序先近后远地安排车削。

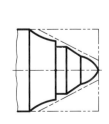

图5-6 先粗后精示例

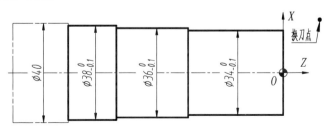

图5-7 先近后远示例

(3) 内外交叉。对既有内表面(内型、腔),又有外表面需加工的零件,安排加工顺序时,应先进行内外表面粗加工,后进行内外表面精加工。切不可将零件上一部分表面(外表面或内表面)加工完毕后,再加工其他表面(内表面或外表面)。

(三) 数控车削工序的设计

数控车削工序的主要内容包括选择工装夹具与刀具、设计走刀路线和确定切削用量等,数控加工工序设计的方法和原则仍然适用。刀具与切削用量的选择在后面会分别介绍。此处只介绍确定数控车削工序走刀路线的方法和有关本项目阶梯轴走刀路线的设计,其他走刀路线的设计将在后续项目予以介绍。

1. 走刀路线的方法的确定

确定走刀路线时,要考虑保证零件的加工精度和表面粗糙度要求,尽量缩短走刀路线,减少进、退刀时间和其他辅助时间;要方便数值计算,尽量减少程序段数,以减少编程工作量;为保证工件轮廓表面加工后的粗糙度达到一定要求,最终轮廓应安排在最后一次走刀中连续加工出来。

(1) 合理设置换刀点。设置数控车床刀具的换刀点是编制加工程序过程中必须考虑的问题。一般情况下,换刀点的设置应尽量离工件近些,但要保证换刀时刀具不与工件、尾座或顶尖发生碰撞,同时要便于刀具装夹和工件测量。

一般地,在单件小批量生产中,习惯把换刀点设置为一个固定点,其位置不随工件坐标系的位置改变而发生变化。换刀点的轴向位置由刀架上轴向伸出最长的刀具(如内孔镗刀、钻头等)决定,换刀点的径向位置则由刀架上径向伸出最长的刀具(如外圆车刀、切槽刀等)决定。

在大批量生产中,为了提高生产效率,减少机床空行程时间,降低机床导轨面磨损,有时候可以不设置固定的换刀点。每把刀各有各的换刀位置。这时,编制和调试换刀部分的程序应该遵循两个原则:第一,确保换刀时刀具不与工件发生碰撞;第二,力求最短的换刀路线,即所谓的"跟随式换刀"。

(2) 进刀方式。对于数控加工而言,进刀时应采用快速走刀以接近工件切削起点附近的某个点,如图 5-8 所示,$R \rightarrow A$,R 为参考点,A 点为切削起始点;再改用切削进给,以减少空走刀的时间,提高加工效率。切削起点的确定与工件毛坯余量的大小有关,应以刀具快速走到该点时刀尖不与工件发生碰撞为原则,一般留 1~2 mm 的安全间隙。

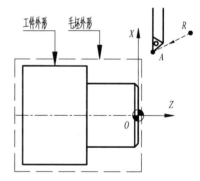

图 5-8 切削起始点的确定

(3) 退刀方式。对于数控车削而言,当加工外表面退刀时,刀具要先沿 $+X$ 方向退离加工表面,再沿 $+Z$ 方向退刀,若刀具与工件没有干涉,也可沿斜线退刀;当加工内表面退刀时,刀具要先沿 $-X$ 方向退离加工表面,再沿 $+Z$ 方向退刀。

(4) 切入/切出轨迹。刀具最好沿轮廓的延长线或切线方向切入/切出工件,尤其是精车时,以免出现明显的界限痕迹,影响工件的表面质量和加工精度。如图 5-9 所示,精车轮廓时，刀具切削进给的走刀路线为 $A→B→C→D→E→F$。

（5）一般轮廓精加工走刀路线的设计。一般轮廓精加工切削进给路线应由最后一刀连续加工而成，如图 5-9 所示，尽量不要在连续的轮廓中安排切入/切出或换刀及停顿，以免切削力突然变化而造成弹性变形，致使光滑连接的轮廓上产生划伤、形状突变或滞留刀痕等缺陷。

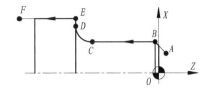

图 5-9 刀具切入/切出示例

若工件各部位精度要求不一致，但精度相差不大时，应以最严的精度为准，连续走刀车削所有部位。若精度相差很大，则精度接近的表面应安排同一把刀走刀路线内车削，并先加工精度较低的部位，再单独安排精度高的部位的走刀路线。

2. 数控车削外圆、台阶、锥面、切槽、切断的走刀路线设计

（1）车削外圆、台阶的走刀路线设计。如图 5-10 所示，车削外圆、台阶的走刀路线设计如下：刀具首先快速定位至 A 点，然后径向进刀至 B 点，接着由 $B→C$ 切削外圆，由 $C→D$ 退刀切削台阶面，最后刀具由 $D→A$ 快速返回 A 点。注意，在确定 A 点时要保证刀具与工件之间有安全间隙，以防碰刀，安全间隙一般取值 1~2 mm。所有的走刀路线设计都要保证刀具与工件之间的安全间隙。若工件余量

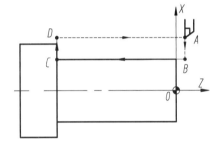

图 5-10 车削外圆、台阶的走刀路线

太大，则需要多次走刀分层切除余量，每次的走刀路线形状均为矩形。

（2）锥面的走刀路线设计。

① 阶梯切削法。如图 5-11 所示，粗车走刀路线为 $A→B→C→D→A→E→F→G→A$，半精车走刀路线为 $A→H→K→A$，精车走刀路线为 $A→M→N→A$。这种加工路线，粗车时，刀具背吃刀量为定值，当剩余粗车余量小于或等于背吃刀量定值时，最后一次粗车走刀背吃刀量等于剩余余量，但半精车时，由于余量不均匀，呈阶梯状，故背吃刀量不同。该切削法刀具的切削运动的路线最短，需要计算刀具轨迹的基点坐标多。

② 平行切削法。如图 5-12 所示，粗车走刀路线为 $A→B→C→A→D→E→A→F→G→A$，精车走刀路线为 $A→M→N→A$。这种加工路线，粗车时，刀具背吃刀量为定值，当剩余粗车余量小于或等于背吃刀量定值时，最后一次粗车走刀背吃刀量等于剩余余量。该切削法刀具切削运动的路线较短，需要计算刀具轨迹的基点坐标较多。

③ 斜线切削法。如图 5-13 所示，粗车走刀路线为 $A→B→C→A→D→C→A→E→C→A$，精车走刀路线为 $A→F→C→A$。这种加工路线，粗车时，刀具切削始点处背吃刀量为定值，但每次粗车过程中背吃刀量逐渐变小，直至为零，当切削始点处剩余粗车余量小于或等于背吃刀量定值时，最后一次粗车走刀切削始点处背吃刀量等于剩余余量；精车时，背吃刀量由切削始点至切削终点逐渐变小，直至为零，对加工精度不利。该切削法刀具切削运动的路线较长，需要计算刀具轨迹的基点坐标最少。

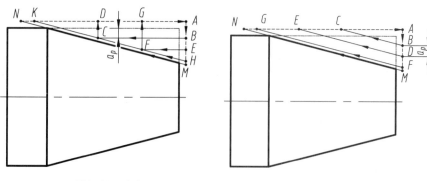

图 5-11 阶梯切削法的走刀路线　　图 5-12 平行切削法的走刀路线

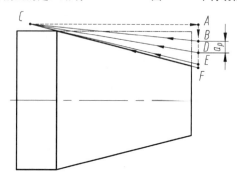

图 5-13 斜线切削法的走刀路线

（3）切槽、切断的走刀路线设计。对于宽度、深度值相对不大，且深度要求不高的槽，可采用与槽等宽的刀具，直接切入一次成型的方法加工，走刀路线如图 5-14 所示，为 $A \rightarrow B \rightarrow A$。刀具切到槽底后可利用暂停指令 G04 使刀具短暂停留，以修整槽底圆度，退刀过程中可采用较快的工进速度。对于宽度值不大但深度值较大的深槽零件，为了避免切槽过程中由于排屑不畅使刀具前部压力过大出现扎刀和折断刀具的现象，应采用啄式进刀的方式，即刀具每切入工件一定深度后，停止进刀并退回一段距离，达到断屑和排屑的目的。其走刀路线如图 5-15 所示，为 $A \rightarrow B \rightarrow A$，刀具在由 $A \rightarrow B$ 的切削过程中，采用啄式进刀的方式。

工件切断根据需要可采用图 5-14 或图 5-15 所示的走刀路线，此时 B 点的 X 坐标值理论上为 0 mm，实际上一般取为 1 mm。

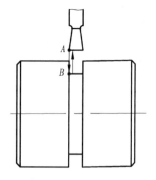
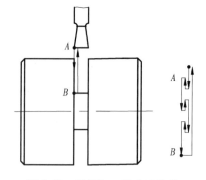

图 5-14 简单槽加工的走刀路线　　图 5-15 深槽加工的走刀路线

对于宽槽的切削,通常把大于一个刀宽的槽称为宽槽,宽槽的宽度、深度的精度要求及表面质量要求相对较高。在切削宽槽时,常先采用排刀的方式进行粗切,然后用精切槽刀沿槽的一侧切至槽底,精加工槽底至槽的另一侧,再沿侧面退出,走刀路线如图 5-16 所示。

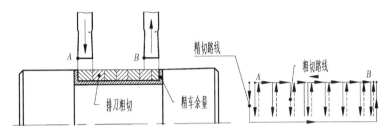

图 5-16　宽槽加工的走刀路线

三、外圆车刀与切槽切断刀的选择

刀具的选择是数控加工工艺设计中的重要内容之一。刀具选择合理与否不仅影响机床的性能发挥,而且直接影响工件的加工质量。选择刀具通常要考虑数控机床的加工能力、工序内容、工件材料等因素。

(一) 数控车刀的类型

1. 按刀具结构形式划分

(1) 整体式车刀。其由整块材料磨制而成,使用时根据不同用途将切削部分修磨成所需要的形状。这种结构形式主要用于较小的内孔车刀,因为车刀太小而无法采用机夹式结构。

外圆车刀的选择(1)

(2) 焊接式车刀。将硬质合金刀片用焊接的方法固定在刀体上称为焊接式车刀。其优点是结构简单、制造方便、刚性较好,且通过刃磨可形成所需的几何参数,故使用方便灵活。根据工件加工表面及用途的不同,焊接式车刀可分为切断刀、直头车刀、成型车刀、螺纹车刀及通孔车刀等,如图 5-17 所示。这种结构形式的车刀在数控车削加工中基本被淘汰。

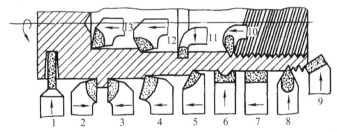

1—切断刀;2—90°左偏刀;3—90°右偏刀;4—弯头车刀;5—直头车刀;6—成型车刀;7—宽刃精车刀;8—外螺纹车刀;9—端面车刀;10—内螺纹车刀;11—内槽车刀;12—通孔车刀;13—盲孔车刀。

图 5-17　焊接式车刀的种类、形状和用途

(3) 机夹式可转位车刀。机夹式可转位车刀是用机械夹固方法,将可转位刀片夹紧

在刀柄上的车刀,如图 5-18 所示,可转位车刀由刀片、刀垫、夹紧螺钉和杠杆等元件组成。刀片由硬质合金模压形成,其每边都有切削刃,当切削刃磨钝后可方便地转位或更换刀片后继续使用。

目前数控车刀主要采用机夹式可转位车刀,刀片采用硬质合金刀片和涂层硬质合金刀片。

2. 按切削部分的材料划分

(1) 高速钢刀具。常用的普通高速钢材料牌号为 W6Mo5Cr4V2、W18Cr4V 及 W9Mo3Cr4V 等,其硬度

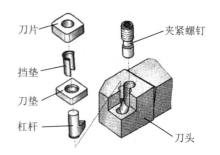

图 5-18 可转位外圆车刀

和韧性的配合较好,热稳定性和热塑性也较好,但不适用于较硬材料和数控高速切削。高性能高速钢材料牌号为 W2Mo9Cr4Co8,适用于高强度合金钢材料加工。

(2) 硬质合金刀具。常用的普通硬质合金有 P、K、M 三大类。P 类主要牌号有 YT5、YT15、YT30 等,适用于钢加工;K 类主要牌号有 YG3、YG6、YG8 等,适用于铸铁和有色金属加工;M 类主要牌号有 YW1、YW2 等,适用于难加工钢材加工。

(3) 其他材料刀具。例如,涂层刀具、金刚石刀具、立方氮化硼刀具、陶瓷刀具等。

3. 按加工用途划分

车削刀具按切削工艺可分为外圆与端面车刀、内孔车刀、切槽刀、仿形车刀、螺纹车刀等多种。

(二) 刀片材料的选择

常见刀片材料有高速钢、硬质合金、涂层硬质合金、陶瓷、立方氮化硼和金刚石等,其中目前应用最多的是硬质合金刀片和涂层硬质合金刀片。选择刀片材质的主要依据是被加工工件的材料、被加工表面的精度、表面质量要求、切削载荷的大小及切削过程有无冲击和振动等。

1. 车削普通材料时车刀材质的选择

常规车削普通材料时,应选普通车刀材料。例如,45 钢的一般车削,选择 YT5、YT15 硬质合金刀具材料完全能达到粗车、半精车、精车的要求;若选择 YT30 的硬质合金刀具,不但 YT30 刀具材料的特点得不到发挥,反而会因粗车切削力过大造成刀片崩裂、打刀。

2. 根据工艺系统刚度和加工性质选择

材质硬度极高的刀具不宜低速、大走刀、强力、断线切削。当工艺系统刚度差、粗加工、切削断续表面时,应选择材质硬度相对低、韧性较好的刀具;当在需要刀具刃口极锋利的场合时,应选择高速钢刀具;当低速车削螺纹时,宜选用高速钢刀具而不应使用硬质合金刀具。

(三) 可转位刀片的标记说明及选用

刀片是可转位车刀的一个最重要组成元件。《切削刀具用可转位刀片型号表示规则》(GB/T 2076—2007)对机夹可转位刀具使用的刀片进行了标准化,规定了刀片的型号和表示规则,该标准的可转位刀片包括车削与铣削刀片,即车削刀片和铣削刀片型号表示规则是由同一个标准规定的。

标准规定刀片型号表示规则一般用九位代号表示刀片的尺寸及其特性,如图 5-19 所示。其中代号 1~7 是必须的,代号 8 和 9 在需要时添加,代号 10 为制造商代号。以如图 5-19 所示的可转位外圆刀片标记为例叙述如下。

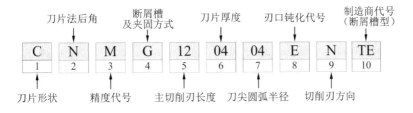

图 5-19 机夹可转位车削刀片型号表示规则实例

（1）第 1 位：刀片形状代号,应符合表 5-2 的规定。图 5-19 中"C"表示刀片形状为 80°的菱形。

表 5-2 刀片形状代号

形状	正六边形	正八边形	正五边形	正方形	正三角形	菱形（等边不等角）				等边不等角六边形	矩形	平行四边形			圆形
示意图															
代号	H	O	P	S	T	C	D	E	M	V	W	L	A	B	K	R
刀尖角/°	120	135	108	90	60	80	55	75	86	35	80	90	85	82	55	—

注：1. 表中示意图中的刀尖角均是指较小的内角角度。
2. 表中未列出标准中的不等边不等角六边形 F 代号,其刀尖角为 82°。

（2）第 2 位：刀片法后角代号,应符合表 5-3 的规定。图 5-19 中"N"表示刀片法后角为 0°。

表 5-3 刀片法后角代号

示意图	代号	A	C	D	E	F	G	N	P	O
	法后角 a_n/(°)	3	7	15	20	25	30	0	11	特殊

（3）第 3 位：刀片公差等级代号,应符合表 5-4 的规定。图 5-19 中"M"表示刀片主要尺寸公差等级代号。

表 5-4 刀片主要尺寸公差等级代号

公差等级代号	公差/mm			公差等级代号	公差/mm		
	d	m	s		d	m	s
A[①]	±0.025	±0.005	±0.025	J[①]	±0.05~±0.15[②]	±0.025	±0.025
F[①]	±0.013	±0.005	±0.025	K[①]	±0.05~±0.15[②]	±0.013	±0.025

续表

公差等级代号	公差/mm			公差等级代号	公差/mm		
	d	m	s		d	m	s
C[①]	±0.025	±0.013	±0.025	L[①]	±0.05~±0.15[②]	±0.025	±0.025
H	±0.013	±0.013	±0.025	M	±0.05~±0.15[②]	±0.08~±0.2[②]	±0.13
E	±0.025	±0.025	±0.025	N	±0.05~±0.15[②]	±0.08~±0.2[②]	±0.025
G	±0.025	±0.025	±0.13	U	±0.05~±0.25[②]	±0.13~±0.38[②]	±0.13

注：① 通常用于修光刃的可转位刀片。
② 公差取决于刀片尺寸的大小，详见数控刀具手册。

刀片主要尺寸包括 d（刀片内切圆直径）、m（刀尖位置尺寸）和 s（刀片厚度），具体如图 5-20 所示。

 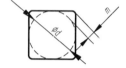 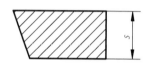

(a) 刀片边为奇数，刀尖为圆角　　(b) 刀片边为偶数，刀尖为圆角　　(c) 刀片厚度

图 5-20　刀片主要尺寸示意图

（4）第 4 位：刀片断屑槽与夹固代号，应符合表 5-5 的规定，代号 X 用于特殊设计，表中未列出。图 5-19 中"G"表示刀片有固定孔，双面有断屑槽。

表 5-5　刀片断屑槽型与夹固方式

代号	W	T	A	M	G	N	R
夹固方式	单面 40°~60°固定沉孔		固定圆柱孔			无固定孔	
有无断屑槽	无	单面	无	单面	双面	无	单面
示意图	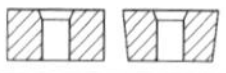		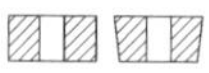		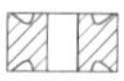	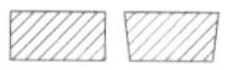	

代号	P	Q	U	B	H	C	J
夹固方式	无固定孔	双面 40°~60°固定沉孔		单面 70°~90°固定沉孔		双面 70°~90°固定沉孔	
有无断屑槽	双面	无	双面	无	单面	无	双面
示意图	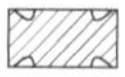	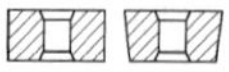	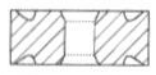	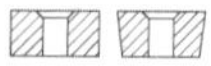	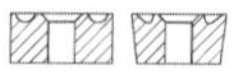	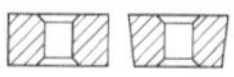	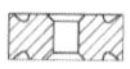

断屑槽的参数直接影响着切屑的卷曲和折断，一般可根据加工材料和加工条件选择合适的断屑槽型和参数，当确定断屑槽型和参数后，主要靠进给量的大小控制断屑。F 代号的槽型适用于精加工，M 代号的槽型适用于半精加工或精加工，R 代号的操作适用于粗加工。

（5）第 5 位：刀片主切削刃长度的代号，用两位数字表示，应符合表 5-6 的规定。图 5-19 中数字 12 表示形状代号 C 的内切圆直径为 12.7 mm。刀片尺寸的大小取决于必要的有效切削刃长度，有效切削刃长度与背吃刀量和数控车刀的主偏角有关，使用时可查阅有关刀具手册选择。

表 5-6 刀片长度的代号

刀片形状类别	数字代号
等边刀片 (形状代号:H、O、P、S、T、C、D、E、M、V 和 W)	用舍去小数点部分的刀片切削刃长度值表示。如果舍去小数部分后,只剩下一位数字,则必须在数字前加"0" 例如,切削刃长度为 15.5 mm,则表示代号为 15;切削刃长度为 9.525 mm,则表示代号为 09
不等边刀片 (形状代号:L、A、B、K 和 F)	通常用主切削刃或较长的边的尺寸值作为表示代号。刀片其他尺寸可以用符号 X 在第④位表示,并需附上示意图或加以说明。具体是用舍去小数部分后的长度值表示 例如,主要长度尺寸为 19.5 mm,则表示代号为 19
圆形刀片 (形状代号:R)	用舍去小数部分后的数值(刀片直径值)表示 例如,刀片尺寸为 15.875 mm,则表示代号为 15 对于圆形尺寸,结合第⑦号位中的特殊代号,上述规则同样适用

(6) 第 6 位:刀片厚度的数字代号。刀片厚度(s)是指刀尖切削面与对应的刀片支撑面间的距离,其测量方法如图 5-21 所示。圆形或倾斜的切削刃视同尖的切削刃。图 5-19 中代号 04 表示 $s=4.76$ mm。

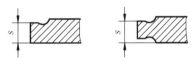

图 5-21 刀片厚度

刀片厚度的数字代号应符合以下规定:刀片厚度(s)用舍去小数部分的刀片厚度值表示。若舍去小数部分后,只剩下一位数字,则必须在数字前加"0"。例如,刀片厚度为 3.18 mm,则表示代号为 03。

当刀片厚度整数值相同,而小数部分不同,则将小数部分大的刀片代号用"T"代替 0,以示区别。例如,刀片厚度为 3.97 mm,则表示代号为 T3。

(7) 第 7 位:刀尖形状的字母或数字代号。应符合如下规定。

① 当刀尖为圆角时,其代号用数字表示,按 0.1 mm 为单位测量得到的圆角半径值表示,如果数值小于 10,则在数字前加"0"。数字代号"00"表示尖角。图 5-19 中代号为 04,表示刀尖圆弧半径为 0.4 mm。

数控车床常见的刀尖圆弧半径为 0.4 mm、0.8 mm、1.2 mm、1.6 mm 和 2.4 mm。刀尖圆弧半径的大小直接影响刀尖的强度及被加工零件的表面粗糙度。刀尖圆弧半径大,表面粗糙度值增大,切削力增大且易产生振动,但刀刃强度增加。通常在切削深度较小的精加工、细长轴加工、机床刚度较差情况下,选用的刀尖圆弧半径较小些;而在需要刀刃强度高、工件直径大的粗加工中,选用的刀尖圆弧半径大些。

从刀尖圆弧半径与最大进给量的关系来看,最大进给量不应超过刀尖圆弧半径尺寸的 80%,否则将恶化切削条件。作为经验法则,一般进给量可取为刀尖圆弧半径的一半。

② 当刀片具有修光刃时,则分别用两位字母表示主偏角和修光刃法后角。例如,

"AF"表示主修光刃主偏角为45°,修光刃法后角为25°,具体规则见表5-7。

表5-7 具有修光刃的刀尖字母代号

主偏角的字母代号		修光刃法后角的字母代号		修光刃法后角的字母代号	
代号	主偏角/(°)	代号	后角/(°)	代号	后角/(°)
A	45	A	3	G	30
D	60	B	5	N	0
E	75	C	7	P	11
F	85	D	15	Z	其他角度
P	90	E	20	—	—
Z	其他角度	F	25	—	—

③ 对于圆形刀片,标准规定代号为M0。

(8) 第8和第9位:可转位刀片的可选代号,用于规定刀片切削刃截面形状和切削方向,如有必要才采用。如果切削刃截面形状说明和切削方向中只需表示其中一个,则该代号占第8位。如果两者都需要表示,则分别占第8位和第9位。

第8位表示刀片切削刃截面形状的字母代号,应符合表5-8的规定。图5-19中代号E表示倒圆刃。

表5-8 刀片切削刃截面形状代号

代 号	F	E	T	S	Q	P
切削刃截面形状	尖刀刃	倒圆刃	倒棱刃	倒棱刃又倒圆	双倒棱刃	双倒棱又倒圆
示意图						

第9位表示刀片切削方向的字母代号,字母R表示右切刀,L表示左切刀,N表示左右切刀。图5-19中N表示左右切刀。

(9) 第10位:其与第9位用短横(-)连接,该位也属于可选代号,称为制造商代号。具体由制造商自行确定。因此,不同公司的刀片型号在这位上不同是正常现象,一般表示断屑槽型。

以上为《切削刀具用可转位刀片型号表示规则》中关于公制单位制式的机夹可转位刀片型号规定,车、铣刀片通用。作为标准规定的代号,其考虑的问题更全面,实际厂家根据自己的具体情况使用的代号会略有减少。另外,部分较大的刀具制造商可能还会有自己的刀片代号,因此,实际使用中选择的刀片代号以刀具商的产品样本为准。

(四)可转位外圆车刀

1. 可转位外圆车刀的特点

与焊接式和机夹重磨式硬质合金车刀相比,可转位外圆车刀具有以下优点:

(1) 换刀时间短,生产效率高。
(2) 刀片不经过焊接,避免了由于高温焊接造成的刀片裂纹,刀具寿命长。
(3) 可转位外圆刀片断屑槽按标准压制成形,尺寸稳定一致,断屑可靠。
(4) 可转位外圆刀片作为基体,经涂层处理后,刀具寿命可提高 1~3 倍。
(5) 可转位外圆车刀刀杆可在较长的时间内重复使用,可节省大量钢材和刀具制造成本。

2. 可转位外圆车刀的型号表示规则及选用

《可转位车刀及刀类 第 1 部分型号表示规则》(GB/T 5343.1—2007)规定了车刀或刀夹的代号由表示给定意义的字母或数字符号按一定的顺序排列组成,共有 10 位符号。图 5-22 所示为数控车刀型号表示规则示例。

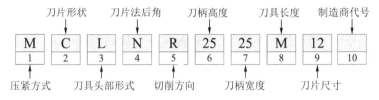

图 5-22 数控车刀型号表示规则

外圆车刀的选择(2)

(1) 第 1 位:压紧方式符号。标准规定了 4 种压紧方式的字母符号(C、M、P、S),各种压紧方式的示意图、安装说明及特点如表 5-9 所示。

表 5-9 可转位外圆车刀的刀片压紧方式、字母符号、安装说明及特点

压紧方式	上压紧式	上压及孔压紧式	孔压紧式	螺钉压紧式
字母符号	C	M	P	S
示意图				
安装说明	装无孔刀片,从刀片上方将刀片压紧	装圆孔刀片,从刀片上方并利用刀片孔将刀片夹紧	装圆孔刀片,利用刀片孔夹紧	装沉孔刀片,直接穿过刀片夹紧
特点	结构简单,夹紧力大,使用方便,刀片底平面与刀垫能有效贴合,车削时稳定可靠	结构简单,夹紧力大,使用方便,但定位销受力后易变形,刀片易翘起,刀片底平面与刀垫间会产生缝隙	定位精度高,使用方便,车削时稳定性好,但结构和制造工艺比较复杂,对刀片侧面与底面的垂直度要求较高	结构简单、紧凑,定位准确,但刀片装拆、转位时需从刀片孔中取出,使用不方便

(2) 第 2 位:刀片形状符号。刀片形状符号如表 5-10 所示。

表 5-10 刀片形状

字母符号	C	D	R	S
示意图	80°	55°	圆形	90°
字母符号	T	V	W	
示意图	60°	35°	80°	

刀片形状与加工的对象、刀具的主偏角、刀尖角和有效刃数等有关。一般外圆车削常用 80°凸三边形（W 型）、四方形（S 型）和 80°菱形（C 型）刀片。仿形加工常用 55°（D 型）、35°（V 型）菱形和圆形（R 型）刀片。不同的刀片形状有不同的刀尖强度，一般刀尖角越大，刀尖强度越大，反之亦然。圆形（R 型）刀片刀尖角最大，35°（V 型）菱形刀片刀尖角最小。在机床刚性、功率允许的条件下，大余量、粗加工应选用刀尖角较大的刀片；反之，机床刚性和功率小、余量小、精加工时宜选用较小刀尖角的刀片。

（3）第 3 位：刀具头部形式符号。规定了外圆车刀头部形式，通过主偏角隐含表达主切削刃等参数，见表 5-11。有直角台阶的轴，可选主偏角大于或等于 90°的刀杆。一般粗车选主偏角 45°～90°的刀杆；精车选 45°～75°的刀杆；中间切入、仿形车选 45°～107.5°的刀杆。工艺系统刚性好时，可选较小值；工艺系统刚性差时，可选较大值。当刀杆为弯头结构时，则既可加工外圆，又可加工端面。

表 5-11 刀具头部形式与主偏角

字母符号	A	B	C	D	E	F	G	H
示意图	90°	75°	90°	45°	60°	90°	90°	107°30′
字母符号	J	K	L	M	N	O	P	Q
示意图	93°	75°	95°	50°	63°	117°30′	62°30′	107°30′
字母符号	R	S	T	U	V	W	X	
示意图	75°	45°	60°	93°/72°30′	60°	120°		

（4）第 4 位：刀片法后角符号。刀片法后角字母符号如表 5-12 所示，一般粗加工、半精加工可用 N 型；半精加工、精加工可用 C、P 型，也可用带断屑槽的 N 型刀片；加工铸铁、硬钢可用 N 型；加工不锈钢可用 C、P 型；加工铝合金可用 P、E 型等；加工弹性恢复性好的材料可选用较大一些的法后角；一般孔加工刀片可选用 C、P 型，大尺寸孔可选用 N 型。

表 5-12　刀片法后角字母符号

字母符号	B	C	D	E	N	P
示意图	5°	7°	15°	20°	0°	11°

（5）第 5 位：切削方向符号。用 R、L 和 N 分别表示右切刀、左切刀和左右均可切削，选择时要考虑车床刀架是前置式还是后置式，前刀面是向上还是向下，主轴的旋转方向及需要的进给方向，等等。

（6）第 6 位：刀具高度符号。刀具高度符号用 h 表示，如图 5-23 所示。当刀尖高度与刀柄高度不相等时，以刀尖的高度值为代号，若不足两位数，则在该数前加"0"。例如，$h=16$ mm，符号为 16；$h=8$ mm，符号为 08。

（7）第 7 位：刀具宽度符号。刀具宽度符号用 b 表示，如图 5-24 所示。其用两位数表示，若不足两位数，则在该数字前加"0"。

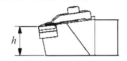

图 5-23　刀柄高度

图 5-24　刀柄宽度

（8）第 8 位：刀具长度符号。刀具长度符号如表 5-13 所示。

表 5-13　刀具长度符号

字母符号	E	F	H	K	M	P	Q	R	S	T
长度/mm	70	80	100	125	150	170	180	200	250	300

（9）第 9 位：刀片尺寸。刀片尺寸用两位数字表示车刀刀片的边长，如表 5-14 所示。选取舍弃小数值部分的刀片切削刃长度数值作为代号，若刀片边长不足两位，则在该数字前加"0"。

表 5-14　刀片尺寸

字母符号	C	D	R	S	T	V	W
刀片形状	80°	55°	○	□	60°	35°	80°

（10）第 10 位：制造商代号。

（五）切槽、切断刀具

常见的切槽加工方式如图 5-25 所示。

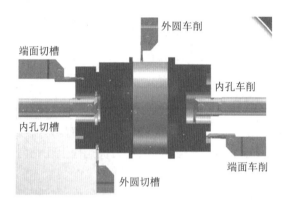

图 5-25　常见的切槽加工方式

以我国株洲钻石切削刀具股份有限公司制造的小松鼠系列切槽、切断刀具为例,介绍切槽、切断刀的选择。

1. 切槽、切断刀片的表示规则

切槽、切断刀片的表示规则及其参数代号含义如图 5-26 所示。

ZP	G	D	04	04	— M	G
1	2	3	4	5	6	7

1—刀片用途。ZP:切断。ZT:切槽的车削。ZR:仿形加工。
2—定位槽代号。字母代号对应刀片刃宽:E 代表 2.5 mm,F 代表 3 mm,G 代表 4 mm,H 代表 5 mm,K 代表 6 mm。
3—刀刃数代号。S:单刃。D:双刃。
4—刀片切削刃宽度。代号对应刃宽:025 代表 2.5 mm,03 代表 3 mm,04 代表 4 mm,05 代表 5 mm,06 代表 6 mm。
5—刀尖圆弧半径。代号对应刀尖半径值:02 代表 0.2 mm,03 代表 0.3 mm,04 代表 0.4 mm,05 代表 0.5 mm,06 代表 0.6 mm。
6—精度等级。M:M 级精度。E:E 级精度。
7—槽型代号。G:通用操作,适用于各种被加工材料。F:专用槽型。

图 5-26　切槽、切断刀片的表示规则及其参数代号含义

2. 切槽、切断刀的牌号选择

切槽、切断刀的牌号选择具体见有关刀具手册。

3. 切槽、切断刀杆的命名规则

车削外表面时,切槽、切断刀杆的命名规则如图 5-27 所示。车削内表面时,切槽、切断刀杆的命名规则如图 5-28 所示。用于切断刀板的刀座命名规则如图 5-29 所示。

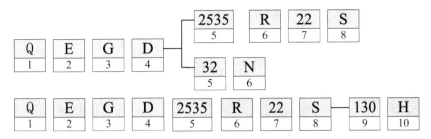

1—切槽刀代号。
2—加工方式。E：外圆切削。F：端面切削。
3—定位槽代号。与刀片的定位代号一致并对应一定刀片刃宽范围。
4—对应刀片的刀刃数代号。S：单刃。D：双刃。
5—刀杆/刀板尺寸。对于刀杆，表示其刀尖高度和刀体宽度；对于刀板，表示其高度。
6—刀尖的左右手。R：右。L：左。N：左右均可。
7—最大切削深度。
8—辅助代号。S：外圆及端面深槽加工用加强型刀杆，一般刀杆无此代号。
9—端面切槽刀首次切削的最小直径。
10—端面切槽刀刀槽类型。H：直头。L：弯头。

图 5-27　车削外表面时切断、切槽刀杆的命名规则

1—压紧方式。
2—刀柄直径。
3—刀柄长度。Q：180 mm。R：200 mm。S：250 mm。T：300 mm。
4—切槽刀代号。
5—定位槽代号，与刀片的定位槽代号一致并对应一定刀片刃宽范围。
6—对应刀片的刀刃数代号。S：单刃。D：双刃。
7—刀具的左右手。R：右。L：左。N：左右均可。
8—最大切削深度。
9—最小加工孔径。

图 5-28　车削内表面时切断、切槽刀杆的命名规则

1—用于切断刀板的刀座代号。
2—对应刀片的刀刃数代号。S：单刃。D：双刃。
3—刀座规格，如 20/25/32 等。
4—刀板高度。

图 5-29　刀座的命名规则

4. 切槽、切断刀杆的选择

（1）外圆切断、切槽刀杆如图 5-30 所示，可安装切槽、切断、车削及仿形刀片。

（2）外圆切断的刀板如图 5-31 所示。

（3）用于安装外圆切断刀板的刀座如图 5-32 所示。

（4）端面切槽、车削刀杆如图 5-33 所示。

（5）内圆切槽及车削刀杆如图 5-34 所示。

（6）切断、切槽刀杆型号的选用具体见刀具手册。

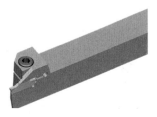　　　　

图 5-30　外圆切断、切槽刀杆　　图 5-31　外圆切断的刀板　　图 5-32　用于安装外圆切断刀板的刀座

图 5-33　端面切槽、车削刀杆　　图 5-34　内圆切槽及车削刀杆

四、切削用量的选择

数控车削中的切削用量包括背吃刀量（切削深度）、主轴转速（切削速度）、进给速度（进给量）三大要素。在保证工件加工质量和刀具耐用度的前提下选择最优的切削用量，使切削时间最短，成本最低。

车削用量的选择

（一）背吃刀量的确定

工件上已加工表面与待加工表面之间的垂直距离称为背吃刀量，为半径值，背吃刀量是根据加工余量确定的。背吃刀量的选择取决于车床、夹具、刀具、工件的刚度等因素。粗加工时，在条件允许的情况下，尽可能选择较大的背吃刀量，最好一次切除该工序的全部余量，以减少走刀次数，提高生产效率；精加工时，通常选较小的 a_p 值（a_p = 精车余量），以保证加工精度及表面粗糙度。半精车余量一般取值 0.5~1 mm，精车余量一般取值 0.1~0.5 mm。

（二）主轴转速的确定

光车时，在保证刀具的耐用度及切削负荷不超过机床额定功率的情况下，主轴转速应根据零件上被加工部位的直径，并按工件和刀具的材料及加工性质等条件所允许的切削速度来确定。除了计算和查表选取外，还可根据加工实践经验确定切削速度。值得注意的是，交流变频调速数控车床低速输出力矩小，因此切削速度不能太低。

粗加工时，背吃刀量和进给量均较大，故选较低的切削速度；精加工时，则选较高的切削速度。切削速度确定之后，用式（2-1）计算主轴转速，只不过公式中的 d 变为工件直径。表 5-15 为硬质合金外圆车刀切削速度的参考值，供选择切削速度时参考。

在确定切削速度时，还应考虑下列几点：

（1）应尽量避开积屑瘤形成的切削速度区域。

（2）断续切削时，为减小冲击和热应力，要适当降低切削速度。

(3) 在易发生振动的情况下,切削速度应避开自激振动的临界速度。

(4) 加工大件、细长件和薄壁工件时,应选用较低的切削速度。

(5) 加工带外皮的工件时,应适当降低切削速度。

表 5-15 硬质合金外圆车刀切削速度的参考值

工件材料	热处理状态	$0.3\ \text{mm}<a_p\leqslant2\ \text{mm}$ $0.08\ \text{mm/r}<f$ $\leqslant0.3\ \text{mm/r}$ $v_c/(\text{m/min})$	$2\ \text{mm}<a_p\leqslant6\ \text{mm}$ $0.3\ \text{mm/r}<f$ $\leqslant0.6\ \text{mm/r}$ $v_c/(\text{m/min})$	$6\ \text{mm}<a_p\leqslant10\ \text{mm}$ $0.6\ \text{mm/r}<f$ $\leqslant1\ \text{mm/r}$ $v_c/(\text{m/min})$
低碳钢、易切钢	热轧	140~180	100~120	70~90
中碳钢	热轧	130~160	90~110	60~80
中碳钢	调质	100~130	70~90	50~70
合金结构钢	热轧	100~130	70~90	50~70
合金结构钢	调质	80~110	50~70	40~60
工具钢	退火	90~120	60~80	50~70
灰铸铁	HBS<190	90~120	60~80	50~70
灰铸铁	HBS=190-225	80~110	50~70	40~60
高锰钢($w_{Mn}13\%$)			10~20	
铜及铜合金		200~250	120~180	90~120
铝及铝合金		300~600	200~400	150~200
铸铝合金		100~180	80~150	60~100

(三) 进给速度的确定

进给速度是指在单位时间内,刀具沿进给方向移动的距离(单位:mm/min)。有些数控车床规定可以选用进给量(单位:mm/r)表示进给速度。

进给速度或进给量是切削用量中的一个重要参数,主要根据零件的加工精度和表面粗糙度要求及刀具、工件的材料性质选取。粗加工时,在保证工艺系统刚度的前提下,选择尽可能大的进给量值;精加工时,进给量受表面粗糙度要求的限制,当表面粗糙度要求较高时,应选择较小的进给量。

1. 确定进给速度的原则

(1) 当工件的质量要求能够得到保证时,为提高生产效率,可选择较高的进给速度(2 000 mm/min 以下)。

(2) 切断、车削深孔或精车削时,宜选择较低的进给速度。

(3) 刀具空行程,特别是远距离"回零"时,可以设定尽可能高的进给速度。

(4) 进给速度应与主轴转速和背吃刀量相适应。

2. 进给速度的计算

（1）单向进给速度。单向进给速度包括纵向进给速度和横向进给速度，其值要根据 $v_f = f_r n$ 计算。式中的进给量 f_r，粗车时一般取 0.3～0.8 mm/r，精车时一般取 0.1～0.3 mm/r，切槽、切断时常取 0.05～0.2 mm/r。表 5-16 所示为硬质合金车刀粗车外圆、端面的进给量参考值，表 5-16 所示为按表面粗糙度选择进给量的参考值，供参考选用。

表 5-16　硬质合金车刀粗车外圆、端面的进给量

工件材料	车刀刀杆尺寸 $B×H/mm^2$	工件直径 d/mm	背吃刀量 a_p/mm				
			≤3	3～5	5～8	8～12	>12
			进给量 $f/(mm/r)$				
碳素结构钢、合金结构钢及耐热钢	16×25	20	0.3～0.4	—	—	—	—
		40	0.4～0.5	0.3～0.4	—	—	—
		60	0.5～0.7	0.4～0.6	0.3～0.5	—	—
		100	0.6～0.9	0.5～0.7	0.5～0.6	0.4～0.5	—
		400	0.8～1.2	0.7～1.0	0.6～0.8	0.5～0.6	—
	20×30 25×25	20	0.3～0.4	—	—	—	—
		40	0.4～0.5	0.3～0.4	—	—	—
		60	0.5～0.7	0.5～0.7	0.4～0.6	—	—
		100	0.8～1.0	0.7～0.9	0.5～0.7	0.4～0.7	—
		400	1.2～1.4	1.0～1.2	0.8～1.0	0.6～0.9	0.4～0.6
铸铁及铜合金	16×25	40	0.4～0.5	—	—	—	—
		60	0.5～0.8	0.5～0.8	0.4～0.6	—	—
		100	0.8～1.2	0.7～1.0	0.6～0.8	0.5～0.7	—
		400	1.0～1.4	1.0～1.2	0.8～1.0	0.6～0.8	—
	20×30 25×25	40	0.4～0.5	—	—	—	—
		60	0.5～0.9	0.5～0.8	0.4～0.7	—	—
		100	0.9～1.3	0.8～1.2	0.7～1.0	0.5～0.8	—
		400	1.2～1.8	1.2～1.6	1.0～1.3	0.9～1.1	0.7～0.9

注：① 加工断续表面及有冲击的工件时，表内进给量应乘系数 k（k 一般取 0.75～0.85）。
② 在无外皮加工时，表内进给量应乘系数 k（k 取 1.1）。
③ 加工耐热钢及其合金时，进给量不大于 1 mm/r。
④ 加工淬硬钢时，进给量应减少。当钢的硬度为 44～56 HRC 时，乘系数 k（k 取 0.8）；当钢的硬度为 57～62 HRC 时，乘系数 k（k 取 0.5）。

表 5-17 按表面粗糙度选择进给量的参考值

工件材料	表面粗糙度 $Ra/\mu m$	切削速度 $v_c/(\text{m/min})$	刀尖圆弧半径 r_ε/mm		
			0.5	1.0	2.0
			进给量 $f/(\text{mm/r})$		
铸铁、青铜、铝合金	5~10	不限	0.25~0.40	0.40~0.50	0.50~0.60
	2.5~5		0.15~0.25	0.25~0.40	0.40~0.60
	1.25~2.5		0.10~0.15	0.15~0.20	0.20~0.35
碳钢及合金钢	5~10	<50	0.30~0.50	0.45~0.60	0.55~0.70
		>50	0.40~0.55	0.55~0.65	0.65~0.70
	2.5~5	<50	0.18~0.25	0.25~0.30	0.30~0.40
		>50	0.25~0.30	0.30~0.35	0.30~0.50
	1.25~2.5	<50	0.10	0.11~0.15	0.15~0.22
		50~100	0.11~0.16	0.16~0.25	0.25~0.35
		>100	0.16~0.20	0.20~0.25	0.25~0.35

注：$r_\varepsilon=0.5$ mm，用于 12 mm×12mm 以下刀杆；$r_\varepsilon=1.0$ mm，用于 30 mm×30 mm 以下刀杆；$r_\varepsilon=2.0$ mm，用于 30 mm×45 mm 及以上刀杆。

（2）合成进给速度。合成进给速度是指刀具沿纵、横两个坐标轴同时运动时的进给速度，如加工斜线及圆弧等轮廓零件时，刀具的进给速度即为合成进给速度，其根据式 $v_f = \sqrt{v_{fx}^2 + v_{fz}^2}$ 进行计算。由于计算合成进给速度的过程较为烦琐，所以，在编制数控程序时，大多数凭实践经验或通过试切确定速度值。

任务实施

一、分析零件工艺

（一）结构分析

如图 5-1 所示，该零件属于轴类零件，材料为 45 钢，毛坯为 ϕ 32 mm 的长棒料，形状比较简单，加工内容包括端面、外圆柱面、圆锥面、倒角和沟槽。该零件轮廓几何要素定义完整，尺寸标注符合数控加工要求，有统一的设计基准，径向基准为工件轴线，轴向基准为工件右端面，便于加工、测量。

（二）尺寸分析

主要尺寸分析如下：

直径尺寸 $\phi 28_{-0.052}^{0}$ mm、$\phi 24_{-0.052}^{0}$ mm、$\phi 16_{-0.043}^{0}$ mm，经查标准公差表，它们的加工精度等级均为 IT9。

轴线尺寸（55±0.1）mm、（14±0.055）mm，经查标准公差表，加工精度等级均为 IT11。
轴线尺寸 $44_{-0.1}^{0}$ mm，经查标准公差表，加工精度等级为 IT10。

锥面小端直径需要计算,根据锥度计算公式计算如下:

$$锥度 = \frac{大端直径-小端直径}{锥体长度} = \frac{1}{5}$$

得 $$小端直径 = 大端直径 - \frac{锥体长度}{5} = 20 - \frac{20}{5} = 16(\text{mm})$$

其他未注公差尺寸,按《一般公差——线性尺寸的未注公差》(GB/T 1804-m)处理,GB/T 1804未注尺寸公差规定 f、m、c、v 四个等级,m 为中等级。

(三) 表面粗糙度分析

全部表面的表面粗糙度为 3.2 μm,半精车即可达到。

根据以上分析,阶梯轴的各个表面都可以加工出来,经济性良好。

二、生产类型确定

零件数量为 10 件,属于单件小批量生产。

三、设计工艺路线

1. 确定定位基准

根据零件工艺分析,选择毛坯轴线和右端面为定位基准,满足基准重合原则。

2. 选择加工方法

此零件的加工表面均为回转表面,加工表面的最高精度等级为 IT9,表面粗糙度为 3.2 μm。选择先粗车后半精车。

3. 拟定工艺路线

由于零件为单件小批量生产,加工设备采用数控机床,所以工序划分采用工序集中原则,并依据"基准先行、先粗后精、先主后次、先内后外"加工顺序确定原则,确定工艺过程如下:

工序 1:下料,尺寸为 ϕ 32 mm×110 mm。

工序 2:数控车削各表面。

工序 3:去毛刺,检验质量。

四、设计数控车削加工工序

1. 选择加工设备

选用沈阳机床厂生产的 CK6150 型数控车床,数控系统为 FANUC 0i 系统,刀架为前置式。

2. 选择工艺装备

(1) 夹具选择。选用自定心三爪卡盘装夹。

(2) 刀具选择。该零件的结构工艺性好,便于装夹、加工。因此,可选用标准刀具进行加工,具体如下:

T0101——外圆机夹车刀,车端面,粗车、半精车各个外圆。

T0202——宽度为 4 mm 的切槽刀,切槽、切断。

(3) 量具选择。游标卡尺:量程为 150 mm,分度值为 0.02 mm。

3. 确定工步及加工顺序

本工序共划分为 4 个工步,具体工步内容与加工顺序见表 5-18。

表 5-18 加工顺序

单位	××职业技术学院	零件图号	零件名称	使用设备	场地
		CM-1	阶梯轴零件	CK6150	数控车间
工步号	工步内容	确定依据	量具		备注
			名称	规格	
1	车右端面	基准先行			
2	粗车各外圆	先粗后精	游标卡尺	0~150 mm/0.02 mm	快速去除余量
3	半精车各外圆	先粗后精	游标卡尺	0~150 mm/0.02 mm	保证加工精度
4	切槽、切断	工艺要求	游标卡尺	0~150 mm/0.02 mm	

4. 选择切削用量

根据切削手册计算及经验,确定切削用量,见表 5-19。

表 5-19 切削用量

单位	××职业技术学院		零件图号	零件名称	使用设备	场地
			CM-1	阶梯轴零件	CK6150	数控车间
工步号	刀具号	刀具名称	主轴转速 $n/(\text{r/min})$	进给速度 $v_f/(\text{mm/r})$	背吃刀量 a_p/mm	加工内容
1	T01	外圆粗车刀	500	0.1	0.2	车右端面
2	T01	外圆粗车刀	500	0.2	2	粗车外轮廓
3	T01	外圆粗车刀	700	0.1	0.3	半精车外轮廓
4	T02	切槽刀	300	0.05	4	切槽、切断

5. 确定工件零点,设计走刀路线

选择工件轴线与右端面的交点为工件零点,建立的工件坐标系 XOZ 如图 5-35 所示。根据本工序加工顺序,工序总体走刀路线即为工步顺序,各工步走刀路线确定思路如下:

① 车端面,走刀路线为矩形。

② 粗车各外圆,各外圆柱面选择矩形走刀路线,以提高加工效率,为计算坐标方便,圆锥面选择单次梯形走刀路线。

③ 半精车各外圆,切削进给走刀路线沿工件轮廓即可。

④ 切槽与切断,该槽为窄槽,切断可视为切槽,选择径向直线进给法加工。本工序走刀路线详细设计如下:

① 车端面的走刀路线如图 5-35 所示,为 $R \rightarrow P_1 \rightarrow P_2 \rightarrow O \rightarrow P_3 \rightarrow P_1 \rightarrow R$。

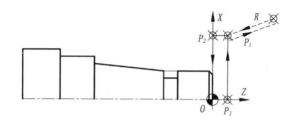

图 5-35 车端面的走刀路线

② 粗车各外圆的走刀路线如图 5-36 所示,为 $P_1 \to P_2 \to P_3 \to P_4 \to P_1, P_1 \to P_5 \to P_6 \to P_7 \to P_1, P_1 \to P_8 \to P_9 \to P_{10} \to P_1, P_1 \to P_{11} \to P_{12} \to P_{13} \to P_1$。粗车圆锥面的走刀路线如图 5-37 所示,为 $P_1 \to P_{14} \to P_{15} \to P_{12} \to P_9 \to P_{16} \to P_{17} \to P_{14} \to P_1$。

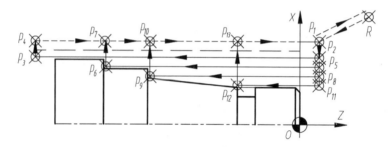

图 5-36 粗车各外圆的走刀路线

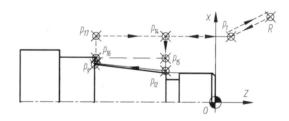

图 5-37 粗车圆锥面的走刀路线

③ 半精车各外圆的走刀路线如图 5-38 所示,为 $P_1 \to A_1 \to A_2 \to A_3 \to A_4 \to A_5 \to A_6 \to A_7 \to A_8 \to A_9 \to P_1$。

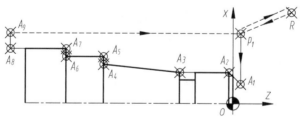

图 5-38 半精车各外圆的走刀路线

④ 切槽、切断的走刀路线如图 5-39 所示,为 $R \to B_1 \to B_2 \to B_3 \to B_4 \to B_3 \to B_2 \to B_5 \to B_6 \to B_5 \to B_1 \to R$。

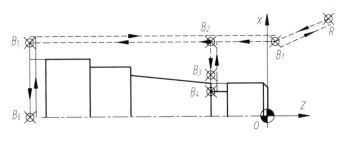

图 5-39 切槽、切断的走刀路线

五、确定换刀点与对刀点

考虑学生是新手,为安全起见,选择参考点为换刀点,对刀点选择工件轴线与工件右端面的交点,与编程原点重合。

六、填写工艺文件

根据上述工艺设计,填写数控加工工序卡和刀具卡,分别如表 5-20 和表 5-21 所示。

表 5-20 数控加工工序卡

××技术学院	数控车削工序卡		产品名称或代号		零件名称	材料	零件图号	
					阶梯轴	45 钢	CM01	
工序号	程序号	夹具名称		夹具编号		加工设备	数控系统	车间
1	O5201	三爪卡盘				CK6150	FANUC 0i	数控车间
工步号	工步内容		刀具号	刀具名称、规格	主轴转速 $n/(\text{r/min})$	进给速度 $v_f/(\text{mm/r})$	背吃刀量 a_p/mm	备注
1	车右端面		T0101	外圆粗车刀	500	0.1	0.2	自动
2	粗车各外圆		T0101	外圆粗车刀	500	0.2	2	自动
3	半精车各外圆		T0101	外圆粗车刀	700	0.1	0.3	自动
4	切槽、切断		T0303	宽 4 mm 的外圆切槽刀	300	0.05	4	自动
编制	日期	审核	日期	批准	日期	共 1 页		第 1 页

表 5-21　数控加工刀具卡

零件名称	零件图号	数控加工刀具卡片		车间		加工设备	
阶梯轴	CM01			数控车间		CK6150	
序号	刀具号	刀具名称规格	数量	刀尖圆弧半径	刀尖方位号	刀补地址	加工部位	备注
1	T01	外圆粗车刀	1			T0101	车端面、粗车各外圆、半精车各外圆	
5	T02	宽 4 mm 的外圆切槽刀	1			T0202	切槽、切断	
编制	日期	审核		日期	批准	日期	共 1 页	第 1 页

任务小结

首先,介绍了数控车削的加工对象,数控车削的工艺设计,外圆车刀和切槽、切断刀的选择,以及切削用量的选择,要求学生重点掌握数控车削的工艺设计、刀具与切削用量的选择。其次,通过完成阶梯轴零件的工艺设计,以掌握阶梯轴的数控车削工艺设计方法。

任务 5.3　阶梯轴零件的数控程序编制

任务描述

根据任务 5.2 中阶梯轴零件图和设计的数据加工工艺,完成该零件的数控程序编制。

知识准备

一、数控车床的坐标系及编程特点

(一) 数控车床的两种坐标系

数控车床的坐标系包括机床坐标系和工件坐标系两种。

1. 机床坐标系

数控车床的坐标系

机床坐标系是数控车床的基本坐标系,它是以机床原点为坐标系原点建立起来的 XOZ 直角坐标系,如图 5-40 所示,主要用于控制机床进给运动的基准。经济型普通数控车床一般采用前置刀架,Y 轴的正方向应垂直指向地面;全功能数控车床一般采用后置刀架,Y 轴的正方向与前置刀架相反。

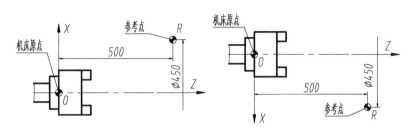

(a) 卧式后置刀架数控车床的机床坐标系　　(b) 卧式前置刀架数控车床的机床坐标系

图 5-40　机床坐标系

机床原点是由机床制造商确定的,是数控车床上的一个固定点。卧式数控车床的机床原点一般取在主轴前端面与中心线交点处,但该点不是一个物理点,它是以机床参考点(物理点)为基准零点而定义的一个空间固定点,可以与参考点重合,也可以不与参考点重合。机床参考点是一个物理点,其位置由 X、Z 方向的挡块和行程开关确定。对某台数控车床而言,机床参考点与机床原点之间有严格的位置关系,机床出厂前已调试准确,确定为某一固定值,这个值就是机床参考点在机床坐标系中的坐标。

在机床每次通电之后,必须进行回机床零点操作(简称回零操作),使刀架运动到机床参考点,其位置由机械挡块确定。通过机床回零操作,确定了机床原点,从而准确地建立机床坐标系。需要说明的是,采用绝对编码器的数控车床开机后不需要回零。

2. 工件坐标系

数控车床加工时,工件可以通过卡盘夹持于机床坐标系下的任意位置。这样一来用机床坐标系描述刀具轨迹就显得不大方便。为此,编程人员在编写零件数控程序时通常要选择一个工件坐标系,也称编程坐标系,这样刀具轨迹就变为工件轮廓在工件坐标系下的轨迹了。编程人员就不用考虑工件上的各点在机床坐标系下的位置,从而大大简化了编程。因此,工件坐标系主要用作编程。

工件坐标系是人为设定的,设定的依据既要符合尺寸标注的习惯,又要便于坐标的计算和编程。工件坐标系的原点一般选择在工件的定位基准、尺寸基准或夹具的适当位置上。根据数控车床的特点,工件原点通常设在工件左、右端面的中心或卡盘前端面的中心。实际加工时,考虑到加工余量和加工精度,编程原点应选择在精加工后的端面上或精加工后的夹紧定位面上,如图 5-41 所示。为了便于程序编制,本书统一采用后置刀架的工件坐标系编程。

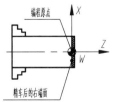 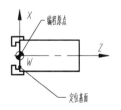

(a) 编程原点为工件右端面与轴线的交点　　(b) 编程原点为定位面与轴线的交点

图 5-41　工件坐标系

(二)数控车床的编程特点

1. 工件坐标系的设定

目前数控车床可以使用 G50 指令、T 指令和 G54~G59 指令完成工件坐标系的设定,其中 G50 指令相当于数控铣床的 G92 指令。

2. 绝对坐标方式编程和增量坐标方式编程

数控车床按绝对坐标方式编程时,使用地址 X 和 Z;按增量坐标方式(相对坐标)编程时,使用地址 U 和 W。除上述两种方式外,也可以采用混合坐标方式编程,即同一程序中,既出现绝对坐标指令,又出现增量坐标指令,如程序段"U40 Z40;""X70、W-60",实际编程中应用较广泛。

3. 直径编程和半径编程

由于车削零件的横截面为圆形,所以尺寸有直径指定和半径指定两种方法。当采用直径编程时,数控程序中 X 轴的坐标值即为零件图上的直径值;当采用半径编程时,数控程序中 X 轴的坐标值即为零件图上的半径值。具体机床可以用系统参数设置是采用直径编程还是采用半径编程。

考虑到回转体零件的径向尺寸标注通常为直径值,因此,为了便于编程轨迹基点坐标的计算,在数控车床的编程中,X 和 U 坐标值一般采用直径值,即按绝对坐标方式编程时,X 后紧跟的是直径值;按增量坐标方式编程时,U 后紧跟的是径向实际位移值的 2 倍,并附有正负号。当始点指向终点的方向与+X 一致,为正号,此时可以省略;当始点指向终点的方向与-X 一致,为负号。

二、G 代码功能与 S、T、F 指令

(一)G 代码功能

FANUC 0i-TC 数控车床系统常用的 G 代码功能如表 5-22 所示。

表 5-22　FANUC 0i-TC 数控车床系统的 G 代码

G 代码			组别	功能	G 代码			组别	功能
A	B	C			A	B	C		
G00	G00	G00	01	快速定位	G27	G27	G27	00	返回参考点检查
G01	G01	G01		直线插补	G28	G28	G28		返回参考点
G02	G02	G02		顺圆插补	G32	G33	G33	01	螺纹切削
G03	G03	G03		逆圆插补	G34	G34	G34		变螺距螺纹切削
G04	G04	G04	00	暂停	G36	G36	G36	00	刀具自动补偿(X 轴)
G10	G10	G10		可编程数据输入	G37	G37	G37		刀具自动补偿(Z 轴)
G11	G11	G11		可编程数据输入方式取消	G40	G40	G40	07	取消刀尖半径补偿
G20	G20	G70	06	英制输入	G41	G41	G41		刀尖半径左补偿
G21	G21	G71		公制输入	G42	G42	G42		刀尖半径右补偿

续表

G 代码			组别	功能	G 代码			组别	功能
A	B	C			A	B	C		
G50	G92	G92	00	坐标系或主轴最大速度设定	G80	G80	G80	10	固定钻削循环取消
G52	G52	G52	00	局部坐标系设定	G83	G83	G83		钻孔循环
G53	G53	G53		机床坐标系设定	G84	G84	G84		攻丝循环
G54-G59 （G54—选择工件坐标系 1） （G55—选择工件坐标系 2） （G56—选择工件坐标系 3） （G57—选择工件坐标系 4） （G58—选择工件坐标系 5） （G59—选择工件坐标系 6）			14	选择工件坐标系	G85	G85	G85		正面镗循环
					G87	G87	G87		侧钻循环
					G88	G88	G88		侧攻丝循环
					G89	G89	G89		侧镗循环
					G90	G77	G20	01	外径/内径车削循环
					G92	G78	G21		螺纹车削循环
G65	G65	G65	00	调用宏指令	G94	G79	G24	02	端面车削循环
G70	G70	G72		精加工循环	G96	G96	G96	05	恒表面切削速度控制
G71	G71	G73		外圆粗车循环	G97	G97	G97		恒表面切削速度控制取消
G72	G72	G74		端面粗车循环	G98	G94	G94		每分钟进给
G73	G73	G75		多重车削循环	G99	G95	G95	03	每转进给
G74	G74	G76		排屑钻端面孔	—	G90	G90		绝对值编程
G75	G75	G77		外径/内径钻孔循环	—	G91	G91		增量值编程
G76	G76	G78		多头螺纹循环					

（二）主轴转速功能设定指令（G97、G96、G50）

主轴转速功能表示机床主轴的转速大小，由 S 和紧跟其后的若干数字组成。主轴转速功能由恒转速控制和恒线速度控制两种指令方式，并可在恒线速度指令方式下，限制主轴最高转速。

1. 恒转速控制指令（G97）

（1）编程格式：

G97 S_；

（2）说明：

① S 后面的数字表示主轴转速的大小，单位为 r/min。

② G97 指令用于车削螺纹或工件直径变化不大的场合，该指令功能生效时，则恒线速度功能失效。机床开机默认为 G97 有效。例如，G97 S700 表示主轴转速为 700 r/min。

2. 恒线速度控制指令(G96)

（1）编程格式：

G96 S_;

（2）说明：

① S 后面的数字表示主轴线速度的大小，单位为 m/min。

② G96 指令用于车削端面或工件直径变化较大的场合，该指令功能生效时，则恒转速功能失效。采用此功能，可保证当工件直径变化时，主轴的线速度不变，从而保证切削速度不变，以保证表面加工质量。

例如，G96 S150 表示控制主轴转速，使切削点的线速度始终保持在 150 m/min。为保持图 5-42 中所示的零件加工时 A、B、C 各点的线速度为 150 m/min，则根据式(2-1)（这里公式中的 d 为工件直径），即可计算出各点在加工时的主轴转速分别为

$A: n = 1\ 000 \times 150 \div (\pi \times 40) \approx 1\ 194 (\text{r/min})$

$B: n = 1\ 000 \times 150 \div (\pi \times 60) \approx 796 (\text{r/min})$

$C: n = 1\ 000 \times 150 \div (\pi \times 70) \approx 682 (\text{r/min})$

上述主轴转速的改变是由数控系统自动控制的。

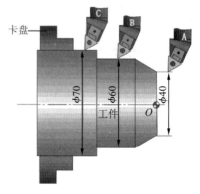

图 5-42　恒线速度切削方式

3. 主轴最高转速限制

（1）编程格式：

G50 S_;

（2）说明：

① S 后面的数字表示主轴最高转速的大小，单位为 m/min。

② 在恒线速度指令方式下，该指令可防止因主轴转速过高，离心力太大，产生危险及影响机床寿命。例如：

G50 S2000;（设定主轴最高转速为 2 000 r/min）

G96 S150;（恒线速度控制生效，切削速度为 150 m/min）

……

G97 S200;（恒转速控制生效，主轴转速为 200 r/min）

（三）刀具功能指令（T）

数控车床一般采用刀具功能 T 指令建立工件坐标系。

T 指令由字母 T 和其后 4 位数字组成，用于指定加工所用刀具和刀具偏置，即程序执行 T 指令后，在刀架换刀的同时建立该刀具的工件坐标系。

（1）编程格式：

T□□□□;

（2）说明：

① 前两位数字表示刀具号(0~99)，刀具号要与刀盘(刀架)上的刀位号相对应。

② 后两位数字表示刀具补偿号(0~64)，包括形状补偿和磨损补偿，形状补偿又包含刀具对刀后的刀具偏置补偿和刀尖圆弧半径补偿。

③ 刀具号和刀具补偿号可以不同,但强烈建议采用刀具号和刀具补偿号使用相同编号的原则,即 1 号刀的刀具偏置补偿值存入 1 号刀具补偿号里,编程程序段为"T0101;"。

④ 取消刀具补偿的 T 指令编程格式为 T□□00 或 T00。

例如,选择 3 号刀具、3 号刀具补偿号,编程如下。

T0303;(选择 3 号刀,并且 3 号刀具补偿号的补偿值有效)

…

(四) 进给功能指令 (F)

进给功能指令用于指定刀具切削进给运动时的进给速度或进给量,由 F 和其后的数值组成。在数控车床中进给功能有每转进给和每分钟进给两种指令模式,数控车床编程时通常采用每转进给模式。

1. 每转进给模式指令(G99)

(1) 编程格式:

G99　F_;(每转进给量)

(2) 说明:

① F 后面的数值表示主轴每转进给量,单位为 mm/r。

② G99 为模态指令,在程序中指定后,直到 G98 被指定前,一直有效。另外,机床开机缺省方式为 G99。例如:

G99 F0.2;(表示刀具进给量为 0.2 mm/r)

2. 每分钟进给模式指令(G98)

(1) 编程格式:

G98　F_;(进给速度)

(2) 说明:

① F 后面的数值表示刀具的进给速度,单位为 mm/min。

② G98 为模态指令,在程序中指定后,直到 G99 被指定前,一直有效。例如:

G98 F100;(表示刀具进给速度为 100 mm/min)

从本质上讲,进给功能的每转进给量和每分钟进给量是一样的,即知道主轴转速 n 和每转进给量 f_r,就可以计算出每分钟进给量 v_f ($v_f = n \times f_r$);同理,知道主轴转速 n 和每分钟进给量 v_f,也可以计算出每转进给量 f_r ($f_r = v_f / n$)。

三、G50、G28、G00、G01、G04 指令

1. 设定工件坐标系指令(G50)

车削加工工件的零点一般设置在工件右端面或左端面与主轴轴线的交点上,编程时,首先应该用 G50 指令或刀具偏置或工件坐标系零点偏置指令(G54~G59)设置工件坐标系。在实际加工中,刀具偏置和 G50 指令设定工件坐标系应用较为广泛。

(1) 编程格式:

G50 X_Z_;

(2) 说明:

X_、Z_值分别为刀具起始点在工件坐标系中的坐标值,注意 X_应为直径值。通过

G50 设定的工件坐标系,由刀具的起始点位置与 G50 指令后的坐标值反推得出。如图 5-43 所示,将工件坐标系零点设为 O 点和 O_1 点的程序段如下:

G50 X200 Z150;(设定工件坐标系 XOY)

G50 X160 Z125;(设定工件坐标系 X_1O_1Y)

注意:采用 G50 设定的工件坐标系,系统不具有记忆功能,当机床关机后,设定的工件坐标系即消失。再次开机后,在程序执行 G50 程序段之前,需要手动或 G50 前面的程序段将刀具的刀位点移动到起始点,X 轴和 Z 轴移动的距离分别是图 5-43 所示的 a_x 和 a_z,而 a_x 和 a_z 的准确值可通过对刀得出。

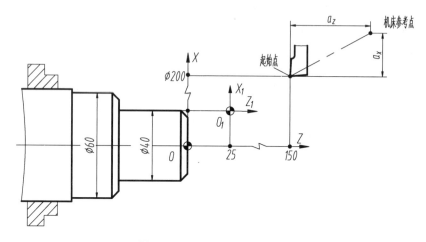

图 5-43 G50 设定工件坐标系

2. 自动返回参考点指令(G28)

(1) 功能:使刀具从当前位置以快速定位(G00)的运动方式,经过中间点返回到机床参考点。指定中间点的目的是使刀具沿着一条安全路径回到参考点,防止碰撞。

(2) 编程格式:

G28 X(U)_ Z(W)_;

(3) 说明:

① X_、Z_是刀具经过的中间点的绝对坐标值,U_、W_是刀具经过的中间点相对起点的增量坐标值。

② 使用 G28 指令时,若先前用了刀具补偿,也必须将刀具补偿取消后,才可使用 G28 指令。

如图 5-44 所示,若刀具从当前位置经过中间点(85,-32)返回参考点,则绝对坐标方式编程如下:

G28 X85 Z-32;

如图 5-45 所示,若刀具从当前位置直接返回参考点,此时相当于中间点与刀具当前点重合,则增量坐标方式编程如下:

G28 U0 W0;

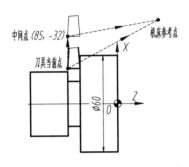
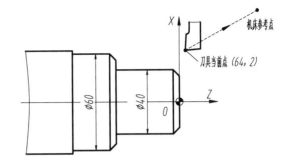

图 5-44　刀具过中间点返回参考点　　　图 5-45　刀具直接返回参考点

3. 快速点定位指令(G00)

(1) 功能:使刀具以点位控制方式,从刀具所在点快速运动到目标点。

(2) 编程格式:

G00 X(U)_Z(W)_;

(3) 说明:

① G00 指令不能加工,只能用作快速定位,如工件加工前的快进、加工中的空刀运动及加工后的快退。

② G00 为模态代码,可由同组代码 G01、G02、G03 等注销。

③ X_、Z_表示目标点的绝对坐标;U_、W_表示目标点相对刀具当前点的相对坐标;同一程序段中,绝对坐标和相对坐标可以混用;不变的坐标尺寸字,可省略不写。

④ G00 的执行过程:刀具先由程序起始点加速到最大速度,然后保持快速运动,最后减速到目标点,实现快速定位。

⑤ 常见 G00 路径如图 5-46 所示,从 A 点到 B 点有四种方式:$A \to C \to B$,$A \to B$,$A \to E \to B$,$A \to D \to B$。折线的起始角 θ 是固定的(22.5°或 45°),它取决于各轴的脉冲当量。

⑥ G00 的快速进给速度不能用程序指令指定,而是通过控制系统参数对各轴分别设定,各轴的快速进给速度可以相同,也可以不同。程序中 F 指令对 G00 程序段无效。不过,快速运动速度可通过面板的快速倍率旋钮调整(F0,25%,50%,100%)。

执行 G00 指令时,各轴以各自的快速进给速度移动,不能保证各轴同时到达目标点,故合成的刀具路径不一定是直线,往往是折线,如图 5-46 所示。因此,在使用 G00 时,要注意刀具与工件和夹具是否发生干涉,以防碰撞。

(4) 实例。

例 5-1　如图 5-47 所示,刀具从 A 点快速运动到 B 点,编制 $A \to B$ 程序如下。

绝对坐标方式:

G00 X20 Z2;

增量坐标方式:

G00 U-95 W-78;

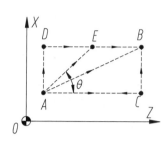

图 5-46 数控车床常见 G00 的路径

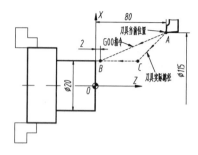

图 5-47 G00 编程实例

4. 直线插补指令(G01)

(1) 功能:该指令使刀具以 F 指定的进给速度,从当前点沿直线运动到目标点。刀具的轨迹为一条从当前点到目标点的直线段。

(2) 编程格式:

G01 X(U)_Z(W)_ F_;

(3) 说明:

① G01 指令主要用于刀具的直线切削进给运动。例如,单轴插补运动:车右端面、车内外圆、切槽与切断。再如,两轴联动插补运动:车内外圆锥面。

② G01 为模态代码,G01 可由同组代码 G00、G02、G03 等注销。

③ X_、Z_表示目标点的绝对坐标;U_、W_表示目标点相对刀具当前点的相对坐标。

④ F 是模态代码,可由 G00 注销,它指定刀具的切削进给速度,速度的方向为从当前点指向目标点,并保持不变。如果现在的 G01 程序段及其之前的程序段没有出现 F 指令,则执行现在的 G01 程序段,刀具将不运动。因此,在 G01 程序中应注意 F 指令的编写。

(4) 实例与训练。

例 5-2 如图 5-48 所示,数控车削 $\phi 20$ mm 外圆柱面,刀具从 B 点切削进给到 D 点,进给速度为 F0.1,编制的程序如下。

绝对坐标方式:

G01 X20 Z-40 F0.1;或 G01 Z-40 F0.1;

增量坐标方式:

G01 U0 W-42 F0.1;或 G01 W-42 F0.1;

混合坐标方式:

G01 X20 W-42 F0.1;或 G01 U0 X-42 F0.1;

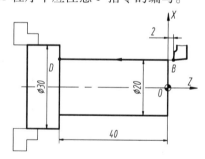

图 5-48 G01 指令车外圆

练 5-1 如图 5-49 所示,数控车削外圆锥面,刀具从 B 点切削进给到 D 点,进给速度为 F0.2,用以下三种方式编程。

绝对坐标方式编程:

增量坐标方式编程:

混合坐标方式编程:

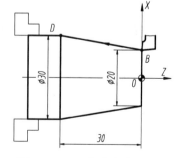

图 5-49 G01 指令车外圆锥面

例 5-3 如图 5-50 所示的台阶轴零件,已知该零件已经粗加工完毕,并留有余量 0.5 mm,材料为 45 钢,表面粗糙度要求为 3.2,单件生产,加工设备选择为数控车床 CK6150(FANUC 系统),刀具为外圆精车刀,进给量为 F0.1,主轴转速为 700 r/min。编写本工序的轮廓精加工程序。

本工序程序编制如下:

① 建立工件坐标系。建立的工件坐标系如图 5-51 所示,工件零点为右端面与轴线的交点。

② 走刀路线的设计。设计的精加工走刀路线如图 5-51 所示,为 $P \to P_0 \to P_1 \to \cdots \to P_7 \to P$。

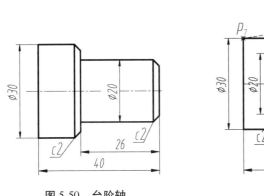
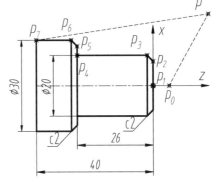

图 5-50　台阶轴　　　　　图 5-51　走刀路线图

③ 基点坐标的确定。各基点坐标经直接或换算确定如下:$P(200,250)$、$P_0(0,5)$、$P_1(0,0)$、$P_2(16,0)$、$P_3(20,-2)$、$P_4(20,-26)$、$P_5(26,-26)$、$P_6(30,-28)$、$P_7(30,-40)$

④ 编制程序。

O5001;(程序名)

G21 G40 G97 G99 T0;(程序初始化)

G28 U0 W0;(刀具沿 X、Z 轴自动回零)

S700 M03;(主轴正转,转速为 700 r/min)

T0101;(换 1 号刀,建立工件坐标系)

N1 G00 X0 Z5 M08;(刀具快速进给至 P_0 点,冷却液开)

G01 X0 Z0 F0.1;(刀具以 G01 方式进给至 P_1 点)

X16 Z0;(刀具以 G01 方式进给至 P_2 点)

X20 Z-2;(刀具以 G01 方式进给至 P_3 点)

X20 Z-26;(刀具以 G01 方式进给至 P_4 点)

X26 Z-26;(刀具以 G01 方式进给至 P_5 点)

X30 Z-28;(刀具以 G01 方式进给至 P_6 点)

X30 Z-40;(刀具以 G01 方式进给至 P_7 点)

G00 X200 Z250 M09;(刀具快速退刀至换刀点 P,冷却液关)

M30;(程序结束)

练 5-2 如图 5-52 所示的阶梯轴零件,已知该零件已经粗加工完毕,并留有余量 0.5 mm,材料为 45 钢,表面粗糙度要求为 3.2,单件生产,加工设备选择为数控车床 CK6150(FANUC 系统),刀具为外圆精车刀,进给量为 F0.15,主轴转速为 700 r/min。试编写本工序的轮廓精加工程序。

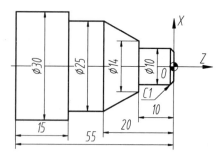

图 5-52 阶梯轴零件

5. 暂停指令(G04)

(1) 功能:执行 G04 指令,使程序暂停切削进给一定时间后再执行下一个程序段。该指令一般用于切槽、钻孔、镗孔等场合,如图 5-53 所示,以提高表面加工质量。

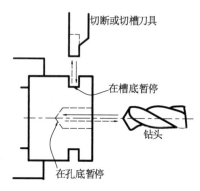

图 5-53 暂停指令 G04

(2) 编程格式:

G04 X_;或 G04 U_;或 G04 P_;

(3) 说明:

① G04 是非模态代码,只在本程序段有效。

② 在 G98 进给模式下,X、U、P 均为暂停进给时间,X、U 后面的时间采用小数点指定,单位为 s,P 后面的时间不能使用小数点指定,单位为 ms。

③ 开机默认为 G99,在 G99 进给模式下,X 为暂停进刀的主轴回转数。

④ 在暂停指令同一程序段,不能指令进给速度。例如:

G99 G04 X2;(主轴转 2 圈后执行下一个程序)

G98 G04 X2;或 G98 G04 U2;或 G98 G04 P2000;(暂停进给 2 s 后执行下一个程序)

四、单一固定循环指令(G90、G94)

前面学习的 G00 和 G01 指令是基本指令,即一个指令只使刀具产生一个动作,但一个单一循环指令可使刀具产生四个动作,即可将刀具用一个循环指令"进刀→切削→退刀→返回"完成。因此,使用循环指令可简化程序编制。

当工件毛坯的轴向余量大于径向余量时,使用外径/内径切削循环指令 G90;当工件毛坯的径向余量大于轴向余量时,使用端面切削循环指令 G94。

1. 外径/内径车削循环指令 G90

(1) 功能:该指令用于加工内、外圆柱面和圆锥面。

(2) 编程格式:

圆柱面切削循环:

G90 X(U)_ Z(W)_ F_;

圆锥面切削循环:

G90 X(U)_ Z(W)_ R_ F_;

单一固定循环指令

(3) 说明:

① 圆柱面切削循环刀具轨迹如图 5-54 所示,为一水平矩形 ABCD,图中虚线表示快

速运动,实线表示按 F 指定的切削进给速度运动,A 为循环起点,B 为切削始点,C 为切削终点,D 为退刀点。执行该指令,刀具从循环起点开始,按 A→B→C→D→A 的路线顺时针运动,最后回到了循环起点。圆锥面切削循环刀具轨迹如图 5-55 所示,为一梯形 ABCD,其他与圆柱面切削循环轨迹一样。

② X_、Z_为切削终点(C 点)的坐标;U_、W_为切削终点(C 点)相对循环起点(A 点)的增量坐标。

③ R_为圆锥面切削始点(B 点)半径减去切削终点(C 点)半径的差值,有正负号。由圆锥小端向大端切削,X_值由小到大,R_用负值指定;由圆锥大端向小端切削,X 值由大到小,R_用正值指定。

④ G90 指令及指令中各参数均为模态值,每指定一次,车削循环一次。指令中的各参数,在指定另一个 G 指令(G04 除外)前保持不变。用 G90 进行粗车编程时,每次循环车削一层 X 方向余量,再次循环时只需按切削深度依次改变 X_的坐标值,则循环会依次重复执行。

特别需要指出的是,在应用 G90 指令编程时,刀具必须先快速定位到循环起点,然后才执行 G90 循环指令,且每次循环结束后刀具总回到循环起点。

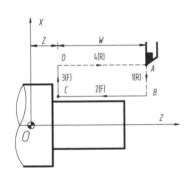
图 5-54　圆柱面切削循环刀具轨迹

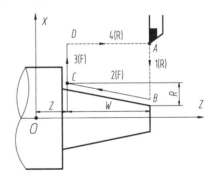
图 5-55　圆锥面切削循环刀具轨迹

(4) 实例。

例 5-4　外圆柱面粗车如图 5-56 所示,工件右端外径为 ϕ35 mm,相邻段的外径为 ϕ50 mm,直径相差较大,加工余量较大。因此,ϕ35 mm 外圆在精车前,必须将大部分余量切除。为此,可使用 G90 指令编写该外圆的粗车程序。已知,ϕ35 mm 外圆 X 方向精车余量为 0.4 mm,Z 方向精车余量为 0.2 mm,粗车背吃刀量为 2.5 mm,转速为 600 r/min,进给量为 0.2 mm/r,则该外圆的粗车程序可编写如下:

O5303;(程序名)
G21 G40 G97 G99 T0;(程序初始化)
G28 U0 W0;(刀具沿 X、Z 轴自动回零)
S600 M03;(主轴正转,转速为 600 r/min)
T0101;(换 1 号刀,建立工件坐标系)
N1 G00 X55 Z2 M08;(刀具快速至循环起点,冷却液开)
G90 X45.4 Z-29.8 F0.2;(第 1 次循环切削 ϕ45.4 mm 的外圆,背吃刀量为 2.3 mm)

X40.4;（第 2 次循环切削 ϕ40.4 mm 的外圆,背吃刀量为 2.5 mm）
X35.4;（第 3 次循环切削 ϕ35.4 mm 的外圆,背吃刀量为 2.5 mm）
G00 X200 Z250 M09;（刀具从循环起点快速返回至换刀点,冷却液关）
M30;（程序结束）

例 5-5　如图 5-57 所示,车削外圆锥面,刀具的走刀路线为 $A→B→C→D→A$,进给量为 F0.2,用 G90 指令编程如下。

G00 X46 Z2.5;（刀具快速至循环起点 A）
G90 X40 Z-40 R-5.313 F0.2;（刀具的走刀路线为 $A→B→C→D→A$）

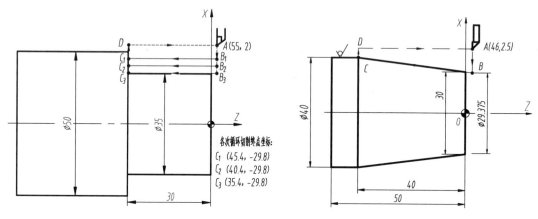

图 5-56　G90 的用法(圆柱面)　　　　图 5-57　G90 的用法(圆锥面)

2. 端面车削循环指令(G94)

(1) 功能：用于加工工件径向余量大于轴向余量的圆柱和圆锥端面,如盘类零件。
(2) 编程格式：
平端面切削循环：
G94 X(U)_ Z(W)_ F_;
锥端面切削循环：
G94 X(U)_ Z(W)_ R_ F_;
(3) 说明：

① 平端面切削循环刀具轨迹如图 5-58 所示,为一垂直矩形 $ABCD$,图中虚线表示快速运动,实线表示按 F 指定的切削进给速度运动,A 为循环起点,B 为切削始点,C 为切削终点,D 为退刀点。执行该指令,刀具从循环起点开始,按 $A→B→C→D→A$ 的路线逆时针运动,最后回到了循环起点。锥端面切削循环刀具轨迹如图 5-59 所示,为一梯形 $ABCD$,其他与平端面切削循环轨迹一样。

② X_、Z_为切削终点(C 点)的坐标,U_、W_为切削终点(C 点)相对循环起点(A 点)的增量坐标。

③ R_为锥端面切削始点(B 点)Z 坐标减去切削终点(C 点)Z 坐标的差值,有正负号；当加工端面时 R 为零,可省略不写。

④ G94 指令及指令中各参数也为模态值,每指定一次,切削循环一次。指令中的各

参数,在指定另一个 G 指令(G04 除外)前保持不变。用 G94 进行粗车编程时,每次循环车削一层 Z 方向余量,再次循环时只需按切削深度依次改变 Z_的坐标,则循环会依次重复执行。

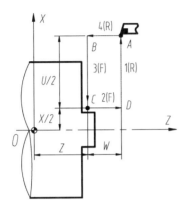

图 5-58 平端面切削循环　　图 5-59 锥端面切削循环

(4) 实例。

例 5-6 如图 5-60 所示,工件右端小端面外径为 ϕ30 mm,相邻段的外径为 ϕ90 mm,台阶长度为 15 mm,径向余量 30 mm 大于轴向余量 15 mm。现已知:ϕ30 mm 外圆 X 方向精车余量为 0.4 mm,Z 方向精车余量为 0.2 mm,粗车 Z 方向背吃刀量为 5 mm,转速为 500 r/min,进给量为 0.2 mm/r,用 G94 编写粗车程序如下:

O5304;(程序名)
G21 G40 G97 G99 T0;(程序初始化)
G28 U0 W0;(刀具沿 X、Z 轴自动回零)
S500 M03;(主轴正转,转速为 500 r/min)
T0101;(换 1 号刀,建立工件坐标系)
N1 G00 X95 Z2 M08;(刀具快速至循环起点,冷却液开)
G94 X30.4 Z-4.8 F0.2;(第 1 次端面循环切削,Z 方向背吃刀量为 4.8 mm)
Z-9.8;(第 2 次端面循环切削,Z 方向背吃刀量为 5 mm)
Z-14.8;(第 3 次端面循环切削,Z 方向背吃刀量为 5 mm)
G00 X200 Z150 M09;(刀具从循环起点快速返回至换刀点,冷却液关)
M30;(程序结束)

例 5-7 如图 5-61 所示,工件锥形端面的小端外径为 ϕ20 mm,大端外径为 ϕ60 mm,台阶长度为 10 mm。现已知:工件 X 方向精车余量为 0.4 mm,Z 方向精车余量为 0.2 mm,粗车 Z 方向背吃刀量为 5 mm,转速为 500 r/min,进给量为 0.2 mm/r,用 G94 编写粗车程序如下:

O5305;(程序名)
G21 G40 G97 G99 T0;(程序初始化)
G28 U0 W0;(刀具沿 X、Z 轴自动回零)
S500 M03;(主轴正转,转速为 500 r/min)

T0101;（换1号刀,建立工件坐标系）
G00 X70 Z8.2 M08;（刀具快速至循环起点,冷却液开）
G94 X20.4 Z5.2 F0.2;（第1次锥端面循环切削,Z方向背吃刀量为4.8 mm）
Z0.2;（第2次锥端面循环切削,Z方向背吃刀量为5 mm）
Z-4.8;（第3次锥端面循环切削,Z方向背吃刀量为5 mm）
Z-9.8;（第4次锥端面循环切削,Z方向背吃刀量为5 mm）
G00 X200 Z250 M09;（刀具从循环起点快速返回至换刀点,冷却液关）
M30;（程序结束）

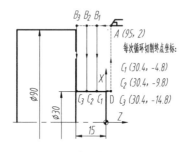
图 5-60　G94 的用法（端面）

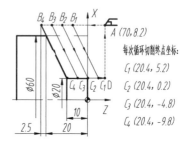
图 5-61　G94 的用法（锥形端面）

五、子程序编程

1. 子程序的概念

数控车床与数控铣床的数控程序一样,可分为主程序和子程序,不同的主程序名用于车削加工不同的零件。在编制数控车削程序中,有时会遇到一组程序段（连续若干个程序段）在一个程序中多次出现,或者几个程序中都要用到它。这组典型的程序段可单独编成一个程序,即为子程序,通过主程序的调用来运行。

2. 子程序的作用

使用主、子程序编程,能减少不必要的重复的程序段,可简化程序的编制,节省数控系统的存储空间。

3. 子程序的调用（M98）

编程格式：

M98 PAAA BBBB;

其中,M98 表示子程序调用指令字;AAA 表示调用次数（1~999）,调用次数前的 0 可以省略不写;BBBB 表示调用的子程序号,不能省略,必须为 4 位数。

子程序编程

子程序可以嵌套,即主程序调用一个子程序,而子程序又可调用另一个子程序,如图 5-62 所示。当主程序调用子程序时,该程序被认为是一级子程序,FANUC 0i 系统允许子程序嵌套最多 4 级,同时,在主程序中也允许多次调用同一个子程序。

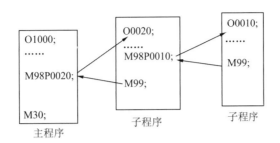

图 5-62 子程序的调用与嵌套

4. 子程序的结束(M99)

编程格式:

M99;

其中,M99 表示返回到主程序或上一级子程序 M98 指令后的程序段。

例 5-8 带槽轴如图 5-63 所示,轴外圆柱面上有多处尺寸相同的矩形沟槽。已知:工件零点为轴线与右端面的交点,高速钢槽刀的宽度为 4 mm,主轴转速为 300 r/min,进给量为 0.08 mm/r,要求利用子程序编制多处沟槽的切槽加工程序。

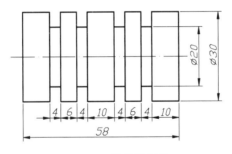

图 5-63 带槽轴零件

利用子程序编制的数控程序如下:

O5002;(主程序)

G21 G40 G97 G99 T0;(程序初始化)

G28 U0 W0;(刀具沿 X、Z 轴自动回零)

S300 M03;(主轴正转,转速为 300 r/min)

T0101;(换 1 号 4 mm 宽的外切槽刀,左刀尖对刀,建立工件坐标系)

G00 X32 Z0 M08;(快速靠近工件,同时开冷却液)

M98 P5601 L2;(调用 O5601 子程序 2 次)

G00 W-14;(Z 方向增量移动 -14 mm)

G01 X0.5 F0.08;(切断工件)

G00 X32;(沿 X 方向退刀至 X32)

Z0 M05;(沿 Z 方向退刀至 Z0,主轴停转)

G00 X200 Z200 M09;(刀具快速返回换刀点,关冷却液)

M30;(主程序结束)

O5601;(子程序)

G00 W-14;(Z 轴增量快速进给-14 mm)

G01 U-12 F0.08;(X 轴增量进给-12 mm,切第 1 个沟槽)

G04 X1;(刀具在槽底暂停 1 s,保证槽底表面加工质量)

G00 U12;(X 轴增量快速退刀 12 mm)

W-10;(Z 轴增量快速进给-10 mm)

G01 U-12 F0.08;(切第 2 个沟槽)

G04 X1;(刀具在槽底暂停 1 s)

G00 U12;(X 轴增量快速退刀 12 mm)

M99;(子程序结束)

任务实施

编程原点选择在阶梯轴右端面与轴线的交点,粗车各外圆和圆锥面时,可以用 G00、G01 编程,也可以用 G90 编程。这里粗车各外圆采用 G90 编程,粗车锥面采用 G00、G01 编程。

一、确定基点坐标

刀具走刀路线和基点坐标是数控编程的重要依据,根据零件图和所设计的走刀路线确定基点坐标如下:

(1) 车削端面走刀路线的基点坐标为:$R(200,250)$、$P_1(34,2)$、$P_2(34,0)$、$O(0,0)$、$P_3(0,2)$。

(2) 外圆粗车走刀路线的基点坐标为:$P_1(34,2)$、$P_2(28.6,2)$、$P_3(28.6,-59.5)$、$P_4(34,-59.5)$、$P_1(34,2)$、$P_5(24.6,2)$、$P_6(24.6,-44.05)$、$P_7(34,-44.05)$、$P_1(34,2)$、$P_8(20.6,2)$、$P_9(20.6,-33.9)$、$P_{10}(34,-33.9)$、$P_1(34,2)$、$P_{11}(16.6,2)$、$P_{12}(16.6,-14)$、$P_{13}(34,-14)$。

(3) 锥面走刀路线的基点坐标为:$P_1(34,2)$、$P_{14}(34,-14)$、$P_{15}(25,-14)$、$P_{12}(16.6,-14)$、$P_9(20.6,-33.9)$、$P_{16}(25,-33.9)$、$P_{17}(34,-33.9)$。

(4) 精车外轮廓走刀路线的基点坐标为:$P_1(34,2)$、$A_1(10,2)$、$A_2(15.979,-1)$、$A_3(15.979,-14)$、$A_4(20,-34)$、$A_5(23.974,-34)$、$A_6(23.974,-43.95)$、$A_7(27.974,-43.95)$、$A_8(27.974,-59.3)$、$A_9(34,-59.3)$、$R(200,250)$。

(5) 切槽、切断走刀路线的基点坐标为:$R(200,250)$、$B_1(32,2)$、$B_2(32,-14)$、$B_3(18,-14)$、$B_4(12,-14)$、$B_5(32,-59)$、$B_6(1,-59)$。

二、编制程序单

根据设计的数控加工工艺和数控指令编制的程序如表 5-23 所示,供参考。

表 5-23 数控加工程序单

单位名称	××职业技术学院			编制	
零件名称	阶梯轴	零件图号	CM-01	日期	
程序号	O5001;				
程序段号	程序内容			程序说明	
	O5001;			程序号	
	G28 U0 W0 T0;			刀具沿 X、Z 轴自动回参考点	
	G50 X450 Z500;			设定工件坐标系	
	N1;			车削端面	
	G00 G21 G40 G97 G99 S500 M03 T0101;			程序初始化,建立工件坐标系	
	G00 X34 Z2;			刀具快速至 $P_1(34,2)$	
	M08;			开冷却液	
	G94 X0 Z0 F0.1;			切削端面	
	N2;			粗车阶梯轴	
	F0.2;			设置进给速度	
	G00 X34 Z2;			刀具快速运动至点 P_1	
	G90 X28.6 Z-59.5;				
	X24.6 Z-44.05;			粗切各外圆柱面,半精车 X 方向单边余量为 0.3 mm,Z 方向余量为 0.1 mm	
	X20.6 Z-33.9;				
	X16.6 Z-14;				
	G00 Z-14;			粗切锥面,→P_{14}	
	X25;			→P_{15}	
	G01 X16.6;			→P_{12}	
	X20.6 W-19.9;			→P_9	
	G01 X25;			→P_{16}	
	G00 X34;			→P_{17}	
	Z2;			→P_1	
	N3;			半精车阶梯轴	
	S700 F0.1;			设置半精车主轴转速和进给量	
	G00 X34 Z2;			→P_1	
	N10 G00 X10;			→A_1	
	G01 X15.979 Z-1;			→A_2	
	G01 Z-14;			→A_3	

续表

程序段号	程序内容	程序说明
	G01 X20 W-20;	→A_4
	G01 X23.974 Z-34;	→A_5
	G01 Z-43.95;	→A_6
	G01 X27.974;	→A_7
	G01 Z-59.3;	→A_8
	N20 G01 X34;	→A_9
	G00 X34 Z2;	→P_1
	G00 X200 Z250 T0100 M05;	刀具快速运动至换刀点 R
	N4;	切槽、切断
	G00 G21 G40 G97 G99 S300 M03 T0202;	初始化,建立工件坐标系 T0202
	G00 X32 Z2;	刀具快速运动至起始点 B_1
	X32 Z-14;	刀具快速运动至 B_2
	G01 X18 F0.5;	刀具以 G01 方式运动至切削起点 B_3
	G01 X12 F0.05;	刀具沿径向进给切槽至 B_4
	G04 X5;	刀具暂停 5 s,G04 非续效代码
	G01 X18;	切槽刀以 G01 方式退回至点 B_3
	G01 X32 F0.5;	刀具沿径向退刀至 B_2
	G00 Z-59;	→B_5
	G01 X1 F0.05;	→B_6
	G01 X32 F0.5;	→B_5
	G00 X32 Z2;	→B_1
	M09;	关冷却液
	G00 X200 Z250 T0200 M05;	刀具快速运动至换刀点 R
	M30;	程序结束

任务小结

本任务主要介绍了数控车床的坐标系及编程特点、基本编程指令(S、T、F、G50、G28、G00、G01、G04)、单一固定循环指令(G90、G94)和子程序编程。重点是牢记这些指令的格式和掌握指令的运用方法。通过完成阶梯轴数控车削程序的编制,来掌握阶梯轴类零件的数控车削编程方法。

任务 5.4 数控车床的手动操作

任务描述

已知：工件毛坯为 ϕ 32 mm 的圆棒料，材料为 45 钢，试通过手动操作方式完成如图 5-64 所示定位销的车削加工。

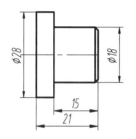

技术要求：
1. 端面不允许留有凸台。
2. 台阶平面应与中心线垂直。
3. 未注倒角 1×45°。
4. 未注公差按 IT14。

图 5-64　定位销

知识准备

数控车床的手动操作

一、数控车床的开关机操作

（一）开机操作

FANUC 0i 系统数控车床的开机操作如表 5-24 所示。

表 5-24　数控车床开机操作步骤

序号	操作步骤	操作内容
1	接通供电电源	合上供电柜闸刀，接通供电电源，若已通过，则本步省略
2	打开车床电源	面对数控车床，在其背后电气柜上有车床电源开关，将其手柄从 OFF 旋至 ON 位置，即打开车床电源。此时电气柜的冷却风扇随之启动，仔细听，能听到其运转的声音
3	打开 NC 电源	按下操作面板上的启动按钮（绿色），此时操作面板上电源指示灯亮
4	右旋"急停"按钮	右旋"急停"按钮后，等待位置画面显示 X、Z 坐标值，画面正常显示前，请勿动任意按钮
5	按下机床复位键	位置画面正常显示后，若画面显示报警，按下复位键，消除报警，车床"准备好"灯亮，即开机完毕

(二)关机操作

数控车床的关机操作步骤与开机操作步骤相反,如表 5-25 所示。

表 5-25　数控车床关机操作步骤

序号	操作步骤	操作内容
1	关机前检查	检查确认程序运行停止、所有可移动部件都处于停止状态和外部设备关闭时,方可关机
2	按下"急停"按钮	将车床 X、Z 轴移动到适当的位置,按下"急停"按钮,画面上 EMG 闪烁,表示急停报警
3	关闭 NC 电源	按下操作面板上的停止按钮(红色),此时操作面板上的电源指示灯灭
4	关闭车床电源	将数控车床电源开关的手柄从 ON 旋至 OFF 位置,即车床电源被关闭。此时电器柜的冷却风扇随之关闭
5	关闭供给电源	如果车床较长时间不使用,则可关闭车床供电电源

二、数控车床的回零操作

采用增量编码器的数控车床,开机后必须回参考点(回零),回参考点的目的是建立工件坐标系,要牢记须回参考点的四种情况:开机、超程、校验程序和紧急停止。回参考点一般有手动操作回参考点和指令回参考点两种方法。MDI 模式指令回参考点的操作步骤见表 5-26。

表 5-26　MDI 模式指令的回零操作

序号	操作步骤	操作内容
1	选择较低的"快速倍率"挡位	转动"快速倍率"选择开关到较低挡位(25%、50%),目的是降低移动速度,避免"超程"现象的出现
2	选择"MDI"方式	转动"模式选择"开关到"MDI"处
3	按"程序"功能键	若未出现 MDI 画面,则按显示屏下方的"MDI"软键
4	X 轴指令回零	录入 G28U0;按"插入"键,再按循环启动键,回零到位,回零指示灯亮
5	Z 轴指令回零	录入 G28W0;按"插入"键,再按循环启动键,回零到位,回零指示灯亮

三、数控车床的坐标轴运动操作

数控车床的坐标轴进给运动操作主要有手动快速进给、手动进给和手轮进给三种模式,其操作方法如下。

(一)手动快速进给、手动进给

手动快速进给和手动进给的作用分别是快速和低速移动刀架到目的地,操作步骤见表 5-27。

表 5-27 手动快速进给、手动进给的操作步骤

序号	操作步骤	操作内容
1	选择"手动"方式	转动"方式选择"开关到"手动"处
2	手动进给	先选择移动速度,即转动"进给倍率"旋钮到适当挡位;再按住"+X""+Z""-X""-Z"键(或先按"X""Z"轴键,再按"+""-"方向键),可以移动单轴或两轴
3	手动快速进给	先选择快速移动速度,即转动"快速倍率"旋钮到适当挡位(×25 或 ×50)处;再同时按住"+X"和快进键,刀具将沿+X方向快速移动;同时按住触摸键"-X"和快进键,刀具将沿-X方向快速移动。Z轴同X轴

(二) 手轮进给

手轮进给一般用于对刀操作和手动切削加工,操作步骤见表 5-28。

表 5-28 手轮进给的操作步骤

序号	操作步骤	操作内容
1	选择"手轮"方式	转动"方式选择"开关到"手轮"处,并选定放大倍数(×1、×10、×100表示手轮每转1格,刀具相对于工件分别移动 0.001 mm、0.01 mm、0.1 mm)
2	选择刀具要移动的坐标轴	置拨动开关至"X"档位,选择"X"轴;置拨动开关至"Z"档位,选择Z轴
3	选择刀具要移动的轴方向	旋转手轮,顺时针旋转为+X,+Z方向,逆时针旋转为-X,-Z方向

四、数控车床的 MDI 运行

MDI 运行用于主轴启动操作、对刀操作、检验工件坐标系的正确性等。在 MDI 方式中,操作者通过操作键盘上的键,可以编制最多6行的程序并运行。注意:在 MDI 方式中建立的程序不能被储存。

以设置主轴转速为 500 r/min,旋向为正转为例,MDI 运行操作步骤见表 5-29。

表 5-29 MDI 运行操作步骤

序号	操作步骤	操作内容
1	选择"MDI"方式	旋转"方式选择"开关到"MDI"方式处
2	选择程序画面	按键盘上的程序键 PROG,选择程序画面,若未显示 MDI 画面,按"MDI"软键。系统自动输入、显示程序号"O0000"
3	输入程序内容"S500 M03;M30;"	按键盘上的键"EOB",再按插入键"INSERT",程序换行;依次按键盘上的键"S""5""0""0""M""0""3""EOB",再按插入键"INSERT";依次按键盘上的键"M""3""0""EOB",再按插入键"INSERT"
4	执行程序	按光标键"↑",将光标移动到程序头,即"O0000"处;按"循环启动"按钮,程序开始执行,运行到 M30,程序结束

任务实施

以小组为单位,每组 3~4 名学生,组内成员循环逐个练习 1~2 遍,实施过程如下:
(1) 开机。
(2) 回零。
(3) 装夹刀具。
(4) 装夹工件。
(5) 在 MDI 模式下设置主轴转速 S500。
(6) 手轮方式切削端面。
(7) 手动切削外圆。
(8) 训练结束后清理机床,关机,整理工具,打扫车间卫生。

说明:刀具远距离靠近或加工结束后远离工件,采用快速模式(25%、50%)或手轮模式(×100),刀具进刀切入工件和切削工件采用手轮模式(×10)或手动模式(进给倍率旋钮调整进给速度大小)。

任务小结

本任务主要介绍了数控车床的开关机、回零、手轮进给、手动进给、手动快速进给、MDI 运行操作方法,通过实操数控车床训练,掌握手动操作方法和步骤,为后续学习数控车削编程打下良好的基础。

任务 5.5 阶梯轴零件的数控程序编辑与校验

任务描述

输入并校验任务 5.3 编制的阶梯轴零件的数控程序。

知识准备

创建新程序、编辑程序和管理程序的操作方法与数控铣床一样,不同的只是程序内容,详见任务 1.5 部分,这里不再重复。

在数控车床自动加工前,必须对程序进行认真检查、校验,以保证程序正确。由于数控车床与数控铣床控制的轴数不一样,所以数控车床的程序校验操作与数控铣床有所不同。这里仅介绍数控车床采用"机床锁住+空运行"校验程序的方法,它只能检查程序语法和刀具轨迹是否正确,不能加工工件。"机床锁住+空运行"校验数控车削程序的操作步骤见表 5-30。

表 5-30 检验数控加工程序的操作步骤

序号	操作步骤	操作内容
1	使刀具在换刀安全位置（若刀具已在安全位置，则该步省略）	① 旋转"模式选择"开关到"手动"处 ② 手动轴选在"Z"或"X"轴位置，选择 Z 或 X 轴 ③ 按操作面板上触摸键"+"，刀具将远离工件至安全位置
2	打开一个程序（若当前程序为要校验的程序，则该步省略）	① 按键盘上的程序键"PROG" ② 按地址键"O"和数字键，输入程序号"O××××"，并按显示屏下方的"O 检索"软键，则该程序将被调出来并显示在显示屏上
3	程序复位（若光标已在程序头，则此步省略）	若光标在程序的中间位置，按复位键"RESET"，光标回到程序头
4	机床锁住	按"机床锁住"键，指示灯亮有效
5	设置空运行	按"空运行"键。刀具按系统参数指定的速度移动，而与程序中指令的进给速度无关，指示灯亮有效
6	选择"自动"方式	转动"方式选择"开关到"自动"处
7	显示图形画面（若程序运行，不显示刀具轨迹，则此步省略）	按功能键"GRAPH"，若未显示图形画面，则按屏幕下方的"显示"软键 若需要修改显示参数，则按"参数"软键，通过光标移动键将光标移动到所需要设定的参数处，如工件、图形中心、比例等，输入数据后按"INPUT"键，再按"显示"软键，即重新显示图形画面
8	运行并检查程序（说明：程序运行时，可根据需要选择单步执行或者连续运行方式）	按下"循环启动"按钮，程序自动运行，此时，屏幕画面显示刀具轨迹，但是刀具沿 X、Z 轴不移动。若程序图形轨迹与加工零件要求不符或程序有编写格式错误等，则要对程序进行修改直至正确无误。一般在程序报警时，光标停止处向下两个程序段有问题，应仔细查找错误。若省略第 7 步，则程序运行时观视画面上的 X、Z 轴坐标值，坐标值在变化，就像刀具在运行一样，实际上，刀具沿 X、Z 轴不移动。

  任务实施

以小组为单位，每组 3~4 名学生，组内成员循环逐个练习 2~3 遍，实施过程如下：

（1）开机，在 MDI 模式下指令回零。

（2）将工作台和主轴停在中间位置，保持机床平衡，并按下"机床锁住"和"空运行"键。

（3）新建一个程序 O5001。

（4）逐段输入或编辑所编制的阶梯轴数控程序。

（5）校验程序。若报警，则编辑程序，直至程序正确运行，且刀具轨迹无误。

（6）组内成员逐个训练程序输入、编辑与校验操作，教师指导、检查。

（7）训练结束，保养车床，关机，并打扫车间卫生。

任务小结

本任务主要介绍了数控车床的程序输入、编辑及校验的操作方法与步骤，通过实操训练,掌握程序输入、编辑与校验的方法,形成操作技能,为后续学习数控车床的编程与加工打下基础。

任务 5.6 数控车床对刀及自动加工

任务描述

完成如图 5-4 所示的阶梯轴右端面与轴线交点为工件原点的对刀,并运行任务 5.5 校验好的程序,自动加工出此零件。

知识准备

一、数控车床对刀操作

(一) 数控车床工件坐标系的设置方法

1. 对刀点、刀位点、换刀点

数控车床对刀

所谓对刀,是指使刀位点与对刀点重合的操作。每把刀具的半径与长度尺寸都是不同的,刀具装在机床上后,应在控制系统中设置刀具的基本位置。刀位点是指刀具的定位基准点。如图 5-65 所示,车刀刀位点是刀尖或刀尖圆弧中心点。对刀点是指通过对刀确定刀具与工件相对位置的基准点。对刀点设置在夹具上与零件定位基准有一定尺寸联系的某一位置,对刀点往往就选择在零件的工件(程序)原点。换刀点常常设置在被加工零件的轮廓之外,在刀具旋转时不与工件和机床设备发生干涉的一个安全位置。

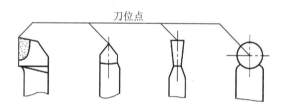

图 5-65 车刀刀位点

2. FANUC 系统设置工件坐标系的方法

第一种方法是刀具长度补偿试切对刀:通过对刀将刀偏值写入参数,从而获得工件坐标系。这种方法操作简单,可靠性好,通过刀偏与机械坐标系紧密地联系在一起,只要不断电、不改变刀偏值,工件坐标系就会存在且不会变,即使断电,重启后仍回参考点,工件坐标系还在原来的位置。这里重点介绍这种对刀参数设置方法。

第二种方法是 MDI 方式下,运用 G54~G59 可以设定六个工件坐标系,这种坐标系是相对于参考点不变的,与刀具无关。这种方法适用于批量生产且工件在卡盘上有固定装夹位置的加工。与数控铣床一样，此处不再重复。

第三种方法是用 G50 设定坐标系，对刀后将刀移动到 G50 设定的位置才能加工。对刀时先对基准刀，其他刀的刀偏都是相对于基准刀的。

（二）试切法对刀

首先，数控车床正确回零；其次，将工件和刀具装夹好；最后，进行对刀操作。数控车床对刀方法有试切对刀法、机械对刀仪对刀法和光学对刀仪对刀法。这里只介绍常用的试切对刀法中手动对刀操作与对刀参数的设置。

1. Z 轴对刀

（1）车右端面。

① 设置主轴转速。在 MDI 模式下输入"S500;M30;"程序段，光标回至程序头，按循环启动键，使主轴转速设置有效。

② 车右端面。切换到"手轮"模式，按主轴正转按钮，主轴便正转，手轮移动刀具切削工件端面，然后刀具向+X方向退出，即 Z 坐标值保持不变。

（2）设置 Z 轴对刀参数。

设置 Z 轴对刀参数的步骤如下：

① 按"OFFSET/SETTING"功能键，则显示参数画面。

② 按"补正"软键，出现"刀具补正"窗口；若"刀具补正"窗口为磨耗面，须按"形状"软键，切换到"刀具补正/形状"界面，如图 5-66 所示。

③ 将光标移动到该刀具补偿号的 Z 轴数据处。

图 5-66 "工具补正/形状"界面

④ 输入刀具刀位点在工件坐标系中的 Z 坐标值，此处为 Z0，按"测量"软键，完成 Z 轴对刀参数的设置，此时刀具 Z 轴长度补偿值（也称位置偏置值）与位置画面中的 Z 轴机床坐标值应一致，否则对刀有误。

2. X 轴对刀

（1）车削外圆柱面。

① 设置主轴转速。在 MDI 模式下输入"S500;M30;"程序段，光标回至程序头，按循环启动键，使主轴转速设置有效，若已设置，则本步省略。

② 车削外圆。切换到"手轮"模式，按主轴正转按钮，主轴启动，手摇使刀具切削工件外圆长 5~10 mm，如图 5-67 所示，然后+Z方向退刀，X 轴坐标保持不变。

③ 停车，测量已加工外圆直径。按主轴停止键，主轴停转，用游标卡尺测量所车工件外圆直径。

（2）设置 X 轴对刀参数。

设置 X 轴对刀参数的步骤如下：

① 按"OFFSET/SETTING"功能键，则显示参数画面。

图 5-67 车削外圆

② 按"补正"软键,出现"刀具补正"窗口,若"刀具补正"窗口为磨耗界面,须按"形状"软键,切换到"刀具补正/形状"界面。

③ 将光标移动到该刀具补偿号的 X 轴数据处。

④ 输入刀具刀位点在工件坐标系中的 X 坐标值(测量的直径值),这里假定为 $X28.42$,按"测量"软键,完成 X 轴对刀参数的设置,此时刀具 X 轴长度补偿值(也称位置偏置值)与位置画面中的 X 轴机床坐标值应相差一个直径值,否则对刀有误。

3. 其他刀具对刀。

第二把刀具刀位点微接触试切过的端面,在"工具补正/形状"界面,将光标移动到对应的刀补号 Z 处,输入 Z0 到输入域(缓存区),按"测量"软键,即完成 Z 轴对刀;第二把刀具刀位点微接触试切过的外圆,在"工具补正/形状"界面,将光标移动到对应的刀补号 X 处,输入第一把刀的 X 方向直径测量值到输入域(缓存区),按"测量"软键,即完成 X 轴对刀。依次类推,其余刀具与第二把刀具对刀一样。

4. 刀尖半径补偿值和刀尖号的输入

在程序加工工件之前,应将刀具刀尖半径值输入"工具补正/形状"界面里相应刀具对应的刀补号 R 中,并输入刀尖号 T。

(三) 对刀验证

对刀结束后,在 Z 方向和 X 方向分别验证对刀是否正确。为了防止刀具移动中碰撞工件,Z 方向验证对刀时,应使刀具沿 X 方向离开工件,即手摇方式使刀具距离工件外圆约 100 m;X 方向验刀时,应使刀具沿 Z 方向离开工件,即手摇方式使刀具距离工件端面 $50 \sim 100$ m。

Z 方向验刀步骤如下:

① 选择"MDI"模式。

② 按"PRGM"程序键。

③ 按"MDI"软键,屏幕切换至 MDI 画面,其顶部有程序名"O0000",若屏幕已是 MDI 画面,则本步省略。

④ 输入测试程序"G01 Z0 S400 M03 T0101 F2 或 G00 Z0 T0101;M30;"。

⑤ 按"循环启动"按钮,运行测试程序。程序运行结束后,观察刀具是否与工件右端面处于同一平面。若是,则对刀正确;若不是,则对刀有误,此时须查找原因,重新对刀。

此外,还可以手轮方式验刀,即在手轮方式下让刀具与工件右端面微接触,看机床坐标系里的 Z 坐标值与刀具补偿号里的 Z 设置值是否一致,若一致,则对刀正确。

X 方向验刀步骤如下:

① 选择"MDI"模式。

② 按"PRGM"程序键。

③ 按"MDI"软键,屏幕切换至 MDI 画面,其顶部有程序名"O0000",若屏幕已是 MDI 画面,则本步省略。

④ 输入测试程序"G01 X0 S400 M03 T0101 F2 或 G00 X0 T0101;M30;"。

⑤ 按"循环启动"按钮,运行测试程序。程序运行结束后,观察刀尖是否在工件轴线上。若是,则对刀正确;若不是,则对刀有误,此时须查找原因,重新对刀。

此外,还可以手轮方式验刀,即在手轮方式下让刀具与工件外圆微接触,机床坐标系里的 X 值与刀具补偿号里的 X 设置值是否相差一个已加工外圆直径值,若是,则对刀正确。

二、数控车床的自动运行

(一) 程序自动运行

1. 程序自动/连续运行

程序自动/连续运行的操作步骤见表 5-31,一般校验程序时和程序试切削零件合格后,采用此方式。

表 5-31 自动/连续运行的操作步骤

序号	操作步骤	操作内容
1	打开一个程序 (若当前程序为要运行的程序,则该步省略)	① 选择编辑"EDIT"或自动"AUTO"模式 ② 按下程序键"PROG",屏幕显示程序画面,按列表"DIR"软键,屏幕显示 CNC 系统里的程序列表 ③ 按下键"O"和数字键,输入程序号 ④ 按显示屏下方的"O 检索"软键
2	程序运行前检查确认	① 程序光标是否在程序头,若不在,则按复位键"RESET" ② 机床是否正确回零,须回零的情况:开机、超程、急停、校验程序 ③ 若采用 G54~G59 设置工件坐标系,则偏置画面中的番号 EXT 的 X、Z 是否正确设置,一般应为零 ④ 空运行指示灯是否灭,若未灭,则空运行不能用于加工,否则撞刀 ⑤ 采用刀尖半径补偿时,刀尖半径补偿 R 与刀尖号 T 是否正确设置 ⑥ 快速倍率、进给倍率、主轴倍率选择是否合适
3	选择"自动"模式	旋转"模式选择"开关到"自动"处,按程序键"PROG",按"检视"软键,使屏幕显示正在执行的程序及坐标
4	自动运行程序	按"循环启动"按钮,机床自动运行,开始加工零件,可以根据加工状况通过倍率开关调整转速和进给速度。程序运行结束时,指示灯灭

2. 中途暂停

在程序自动运行过程中,若中途需要暂停程序,则按下"进给保持"按钮,程序运行暂停。当要使程序继续向下执行时,按下"循环启动"按钮。

3. 终止程序运行

在自动运行过程中,若要终止程序运行,则按下复位键"RESET"。当机床在移动过程中执行复位操作时,机床会减速直到停止运动。

(二) 倍率开关控制循环

自动加工时,可用倍率开关将转速、快速进给倍率和切削进给速度调整到最佳值,而不必修改程序。例如,程序中指定的进给量是 0.2 mm/r,若将进给倍率旋钮旋转至 50%,那么刀具的实际进给量为 0.2×50% = 0.1(mm/r)。快速进给倍率有 F0、25%、50% 和 100% 供选用,一般程序试切削时,选择较低的倍率 25%、F0;程序批量加工时,选择较高的倍率 50%、100%,以提高效率。

（三）程序自动/单段运行

试切削时，出于安全考虑，程序一开始运行可采用自动/单段运行方式；当确定 X、Z 轴无误后，即可取消单段运行方式。通过"单步"按钮，可以实现程序自动连续运行方式和自动单段运行方式之间的相互切换。

（四）跳段执行循环

程序自动运行前，按下机床操作面板上的"跳步"触摸键，跳步指示灯亮；程序自动运行时，遇到程序段前有跳步符号"/"的程序段，即跳过不执行。例如，程序段"/M08;"，在校验程序时，按下触摸键"跳步"，该程序段被跳过不执行。

一、对刀操作训练

建立如图 5-35 所示的零件的工件坐标系，工件零点为工件中心与右端面的交点。以小组为单位，每组 3~4 名学生，实施过程如下：

（1）开机，回参考点。

（2）装夹工件。将材料为 45 钢的 ϕ32 mm 棒料装夹在三爪自定心卡盘上，伸出卡爪端面 80 mm，夹紧时三个固定螺栓要依次逐步拧紧，要求夹紧夹牢。

（3）装夹刀具。把外圆车刀装入刀架 1 号刀位并夹紧。

（4）技能训练。组内学生依次进行试切法对刀、验刀操作训练 3~4 遍，教师巡回指导。

（5）现场整理。结束后关机，清理机床，整理工具，打扫车间卫生。

二、阶梯轴自动加工操作

以小组为单位，每组 3~4 名学生，实施过程如下：

1. 开机，回零

牢记必须回零的情况：开机、超程、急停、校验程序。

2. 装夹工件、刀具

将材料为 45 钢的 ϕ32 mm 棒料装夹在三爪自定心卡盘上，伸出卡爪端面 80 mm，要求夹紧夹牢。

根据刀具卡要求把外圆车刀装入刀架 1 号位并夹紧，切槽刀装入刀架 2 号位并夹紧。

3. 程序录入与校验

阶梯轴的程序已校验好，本步省略。程序校验后不要忘记回零，空运行状态下一定不能用于加工，此灯必灭。

4. 对刀

切槽刀的刀位点取左刀尖，其对刀方法与外圆车刀相同。对刀后，要进行工件坐标系和刀具补偿数据的检查，避免出现撞刀事故或产生废品。

5. 程序自动加工

首先让刀具退离工件较远处，然后自动加工。为了保证加工过程的可靠性，首件切削时,组内学生依次进行加工训练,可以使用单段运行的方式进行,确认无误后,再使用连续运行方式进行加工。

6. 组内学生依次进行加工训练

组内学生依次自动加工训练2~3遍,并测量工件、记录测量结果,教师指导。

7. 整理现场

结束后保养机床,关机,整理工具,打扫车间卫生。

任务小结

本任务主要介绍了数控车床的试切法对刀、自动加工的操作方法。对刀是学习的重点和难点,对刀时要注意以下几点:

(1) 工件、刀具装夹牢固。

(2) 回零正确。

(3) 测量直径准确。

首件车削操作是学习的重点,加工前要注意以下几点:

(1) 程序开始时,一般选择单步运行,确认无误后,程序再连续运行。

(2) 快速倍率为25%。

(3) 是否建立机床坐标系和工件坐标系。

(4) 光标是否在程序头,若不在,按复位键"RESET"。

(5) 空运行灯灭,空运行不能用于加工。

(6) 刀具补偿设置正确。通过实操训练,掌握数控车床的对刀与自动加工操作,为后续深入学习数控车削编程与加工打下良好的基础。

思考与训练

一、选择题

1. 在数控车床上加工轴类零件时,应遵循( )的原则。

A. 先精后粗 B. 先平面后一般 C. 先粗后精 D. 无所谓

2. 精车45钢轴类零件应选用( )牌号的硬质合金车刀。

A. YT15 B. YT5 C. YG3 D. YG8

3. 下列刀具材料硬度最低的是( )。

A. 高速钢 B. 硬质合金 C. 陶瓷 D. 立方氮化硼

4. 在使用G00指令时,应注意( )。

A. 在程序中设置刀具移动速度 B. 刀具的实际运动路径不一定是一条直线

C. 移动的速度应比较慢 D. 一定有两个坐标轴同时移动

5. 为安全起见,数控车床回零操作时应先让( )轴回零。

A. X B. Z

6. 在一个程序段中,(　　)应采用 M 代码。
A. 点位控制　　　B. 直线插补　　　C. 圆弧插补　　　D. 主轴旋转控制

7. 下列车刀由点 $A(14,2)$ 直线插补到点 $B(20,-1)$ 的尺寸字表示错误的是(　　)。
A. X20Z-1　　　B. U6W-3　　　C. X20W-3　　　D. U20Z-1

8. 数控车床 FAUNC 0i 系统,用(　　)指令指定恒线速度控制功能。
A. G50 S_　　　B. G97 S_　　　C. G96 S_　　　D. G00 S_

9. 数控车床 FAUNC 0i 系统,用(　　)指令指定每转进给量,并为机床开机默认值。
A. G98　　　B. G99　　　C. G94　　　D. G95

10. 数控车床 FAUNC 0i 系统,(　　)指令的功能为单一的圆柱面和圆锥面切削循环。
A. G90　　　B. G92　　　C. G94　　　D. G91

二、判断题

1. 不同的数控机床可能选用不同的数控系统,但数控加工程序指令都是相同的。(　　)

2. 在数控车削加工中,工序划分应遵循工序集中原则,即在一次装夹中车削尽可能多的加工内容。(　　)

3. 车削细长轴时,因为工件长度长,热变形伸长量大,所以要考虑热变形对加工精度的影响。(　　)

4. 在 FANUC 0i 系统中,在一个程序段中同时指令了两个 M 功能,则两个 M 代码均有效。(　　)

5. 粗车细长轴外圆时,刀尖的安装位置应比轴中心略低一些。(　　)

6. 数控车床切断实心工件时,切断刀刀头长度应小于工件半径。(　　)

7. 刀具功能 T0101,表示选用第 1 号刀具,使用第 1 号刀具位置补偿值。(　　)

8. 硬质合金是硬度高、耐热性好、抗弯强度和冲击韧性都较高的一种刀具材料。(　　)

9. 用 G50 指令编程,除了可设置工件坐标系外,还可设置主轴的最高转速。(　　)

10. 在程序段 G94 X(U)_ Z(W)_ R_ F_ 中,R 值的正负与车刀轨迹有关。(　　)

三、项目训练题

如图 5-68 至图 5-71 所示为阶梯轴零件,已知材料为 45 钢,毛坯尺寸为 $\phi 32$ mm×100 mm。要求设计其数控加工工艺,编制数控程序,并操作数控车床完成零件加工。

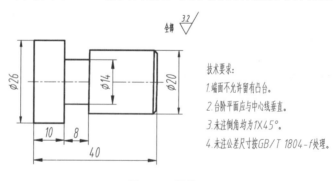

图 5-68　零件 1

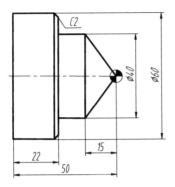

图 5-69 零件 2

技术要求：
1. 端面不允许留有凸台。
2. 未注公差尺寸按GB/T 1804-m处理。
3. 表面粗糙度全部为Ra 3.2。

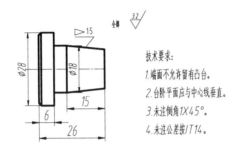

图 5-70 零件 3

技术要求：
1. 端面不允许留有凸台。
2. 台阶平面应与中心线垂直。
3. 未注倒角1×45°。
4. 未注公差按IT14。

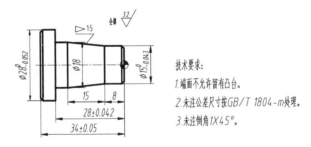

图 5-71 零件 4

技术要求：
1. 端面不允许留有凸台。
2. 未注公差尺寸按GB/T 1804-m处理。
3. 未注倒角1×45°。

考核评价

本项目评价内容包括基础知识与技能评价、学习过程与方法评价、团队协作能力评价和工作态度评价。评价方式包括学生自评、小组互评和教师评价。具体见表 5-32，供参考。

表 5-32　考核评价表

姓名		学号			班级		时间	
考核项目	考核内容	考核要求	分值	小计	学生自评 30%	小组互评 30%	教师评价 40%
基础知识与技能评价	安全操作知识与技能	掌握数控车床安全操作规程	6	40			
	工艺文件	设计阶梯轴数控车床工艺	6				
	数控程序	编制阶梯轴数控程序	6				
	手动操作	掌握数控车床开关机、回零、手动、快速、手轮、MDI 等操作	6				
	程序编辑与校验	掌握数控车床程序编辑与校验	6				
	对刀与自动加工	掌握数控车床对刀与自动加工操作	10				
学习过程与方法评价	各阶段学习状况	严肃、认真，保质保量按时完成每个阶段的学习任务	15	30			
	学习方法	掌握正确有效的学习方法	15				
团队协作能力评价	团队意识	具有较强的协作意识	10	20			
	团队配合状况	积极配合团队成员共同完成工作任务，为他人提供帮助，能虚心接受他人的意见，乐于贡献自己的聪明才智	10				
工作态度评价	纪律性	严格遵守学校和实训室的各项规章制度，不迟到、不早退、不无故缺勤	5	10			
	责任性、主动性与进取心	具有较强的责任感，不推诿、不懈怠；主动完成各项学习任务，并能积极提出改进意见；对学习充满热情和自信，积极提升综合能力与素养	5				
合计							
教师评语					得分			
					教师签名			

项目 6  成型螺纹轴零件的数控加工工艺设计与编程

 学习目标

1. 能力目标

（1）根据给定零件图,能够正确、合理地设计成型螺纹轴零件的数控加工工艺。

（2）根据成型螺纹轴零件的数控加工工艺,能够编制成型螺纹轴零件的数控程序。

（3）能严格遵守数控车床安全操作规程,熟练操作数控车床,加工出合格的成型螺纹轴零件。

2. 知识目标

（1）掌握成型面的车削工艺知识。

（2）掌握螺纹的车削工艺知识。

（3）熟练掌握圆弧插补和刀尖圆弧半径补偿指令及应用（G02/G03、G40～G42）。

（4）熟练掌握复合循环指令编程格式及应用（G70、G71、G72、G73）。

（5）熟练掌握螺纹编程指令及应用（G32、G92、G76）。

（6）掌握成型螺纹轴零件的工艺设计方法和手工编程方法。

使用数控车床加工零件,一般来说都需要经过三个主要环节,即数控加工工艺设计、编制加工程序、实际操作机床加工。在本项目中,学生主要学习成型螺纹轴零件的数控加工工艺设计和数控程序编制,并完成该零件的加工,让学生亲历完整的数控加工工作过程,学习工作过程知识。

任务 6.1 成型螺纹轴零件的数控加工工艺设计

 任务描述

如图 6-1 所示为一成型螺纹轴零件,已知材料为 45 钢,数量为 5 个,毛坯尺寸为 $\phi32\ mm\times100\ mm$,完成该零件的数控加工工艺设计。

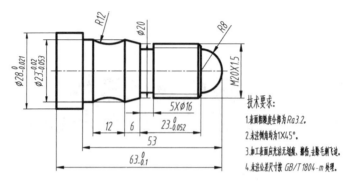

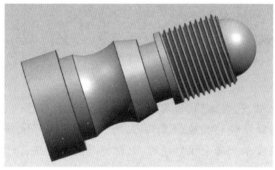

图 6-1 成型螺纹轴零件

知识准备

一、成型面的数控加工工艺

(一) 成型面的概念

有些工件表面的轴向剖面呈曲线,如手柄、圆球等,具有这些特征的表面被称为成型面。本项目所说的成型面是指圆弧面,如图 6-2 所示。

成型面的数控加工工艺

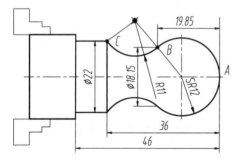

图 6-2 含圆弧面零件

(二) 刀具的选择

1. 刀具的种类

圆弧面的加工,经常使用的刀具有尖形车刀和圆弧形车刀。

2. 刀具的选择

（1）尖形车刀。对于精度要求不高的圆弧面，可选用尖形车刀。选择此类刀具切削圆弧，需要选择合理的副偏角，避免副刀面与已加工圆弧面产生干涉，如图 6-3 所示。

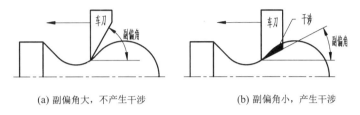

(a) 副偏角大，不产生干涉　　　　(b) 副偏角小，产生干涉

图 6-3　车削圆弧面副偏角的选择

（2）圆弧形车刀。圆弧形车刀的特征是主切削刃的刀刃形状为一个圆度误差或线轮廓度误差很小的圆弧。该圆弧刃上的每一点都是圆弧形车刀的刀尖，因此，其刀位点不在圆弧上，而在圆弧的圆心上，编程时要采用刀具半径功能。圆弧形车刀可以用于切削内、外圆表面，特别适宜于车削各种光滑连接的成型面，加工精度和表面粗糙度比尖形车刀高。

在选用圆弧形车刀切削圆弧时，切削刃的圆弧半径应小于或等于被加工零件内凹轮廓上的最小曲率半径，防止发生干涉。对于加工圆弧半径较小的零件，则选用成型圆弧形车刀，即刀具的圆弧刀刃半径等于零件圆弧半径，使用 G01 指令进行切削加工，如图 6-4 所示。需要注意的是，在数控加工中，应尽量不用或少用成型车刀。如确有必要选用，则应在技术文件上进行详细说明。

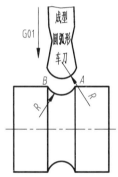

图 6-4　成型圆弧形车刀加工

（三）车削圆弧面的走刀路线设计

在数控车床加工圆弧时，一般需要多次走刀，先粗车将大部分余量切除，然后精车得到所需圆弧面。

1. 阶梯车削法

如图 6-5 所示，先粗车成阶梯，然后一次走刀精车出圆弧成型面。此方法在确定了每刀背吃刀量 a_p 后，需精确计算出每次走刀的 Z 方向终点坐标，即求圆弧与直线的交点。尽管此方法刀具切削距离较短，但数值计算较复杂，增加了编程工作量。

2. 同心圆弧切削法

如图 6-6 所示，先用不同半径同心圆来车削，然后将所需圆弧加工出来。此方法在确定了每次背吃刀量 a_p 后，对 90°圆弧的起点、终点坐标较易确定。此方法在加工如图 6-6(a) 所示的小凹圆弧时走刀路线较短，数值计算简单，编程方便，在圆弧半径较小时常用，可适用于较复杂的圆弧。但在加工如图 6-6(b) 所示的半径较大的凸圆弧时空行程较长。

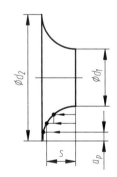

图 6-5　阶梯车削法的走刀路线

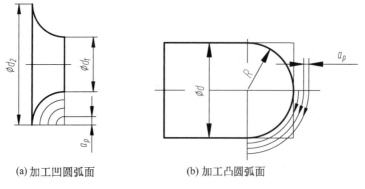

(a) 加工凹圆弧面　　(b) 加工凸圆弧面

图 6-6　同心圆弧切削法的走刀路线

3. 圆锥切削法

如图 6-7 所示,先车削一个圆锥,再车削圆弧,一般适用于圆心角小于 90°的圆弧。但要注意车削圆锥时起点和终点的确定,若确定不好,则可能损坏圆弧表面,也可能余量留得过大。确定方法是连接 OB 交圆弧于 D,过 D 点作圆弧的切线 AC。由几何关系得出 $BD = OB - OD = 1.414R - R = 0.414R$,此为车削圆锥时的最大切削余量,即加工时,走刀路线不能超过 AC 线。由 BD 与 △ABC 的关系,可得出 $AB = BC = \sqrt{2}BD \approx 0.586R$,这样就可以确定车削圆锥时的起点和终点。此方法数值计算较繁,但其刀具切削路线较短。

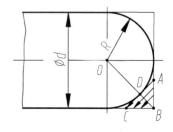

图 6-7　圆锥切削法的走刀路线

(四) 切削用量的选择

由于圆弧面在粗加工中,经常出现加工余量不均匀的情况,所以背吃刀量应比外圆及圆面加工时的背吃刀量小。一般粗加工背吃刀量取 1~1.5 mm,精加工背吃刀量取 0.2~0.5 mm,进给速度也应比外圆及圆锥面加工时要小些,在参考切削用量表具体选择时应加以考虑。

二、一般轮廓的走刀路线设计

图 6-8 所示为零件轮廓粗车的几种不同切削走刀路线的安排示意图。其中图 6-8(a)表示封闭式复合循环进给路线;图 6-8(b)为采用多次单一的三角形循环进给路线;图 6-8(c)为矩形循环进给路线。这三种走刀路线中,矩形循环进给路线的进给总长度最短。优选矩形走刀路线,但会留下阶梯,造成精加工余量不均,影响加工精度,为此,外圆复合循环功能安排了沿工件轮廓的半精加工。

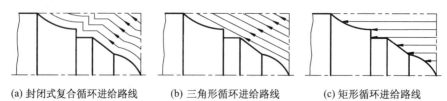

(a) 封闭式复合循环进给路线　　(b) 三角形循环进给路线　　(c) 矩形循环进给路线

图 6-8　粗车切削进给路线图

三、车削螺纹的数控加工工艺

螺纹加工是数控车床的基本功能之一。加工时,螺纹车刀的切削进给运动是严格根据程序中的螺纹导程进行的,且每次走刀切削螺纹的 Z 方向起点必须为同一位置。加工的类型包括圆柱螺纹和圆锥螺纹、单线螺纹和多线螺纹、恒螺距螺纹和变螺距螺纹。

(一)螺纹车刀的选择

螺纹车削属于成型车削加工,其牙型断面主要由刀具形状保证。选择螺纹车刀时,首先要判断车削的螺纹是外螺纹还是内螺纹,是左旋还是右旋,是公制还是英制。其次根据螺纹的特点选择相应的刀具。

下面以株洲钻石的产品为例,介绍螺纹刀具的选用方法。

1. 选择螺纹车刀型号

螺纹车刀型号及其含义如图 6-9 所示。

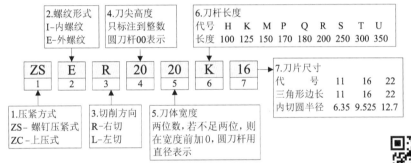

图 6-9 螺纹车刀型号示意图

2. 选择螺纹车刀形式

螺纹车刀形式及特点见表 6-1。

车削螺纹的数控加工工艺

表 6-1 螺纹车刀形式及特点

形　式	示意图	特点分析
全牙型刀片		加工效率高,能保证正确的牙型深度、牙底和牙顶直径等,保证螺纹的强度 螺纹车完后不需要去毛刺 牙顶一般预留 0.03～0.07 mm 精加工余量 不足之处是每一种螺距和牙型都需要一种刀片
泛用牙型刀片		这类刀片仅保证牙型角,不加工牙顶,对螺纹的外径或内径的加工精度要求稍高 同一刀片通过控制切入深度可适应一定范围的不同螺距、螺纹的加工,因此,可通过降低刀具库存来降低生产成本 刀尖半径是根据最小螺距选择的,因此,刀具寿命相对较短

续表

形　式	示意图	特点分析
多齿型刀片		走刀次数少，刀具寿命长，生产效率高 多刃牙型加工时的切入/切出长度应适当增加，切削力大，要求机床的刚性好 目前，市场上仅有最常用的牙型和螺距的多齿型螺纹刀片

（二）螺纹车削加工常用方法

螺纹车削加工常用方法有以下三种。

1. 直进法

在每次螺纹切削往复行程后，螺纹刀沿横向（X方向）进给，通过反复多次切削行程，完成螺纹加工的方法称为直进法，如图 6-10(a) 所示。

直进法车螺纹可以得到比较准确的牙型，但是车刀刀尖全部参与切削，切削力比较大，而且排屑困难，因此在切削时，两侧切削刃容易磨损，螺纹不易车光，并且容易产生"扎刀"现象。在切削螺距较大的螺纹时，由于切削深度较大，刀刃磨损较快，从而造成螺纹中径产生误差。因此，一般多用于小螺距的螺纹加工（螺距 P 不大于 3 mm）。

2. 斜进法

粗车螺纹时，在每次螺纹切削往复行程后，车刀除了沿横向（X方向）进给外，还要沿纵向（Z方向）做微量进给，这种方法被称为斜进法，如图 6-10(b) 所示。由于斜进法为单侧刃加工，加工刀刃容易损伤和磨损，使加工的螺纹面不直，刀尖角发生变化，从而造成牙型精度较差。但是由于其为单刃工作，刀具负载较小，排屑容易，并且切削深度为递减式，故此加工方法一般适用于大螺距螺纹加工。若螺纹精度要求高，则通过斜进法粗车螺纹后，必须用左右切削法精车螺纹，才能使螺纹的两侧都获得较小的表面粗糙度。

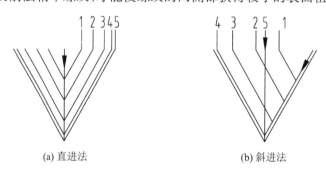

图 6-10　螺纹车削的加工方法

3. 左右切削法

在每次螺纹切削往复行程后，车刀除了沿横向（X方向）进给外，还要沿纵向（Z方向）从左、右两个方向交替微量进给（借刀），这种通过反复多次切削行程，完成螺纹加工的方法被称为左右切削法。左右切削法精车螺纹可以使螺纹的两侧都获得较小的表面粗糙度。采用左右切削时，车刀左右进刀量不能过大。

(三) 车削螺纹切削用量的选择

由于螺纹的螺距(或导程)是由零件图样设计给定的,所以车削螺纹时切削用量选择的关键是确定主轴转速 n 和背吃刀量 a_p。

1. 主轴转速的选择

根据车削螺纹时主轴转 1 转,刀具切削进给 1 个导程的机理,数控车床车削螺纹时的进给速度是由选定的主轴转速决定的。螺纹加工程序段中指令的螺纹导程相当于进给量 f_r,转换成进给速度 v_f 为

$$v_f = n f_r \tag{6-1}$$

从上式可以看出,进给速度 v_f 与进给量 f_r 成正比关系,如果将机床的主轴转速选择过高,换算后的进给速度则必定大大超过机床额定进给速度。所以选择车削螺纹时的主轴转速要考虑进给系统的参数设置情况和机床电气配置情况,避免螺纹"乱牙"或起/终点附近螺距不符合要求等现象的发生。

另外,值得注意的是,一旦开始进行螺纹加工,主轴转速值就不能进行改变,包括精加工在内的主轴转速都必须沿用第一次走刀切削时的选定值。否则,数控系统会因为脉冲编码器基准脉冲信号的"过冲"量而导致螺纹"乱牙"。

多数普通数控车床车削螺纹时,主轴转速计算公式为

$$n \leqslant \frac{1\,200}{P} - k \tag{6-2}$$

式中,n 为主轴转速;P 为螺纹的导程;k 为保险系数,一般取 80。

例如,车削 M20×1.5 的普通外螺纹时,主轴转速 $n \leqslant 1\,200/P - 80 = 1\,200/1.5 - 80 = 720$(r/min)。根据零件材料、刀具、加工精度等因素,可取 n 为 500~700 r/min。

2. 走刀次数和背吃刀量的确定

螺纹车削加工需分粗、精加工工步,经多次走刀切削完成,可以减小切削力,保证螺纹精度。加工螺纹时,单边总加工余量等于螺纹牙型高度(0.65P,P 为导程,单位为 mm),每次背吃刀量的取值应依次递减。一般精加工余量为 0.05~0.1 mm。车削螺纹时的走刀次数和背吃刀量的选取可参考表 6-2。

表 6-2 普通螺纹走刀次数和背吃刀量的参考表　　　　　　　　单位:mm

螺距		1.0	1.5	2.0	2.5	3.0	3.5	4.0
牙型高度		0.649	0.974	1.299	1.624	1.949	2.273	2.598
走刀次数和背吃刀量	1 次	0.7	0.8	0.9	1.0	1.2	1.5	1.5
	2 次	0.4	0.6	0.6	0.7	0.7	0.7	0.8
	3 次	0.2	0.4	0.6	0.6	0.6	0.6	0.6
	4 次		0.16	0.4	0.4	0.4	0.6	0.6
	5 次			0.1	0.4	0.4	0.4	0.4
	6 次				0.15	0.4	0.4	0.4
	7 次					0.2	0.2	0.4

续表

走刀次数和背吃刀量	8次				0.15	0.3
	9次					0.2
备注	背吃刀量为直径值，走刀次数和背吃刀量根据工件材料和刀具的不同可酌情增减					

（四）螺纹各主要尺寸的计算

车削普通螺纹时，根据图纸上的螺纹尺寸标注，可得螺纹的公称直径、线数、导程、螺距及加工精度等级。采用泛用牙型螺纹刀，编制车削外螺纹程序时，必须根据上述参数计算出外螺纹实际的大径、小径和牙型高度；编制车削内螺纹程序时，也必须依据上述参数计算出内螺纹实际的小径（底孔直径）、大径和牙型高度，具体计算见表6-3，车削螺纹时通常采用经验公式。

表6-3　车削普通螺纹各主要尺寸的计算

项目名称	外螺纹		内螺纹	
	理论公式	经验公式	理论公式	经验公式
螺纹大径	$d=$公称直径	$d_{计算}=d-0.1P$	$D=$公称直径	$D_{计算}=D$
螺纹中径	$d_2=d-0.6495P$	—	$D_2=D-0.6495P$	—
螺纹小径	$d_1=d-1.0825P$	$d_{1计算}=d-1.3P$	$D_1=D-1.0825P$	塑材：$D_{1计算}=D-P$ 脆材：$D_{1计算}=D-1.05P$
牙型高度	$h_1=0.5413P$	$h_{1计算}=0.6495P$	$h_1=0.5413P$	$h_{1计算}=0.6495P$

注：d、D 为螺纹大径；P 为螺纹螺距；$d_{计算}$ 为车削外螺纹时，实际车削时的外圆直径；$D_{计算}$ 为车削内螺纹时，实际车削时的螺纹大径；d_2、D_2 为螺纹中径；d_1、D_1 为螺纹小径；$d_{1计算}$ 为车削外螺纹时，实际车削时的螺纹小径；$D_{1计算}$ 为车削内螺纹时，实际车削时的底孔直径；h_1 为牙型高度；$h_{1计算}$ 为实际牙型高度。

（五）引入距离 δ_1 和引出距离 δ_2

车削螺纹时，刀具沿螺纹方向的进给应与工件主轴旋转保持严格的速比关系。刀具从停止状态加速到 F 指定的进给速度和从 F 指定的进给速度减速到零，驱动系统必须有一个过渡过程，因此，沿轴向的螺纹进给距离除保证加工螺纹长度外，还应该增加刀具引入距离 δ_1 和刀具引出距离 δ_2，即升速段和减速段，这样在切削螺纹时，能保证在升速完成后刀具开始接触工件，刀具离开工件后再降速，如图6-11所示，以避免在加速过程中进行螺纹切削而影响螺距的稳定。δ_1、δ_2 的数值与螺距和转速有关，由各系统分别设定。一般 $\delta_1=nP/400$，$\delta_2=nP/1800$，n 为主轴转速，P 为螺纹导程。一般取 δ_1 为 2~5 mm，对于高精度和大螺距的螺纹取大值，δ_2 约等于 δ_1 的1/4。若螺纹收尾处没有退刀槽，则系统一般按45°退刀收尾。

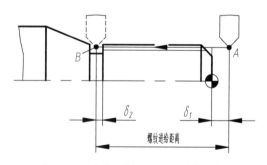

图6-11　车削螺纹的引入、引出距离

（六）螺纹轴向切削起始位置的确定

在一个螺纹的多次切削过程中，螺纹起点的 Z 坐标值应始终设定为一个固定值，否则会使螺纹"乱扣"。根据螺纹成型原理，螺纹切削起始位置决定了螺纹在螺纹母体上的位置。而螺纹切削起始位置由两个因素决定：一是螺纹轴向起始位置；二是螺纹圆周起始位置。

1. 单线螺纹

在单线螺纹分层切削时，要保证刀具每次都切削在同一条螺纹线上，就要保证刀具的轴向和圆周起始位置都是固定的，即轴向上，每次切削时的起始点 Z 坐标都应当是同一坐标值。

2. 多线螺纹

多线螺纹的分线方法有轴向分线法和圆周分度分线法两种，这里仅介绍常用的轴向分线法。它是通过改变螺纹切削时刀具起始点 Z 坐标来确定各线螺纹的位置的。当换线切削另一条螺纹时，刀具轴向切削起始点 Z 坐标偏移的值应等于螺距 P。

例如，车削 M30×3（P=1.5）双线螺纹时，如第一条线螺纹加工时的起始点 Z 坐标是 Z5，则第二条螺纹加工时的刀具起始点 Z 坐标应向右偏移一个螺距（1.5 mm）。值得注意的是，由于螺纹切削时要有足够的升速度段，所以刀具起始点 Z 最好是向右移动，而不是向左偏移。偏移方法有两种：一种在程序中直接将起点 Z 坐标值设定为 Z6.5，另一种是用 G54~G59 坐标系偏移指令或刀具偏移指令。

任务实施

一、分析零件图样

（一）结构分析

如图 6-1 所示的成型螺纹轴零件，属于中等复杂轴类零件，车削加工内容包括外圆柱面、圆锥面、倒角、两处圆弧面、退刀槽和外螺纹。该零件轮廓几何要素定义完整，尺寸标注符合基本数控加工要求，有统一的设计基准，径向基准为工件轴线，轴向基准为工件成型面与轴线的交点。

（二）尺寸分析

该零件尺寸标注完整、正确，锥面大端、小端直径已标注，不需要计算。主要尺寸分析如下：

直径尺寸 $\phi 28_{-0.021}^{0}$ mm，经查标准公差表，加工精度等级为 IT7。

直径尺寸 $\phi 23_{-0.053}^{-0.02}$ mm，公差 = 上偏差 − 下偏差 = −0.02 − (−0.053) = 0.033 mm，经查标准公差表，加工精度等级为 IT8。

螺纹 M20×1.5−6g，M20×1.5 表示细牙普通螺纹代号，公称直径为 20 mm，螺距为 1.5 mm。6g 表示螺纹中径和大径（顶径）公差带代号，6 表示公差等级（即公差带的大小），g 表示基本偏差代号（即公差带的位置），未标注旋合长度代号的，表示采用的是中等旋合长度（N）。

轴线尺寸 $63_{-0.12}^{0}$ mm,经查标准公差表,加工精度等级为 IT10。轴线尺寸 $23_{-0.052}^{0}$ mm,经查标准公差表,加工精度等级为 IT9。

其他未注公差尺寸,按《一般公差线性尺寸的未注公差》(GB/T 1804-m)处理。未注尺寸公差按《一般公差未注公差的线性和角度尺寸的公差》(GB/T 1804—2000)中规定 f、m、c、v 四个等级,m 为中等级,如图中未注公差轴向尺寸 53,经查表,极限偏差值为±0.3。

(三)表面粗糙度分析

全部表面的表面粗糙度均为 3.2 μm,精车即可达到。

根据上述分析,成型螺纹轴的各个表面都可以加工出来,经济性良好。

二、设计工艺路线

(一)确定生产类型

零件数量 5 件,属于单件生产。

(二)拟定工艺路线

1. 确定定位基准

根据零件分析,选择毛坯轴线和右端面为定位基准,满足基准重合原则。

2. 选择加工方法

该零件的加工表面均为回转体,加工表面的最高精度等级为 IT7,表面粗糙度为 3.2 μm。选择加工顺序:粗车→半精车→精车。

3. 确定工艺过程

依据"基准先行、先粗后精、先主后次、先内后外"的基本原则,确定工艺过程如下:

工序 1:下料,棒料尺寸为 ϕ30 mm×400 mm。

工序 2:数控车削各表面。

工序 3:去毛刺,检验质量。

三、设计数控削车削加工工序

(一)选择机床

选用沈阳机床厂生产的 CK6150 型卧式数控车床,数控系统为 FANUC 0i 系统,刀架为前置式四方刀架。

(二)选择工艺装备

1. 夹具选择

选用自定心三爪卡盘装夹工件。

2. 刀具选择

该零件的结构工艺性好,便于装夹、加工,故选用机夹可转位车刀进行加工,具体如下:

T0101——可转位外圆粗车刀,车端面,粗车、半精车各个外圆柱面、锥面和圆弧面。

T0202——可转位外圆精车刀(刀尖角为 35°),精车各个外圆柱面、锥面和圆弧面。

T0303——宽度为 3 mm 的切断刀,用于工件切槽、切断。

T0404——螺纹刀,分层粗、精车螺纹。

3. 量具选择

选择的游标卡尺量程为 150 mm,分度值为 0.02 mm。

选择的外径千分尺量程为 25~50 mm,分度值为 0.01 mm。

选择的螺纹环规为 M2×1.5-6 g。

(三) 工步划分与排序

工步 1:车右端面。

工步 2:粗车、半精车外轮廓面,包括各圆柱面、锥面和凸圆弧面。

工步 3:精车外轮廓面。

工步 4:粗车凹圆弧面。

工步 5:精车凹圆弧面。

工步 6:切螺纹退刀槽。

工步 7:车外螺纹。

工步 8:切断。

工步划分与加工顺序见表 6-4。

表 6-4 工步划分与加工顺序

单位名称	××职业技术学院	零件图号	零件名称	使用设备	场地
		CM-2	成型螺纹轴	CK6150	数控车间
工步号	工步内容	确定依据	量具		备注
			名称	规格	
1	车右端面	基准先行			
2	粗车外轮廓	先粗后精	游标卡尺	0~150 mm/0.02 mm	快速去除余量
3	精车外轮廓	先粗后精	千分尺 游标卡尺	25~50 mm/0.001 mm 0~150 mm/0.02 mm	保证加工精度
4	粗车凹圆弧	先粗后精	游标卡尺	0~150 mm/0.02 mm	去除余量
5	精车凹圆弧	先粗后精	游标卡尺	0~150 mm/0.02 mm	保证加工精度
6	切螺纹退刀槽	螺纹退刀	游标卡尺	0~150 mm/0.02 mm	
7	车螺纹	螺纹加工	螺纹规		保证螺纹精度
8	切断	工艺要求			

(四) 选择切削用量

根据切削手册,计算、确定切削用量,如表 6-5 所示。

表 6-5 切削用量表

单位名称	××职业技术学院		零件图号	零件名称	使用设备	场地
			CM-2	成型螺纹轴	CK6150	数控车间
工步号	刀具号	刀具名称	主轴转速 $n/(\text{r/min})$	进给速度 $v_f/(\text{mm/r})$	背吃刀量 a_p/mm	加工内容
1	T01	机夹外圆粗车刀	500	0.1	0.3	车右端面
2	T01	机夹外圆粗车刀	500	0.2	1	粗车外轮廓
3	T02	机夹外圆精车刀	800	0.1	0.3	精车外轮廓
4	T02	机夹外圆精车刀	600	0.15	0.5	粗车凹圆弧
5	T02	机夹外圆精车刀	700	0.1	0.15	精车凹圆面
6	T03	外圆切槽刀	300	0.05	3	切宽槽
7	T04	机夹外螺纹刀	500	导程1.5	递减	车螺纹
8	T03	外圆切槽刀	300	0.05	3	切断

（五）确定工件零点，设计走刀路线

选择工件轴线与右端面的交点为工件坐标系零点。外轮廓粗加工选择矩形切削走刀路线，以提高加工效率。精加工走刀路线设计为将凹圆弧和槽改为圆柱面加工，沿轮廓走刀加工即可。凹圆弧采用车圆法走刀路线进行粗、精加工。宽槽采用排刀法走刀路线进行加工。螺纹采用递减矩形走刀路线粗、精加工。本工序走刀路线详细设计如下：

车削端面的走刀路线为 $R \rightarrow P_1 \rightarrow P_2 \rightarrow O \rightarrow P_3 \rightarrow P_1 \rightarrow R$（图6-12）。

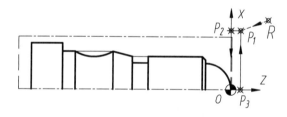

图 6-12 车削端面的走刀路线

为了简化编程，拟采用复合循环指令 G71、G73、G70 编制外轮廓粗车/半精车、精车数控程序，由 CNC 系统根据精车走刀路线和参数设置自动计算粗车、精车走刀路线。因此，这里只需要设计外轮廓的精车走刀路线即可。精车外轮廓（不含凹圆弧和槽）的走刀路线为 $P_1 \rightarrow A_0 \rightarrow A_1 \rightarrow O \rightarrow A_2 \rightarrow A_3 \rightarrow A_4 \rightarrow A_5 \rightarrow A_6 \rightarrow A_7 \rightarrow A_8 \rightarrow A_9 \rightarrow A_{10}$，精车刀具开始路线为 $A_0 \rightarrow A_1$，结束路线为 $A_9 \rightarrow A_{10}$（图6-13）。精车凹圆弧的走刀路线为 $A_0 \rightarrow A_{11} \rightarrow A_6 \rightarrow A_{12} \rightarrow A_{13}$，凹圆弧粗、精车循环结束后，刀具均返回至循环起点 A_{11}，然后刀具走刀路线为 $A_{11} \rightarrow A_0 \rightarrow R$。

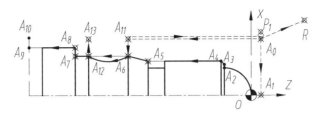

图 6-13　精车外轮廓的走刀路线

切宽槽的走刀路线为 $R \to B_1 \to B_2 \to B_3 \to B_4 \to B_3 \to B_2 \to B_5 \to B_6 \to B_7 \to B_6 \to B_5 \to B_1 \to R$（图 6-14）。

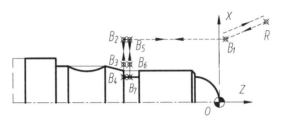

图 6-14　切宽槽的走刀路线

车螺纹的第 1 次走刀路线为 $R \to C \to D_1 \to E_1 \to F$（图 6-15），由于螺纹车削需要多次走刀加工，其余走刀路线与此一样，只是每次车削螺纹的起点和终点的 X 坐标值发生变化，D_1 和 E_1 表示第 1 次走刀的基点，其他相似。

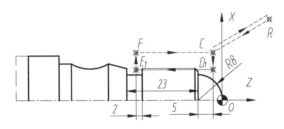

图 6-15　车螺纹的走刀路线

切断的走刀路线为 $R \to G_1 \to G_2 \to G_3 \to G_2 \to G_1 \to R$（图 6-16）。

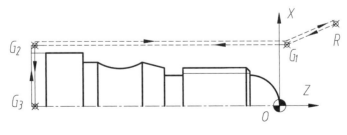

图 6-16　切断的走刀路线

四、确定换刀点与对刀点

为安全起见，选择参考点为换刀点，对刀点选择工件轴线与工件右端面的交点，与工件零点重合。

五、填写工艺文件

根据上述工艺设计,填写数控加工工序卡和刀具卡,分别如表 6-6 和表 6-7 所示。

表 6-6 数控加工工序卡

××技术学院	数控加工工序卡	产品名称或代号		零件名称	材料	零件图号
				阶梯轴	45 钢	CM02
工序号	程序号	夹具名称	夹具编号	加工设备	数控系统	车间
2	O5201	三爪卡盘		CK6150	FANUC 0i	数控车间
工步号	工步内容	刀具号	刀具名称、规格	主轴转速 $n/(r/min)$	进给速度 $v_f/(mm/r)$	背吃刀量 a_p/mm	备注
1	车右端面	T0101	机夹外圆粗车刀	500	0.1	0.3	自动
2	粗车外轮廓	T0101	机夹外圆粗车刀	500	0.2	1	自动
3	精车外轮廓	T0202	机夹外圆精车刀	700	0.1	0.3	自动
4	粗车凹圆弧	T0202	机夹外圆精车刀	600	0.15	0.5	自动
5	精车凹圆弧	T0202	机夹外圆精车刀	800	0.1	0.15	自动
6	切螺纹退刀槽	T0303	宽 3 mm 的外圆切槽刀	300	0.05	3	自动
7	车螺纹	T0404	机夹外螺纹刀	500	1.5	递减	自动
8	切断	T0303	宽 3 mm 的外圆切槽刀	300	0.05	3	自动

表 6-7 数控加工刀具卡

零件名称	零件图号	数控加工刀具卡		程序编号	车间	加工设备	
成型螺纹轴	CM02			O6501	数控车间	CK6150	
序号	刀具号	刀具名称、规格	数量	刀尖圆弧半径	刀尖方位号	刀补地址	加工部位	备注
1	T01	机夹外圆粗车刀	1			T0101	车右端面,粗车外廓	
2	T02	机夹外圆精车刀	1	0.2	3	T0202	精车外廓,粗、精车凹圆弧	
3	T03	宽 3 mm 的外圆切槽刀	1			T0303	切螺纹退刀槽、切断	
4	T04	外螺纹刀	1			T0404	车螺纹	
编制	日期	审核	日期	批准	日期	共 1 页	第 1 页

任务小结

本任务详细介绍了圆弧面、螺纹的数控车削加工工艺知识,重点内容包括车削圆弧面的走刀路线设计,车削外螺纹的切削用量选择、刀具选择和走刀路线设计,并通过完成典型成型螺纹轴的数控加工工艺设计,以掌握车削圆弧面和车削螺纹的数控加工工艺知识及其应用。

任务 6.2 成型螺纹轴零件的数控程序编制

 任务描述

根据任务 6.1 中成型螺纹轴零件图和设计的数控加工工艺,完成该零件的数控程序编制。

知识准备

一、圆弧插补指令(G02、G03)

圆弧插补指令

对于一些复杂工件(如手柄,圆弧面时常见的加工面),数控车床通过 X、Z 轴的两轴联动做圆弧进给运动,完成圆弧表面的车削加工。

(1)功能:该指令使刀具在指定平面内按给定的切削进给速度沿圆弧运动,切出圆弧轮廓。G02 为顺时针圆弧插补指令,简称顺圆;G03 为逆时针圆弧插补指令,简称逆圆。

(2)编程格式:

G02/G03 X(U)_ Z(W)_ R_ F_;(半径 R 编程)

G02/G03 X(U)_ Z(W)_ I_ K_ F_;(圆心 IK 编程)

(3)说明:

① 圆弧顺、逆的方向判断:沿垂直于圆弧所在平面(XZ 平面)的第三坐标轴(Y 轴),由正向($+Y$)向负向($-Y$)看去,刀具从圆弧起点到终点的运动轨迹。顺时针时为 G02 指令;反之,则为 G03 指令,如图 6-17 所示。

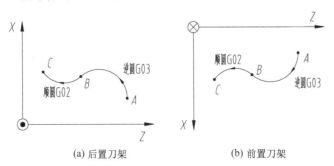

图 6-17 圆弧的顺、逆判断

② X_、Z_(U_、W_)是圆弧终点坐标。X_、Z_为绝对坐标编程,表示圆弧终点相对工件零点的坐标值。U_、W_为增量坐标编程,表示圆弧终点相对圆弧始点的增量(相对)坐标。

③ R_为加工圆弧的半径值,编程时一般采用半径 R 编程。当圆弧所对的圆心角大于 0°而小于或等于180°时,R_为正值;当圆弧所对的圆心角大于180°而小于360°时,R_为负值。对于数控车床编程而言,由于回转体零件的对称性,圆弧的圆心角一般不大于180°,所以 R_一般为正值。

④ I_、K_分别为圆心相对圆弧起始点在 X 轴和 Z 轴上的增量坐标,也可以从矢量的角度理解为,从圆弧起始点向圆心画一个矢量,该矢量在 X 轴上的分矢量就是 I_,在 Z 轴上的分矢量就是 K_,当分矢量与坐标轴的正向一致时,其值为正值,反之则为负值。I_、K_为半径值指定,当 I_、K_为 I0、K0 编程时可省略不写。

注意:注意:圆心角接近于180°圆弧,当用 R_编程时,圆弧中心位置的计算会出现误差,此时,最好采用圆心 IK 编程。

⑤ F_为 X、Z 两轴的合成进给速度,速度方向沿圆弧的切线方向,不断变化。在有刀具半径补偿时,实际的进给速度是刀具中心轨迹的速度。

(4) 实例与训练。

例 6-1 如图 6-18 所示,精车圆弧 AB,进给量 F 为 0.15 mm/min,刀具从 A 点切削进给运动到 B 点,编程如下。

① 半径 R 编程方式。
绝对坐标编程:
G02 X50 Z-20 R25 F0.15;
增量坐标编程:
G02 U20 W-20 R25 F0.15;
② 圆心 IK 编程方式。
绝对坐标编程:
G02 X50 Z-20 I25 K0 F0.15;
增量坐标编程:
G02 U20 W-20 I25 K0 F0.15;

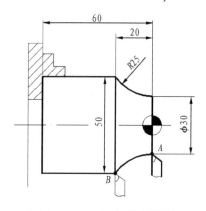

图 6-18 G02 顺时针圆弧插补

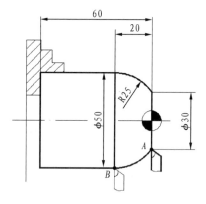

图 6-19 G03 逆时针圆弧插补

练 6-1 如图 6-19 所示,精车圆弧 AB,进给量 F 为 0.2 mm/min,刀具从 A 点切削进给运动到 B 点,试采用以下四种方式编写精车圆弧的程序段。

① 半径 R 编程方式。

绝对坐标编程:_____。

增量坐标编程:_____。

② 圆心 IK 编程方式。

绝对坐标编程:_____。

增量坐标编程:_____。

二、刀尖圆弧半径补偿指令(G41、G42、G40)

1. 刀尖圆弧半径补偿的概念

编程时,通常都将数控车刀刀尖看作一个点,但是为了提高刀具寿命和刀尖的强度,通常数控车刀刀尖被制作成半径为 0.4~1.6 mm 的圆弧,如图 6-20 所示。当用按假想刀尖点编制的程序车削与轴线平行或垂直的表面时,是不会产生误差的,比如车削端面、外圆、内孔等;但当车削倒角、锥面及圆弧或非圆曲线时,则将会产生欠切或过切现象,如图 6-21 所示,影响零件的加工精度,而且刀尖圆弧半径越大,加工误差越大。

刀尖圆弧半径补偿指令

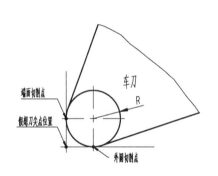

图 6-20 刀尖圆弧半径 R 及假想刀尖

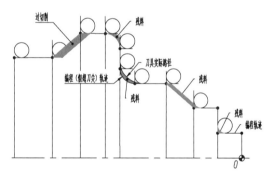

图 6-21 刀尖圆弧半径造成的欠切与过切现象

编程时,若以刀尖圆弧中心编程,可避免欠切削和过切削现象,但计算刀心轨迹的刀位点坐标比较麻烦,而且如果刀尖圆弧半径值发生变化,还需重算刀位点坐标,修改程序。

CNC 系统的 C 型刀具半径补偿功能正是为解决这个问题而产生的。它允许编程者以假想刀尖点编程(即按工件轮廓编制程序,简化了编程),程序运行前设置刀尖圆弧半径和刀尖方位号,程序执行时由系统自动计算补偿值,生成刀心轨迹,完成对工件的正确加工。如图 6-22 所示,采用刀尖半径补偿功能后,避免了欠切削和过切削现象,实现了零件的精密加工。

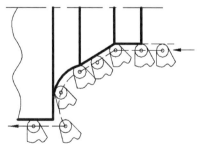

图 6-22 执行刀尖半径补偿后的车刀轨迹

2. 刀尖半径补偿指令(G41、G42、G40)

(1) 编程格式。

$$\left.\begin{matrix}G41\\G42\end{matrix}\right\}\left\{\begin{matrix}G01\\G00\end{matrix}\right\}X(U)\_Z(W)\_F\_;(建立刀尖半径补偿)$$

$$G40\left\{\begin{matrix}G01\\G00\end{matrix}\right\}X(U)\_Z(W)\_F\_;(取消刀尖半径补偿)$$

(2) 说明。

① G41、G42、G40 均是模态代码。G41 是刀尖半径左补偿指令,指站在刀具路径上,沿着切削进给方向看,刀具在工件的左侧。G42 是刀尖半径右补偿指令,指站在刀具路径上,沿着切削进给方向看,刀具在工件的右侧。G40 是取消刀尖半径补偿指令,当取消刀尖半径补偿后,G41 和 G42 指令功能无效,刀具轨迹与编程轨迹重合。

② G41、G42、G40 必须和 G01 或 G00 指令组合使用,写在同一程序段。

③ X(U)_、Z(W)_为 G01、G00 运动的终点坐标。

④ G41、G42 模式下,程序执行时数控系统只能预读 2 个程序段,故不允许有连续的非移动指令;否则,程序停止,系统报警。常见的非移动指令有 M 代码、S 代码、某些 G 代码(如 G04、G50、G96…)和移动量为零的切削指令(如 G01 U0 W0 F0.1)。

3. 刀具补偿参数的设置

刀具补偿数据通过 CNC 系统的刀具补偿设置画面进行设置。设置时选择的刀具补偿号必须与程序中的 T 指令相对应。加工前,需要设置的刀具补偿参数除了对刀时的 X、Z 之外,还有刀尖半径 R 和刀尖方位号 T。

刀尖半径的大小直接关系工件形状的加工精度,必须准确地将刀尖圆弧半径值输入存储器里。

因为车刀形状和位置是多种多样的,所以车刀形状还决定刀尖圆弧在什么位置。数控车削加工前,必须预先设置刀尖相对于工件的方位。图 6-23 所示为刀尖方位 T 的确定方法,由图可知,刀尖方位 T 用 0~9 表示,常用右偏刀的外圆端面车刀和外圆切槽刀左刀尖的 T 为 3,右偏刀的内孔车刀和内孔切槽刀左刀尖的 T 为 2。

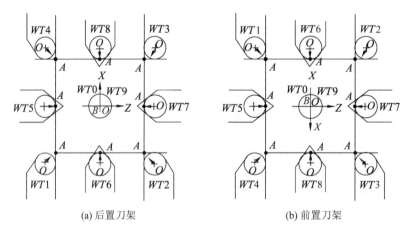

(a) 后置刀架　　　　　　　　　(b) 前置刀架

图 6-23　刀尖方位的确定方法

4. 编程实例与训练

例 6-2 如图 6-24 所示的含圆弧面轴零件,已知该零件已粗加工完毕,并留有余量 0.4 mm,材料为 45 钢,表面粗糙度为 1.6,单件生产,加工设备选择为 CK6150(FANUC 系统)数控车床,刀具为外圆精车刀 T0202,进给量 F 为 0.1 mm,主轴转速为 700 r/min。应用刀尖圆弧补偿功能编写本工序轮廓的精加工程序。

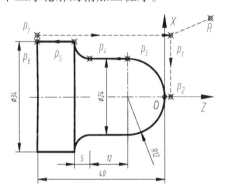

图 6-24 含圆弧面轴零件图

本工序程序编制如下:

① 建立工件坐标系。建立的工件坐标系如图 6-24 所示,工件零点为右端面与轴线的交点。

② 走刀路线的设计。设计的精加工走刀路线如图 6-24 所示,为 $R \rightarrow P_1 \rightarrow P_2 \rightarrow \cdots \rightarrow P_7 \rightarrow P_1 \rightarrow R$。

③ 基点坐标的确定。各基点坐标经直接或换算确定如下:$R(200,150)$、$P_1(36,2)$、$P_2(0,2)$、$O(0,0)$、$P_3(24,-12)$、$P_4(24,-24)$、$P_5(34,-29)$、$P_6(34,-40)$、$P_7(36,-40)$。

④ 编制程序单。

O6201;(程序号)

G21 G40 G97 G99;(程序初始化)

G28 U0 W0 T0;(刀具沿 X、Z 轴回参考点)

T0202;(换 2 号外圆精车刀,建立刀具补偿)

S700 M03;(主轴正转,转速为 700 r/min)

N1 G00 X36 Z2 M08;(刀具以 G00 方式进给至 P_1 点)

G42 G00 X0;(建立刀尖半径右补偿)

G01 Z0 F0.1;(刀具以 G01 方式进给至 O 点)

G03 X24 Z-12 R12;(刀具以 G03 方式进给至 P_3 点)

G01 Z-24;(刀具以 G01 方式进给至 P_4 点)

G02 X34 Z-29 R5;(刀具以 G02 方式进给至 P_5 点) } 执行刀尖半径补偿

G01 X34 Z-40;(刀具以 G01 方式进给至 P_6 点)

G01 X36 Z-40;(刀具以 G01 方式进给至 P_7 点)

G40 G00 Z2 M09;(刀具快退至 P_1 点,取消刀尖半径补偿,冷却液关)

G00 X200 Z150；（刀具快速退刀至换刀点 R）

M30；（程序结束）

练 6-2 如图 6-25 所示的含圆弧面轴零件，已知该零件已粗加工完毕，并留有余量 0.4 mm，材料为 45 钢，表面粗糙度为 1.6，单件生产，加工设备选择为 CK6150（FANUC 系统）数控车床，刀具为外圆精车刀 T0202，进给量 F 为 0.1 mm，主轴转速为 700 r/min。应用刀尖圆弧补偿功能编写本工序轮廓的精加工程序。

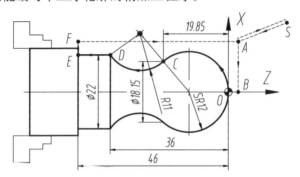

图 6-25 含圆弧面轴零件图

三、复合固定循环指令（G71、G70、G72、G73）

应用 G90 单一固定循环指令可使程序简化一些，但如果应用多重循环指令，则可使程序得到进一步简化。因为在多重循环中，只需指定精加工路线和粗加工的背吃刀量、精车余量，系统就会自动计算出粗加工路线和走刀次数。

（一）外圆粗车循环指令（G71）与精车循环指令（G70）

1. 外圆粗车循环指令（G71）

该指令适用于圆柱棒料粗车阶梯轴的外圆或内孔需要切除较多余量的情况，零件的轮廓在 X 和 Z 方向必须是单调的（单调增大或减小），即不可有内凹的轮廓外形。

G71 指令的加工路径如图 6-26 所示，由程序给定 A→A′→B 间的精车轮廓，每次粗车 X 方向背吃刀量为 Δd，X 方向和 Z 方向精车余量分别为 Δu、Δw，在执行完沿着 Z 方向的最后切削后，沿着精车轮廓进行二次粗车，刀具路径为图中的 DE，使精车余量更均匀，等粗车循环结束后，此时刀具返回循环起点 A（也是循环终点），程序执行 nf 程序段下面的程序段。

编程格式：

G00 X(α) Z(β)；

G71 U(Δd) R(e)；

G71 P(ns) Q(nf) U(Δu) W(Δw) F(f) S(s) T(t)；

精车轮廓程序段

复合固定循环指令

其中，α、β 为循环起点坐标，留安全间隙（1~2 mm）；Δd 为刀具 X 方向每次粗车的背吃刀

量 a_p（半径值），为正值；e 为每次退刀量（半径值），正值；ns 为精加工形状程序段中的开始程序段号；nf 为精加工形状程序段中的结束程序段号；Δu 为 X 方向的精加工余量（直径值），车外圆时为正值，车内孔轮廓时为负值；Δw 为 Z 方向的精加工余量；f 为粗车进给量；s 为粗车主轴转速；t 为粗车刀具号与补偿号。

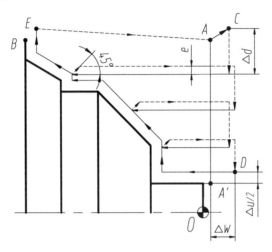

图 6-26　外圆粗车循环的加工路径图

注意： ① 粗车时，只有 G71 程序段或之前程序段指定的 F、S、T 功能有效，在 N(ns)~N(nf)程序段中指定的 F、S、T 功能只在 G70 精车循环时有效；G71 程序段或之前程序段指定的 S 为恒线速控制时，在 N(ns)~N(nf)程序段中指定的 G96 或 G97 也无效。

② 由循环起点 A 至点 A′，即精车开始 ns 程序段，只能用 G00 或 G01 指令和 X 尺寸字，当用 G00 指令时，在指定 A 点时，必须保证刀具在 Z 方向上位于零件之外，间隙一般取 2~5 mm，以保证进刀安全和效率。

③ 在 N(ns)~N(nf)的程序段中不能调用子程序。

2. 精车循环指令 G70

在采用 G71、G72、G73 指令进行粗车后，用 G70 指令可以完成工件形状的精加工。
编程格式：
G00 X(α) Z(β);
G70 P(ns) Q(nf);

其中，α、β 为循环起点坐标，与 G71、G72、G73 指令循环起点一样；ns 为精车程序中开始程序段号；nf 为精车程序中结束程序段号。

编程时，精车过程中的 F、S、T 在程序段号 P 到 Q 之间程序段中指定，或在 G70 程序段或之前程序段指定。

3. 编程实例与训练

例 6-3　如图 6-27 所示，已知该零件毛坯为 ϕ30 mm 棒料，材料为 45 钢，表面粗糙度要求为 1.6，单件生产。加工设备选择为 CK6150（FANUC 系统）数控车床，本工序

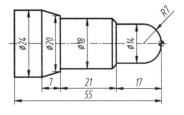

图 6-27　G71、G70 编程实例

轮廓加工分为粗车和精车两个工步,粗车工步设计如下:T0101 为粗车刀,精车余量 X 轴为 0.2 mm(半径值),Z 轴为 0.1 mm,背吃刀量为 2 mm,转速为 500 r/min,进给量为 0.2 mm/r。精车工件设计如下:T0202 为精车刀,刀尖半径为 0.4 mm,背吃刀量为 0.2 mm,转速为 700 r/min,进给量为 0.1 mm/r。应用 G71 和 G70 指令编写本工序轮廓的粗、精加工程序。

本工序轮廓的粗、精车程序编制如下:

① 建立工件坐标系。建立的工件坐标系如图 6-28 所示,工件零点为右端面与轴线的交点。

② 设计走刀路线。采用 G71 和 G70 指令编程,粗加工路线由 CNC 系统根据精车路线和设置的参数自动生成。因此,只需设计轮廓的精车路线即可,如图 6-25 所示,为 $P_0 \rightarrow P_1 \rightarrow P_2 \rightarrow O \cdots \rightarrow P_9 \rightarrow P_{10}$。

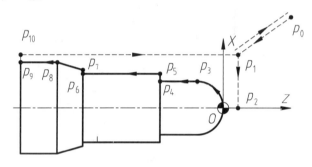

图 6-28 轮廓精加工走刀路线图

③ 确定基点坐标。各基点坐标经直接或换算确定如下:$P_0(200,150)$、$P_1(32,5)$、$P_2(0,5)$、$O(0,0)$、$P_3(14,-7)$、$P_4(14,-17)$、$P_5(18,-17)$、$P_6(18,-38)$、$P_7(20,-38)$、$P_8(24,-45)$、$P_9(24,-55)$、$P_{10}(32,-55)$。

④ 编制程序单。

O6202;(程序号)

G21 G40 G97 G99;(程序初始化)

G28 U0 W0 T0;(刀具沿 X、Z 轴回参考点)

T0101;(换 1 号外圆粗车刀,建立补偿)

S500 M03;(主轴正转,转速为 500 r/min)

N1 G00 X32 Z5 M08;(刀具以 G00 方式进给至循环起点 P_1)

G71 U2 R1;(粗车每次背吃刀量为 2 mm,退刀量为 1 mm)

G71 P10 Q20 U0.4 W0.1 F0.2;(粗车的进给量为 0.2 mm/r)

N10 G42 G00 X0;(刀具从 P_1 快进到 P_2)

G01 X0 Z0 F0.1;(刀具从 P_2 工进到 O)

G03 X14 Z-7 R7;(刀具从 O 工进到 P_3)

G01 X14 Z-17;(刀具从 P_3 工进到 P_4)

G01 X18 Z-17;(刀具从 P_4 工进到 P_5)

G01 X18 Z-38;(刀具从 P_5 工进到 P_6)

G01 X20 Z-38;(刀具从 P_6 工进到 P_7)

G01 X24 Z-45;(刀具从 P_7 工进到 P_8)
G01 X24 Z-55;(刀具从 P_8 工进到 P_9)
N20 G40 G01 X32 Z-55;(刀具从 P_9 工进到 P_{10})
G00 X200 Z250;(刀具快回至换刀点)
T0202;(换 2 号精车刀)
S700;(设置精车转速)
G00 X32 Z5;(刀具快进至循环起点)
G70 P10 Q20;(精车循环)
G00 X200 Z150 M09;(刀具快速回至换刀点,冷却液关)
M30;(程序结束)

练 6-3 如图 6-29 所示的含圆弧轴零件,已知该零件毛坯为 φ30 mm 棒料,材料为 45 钢,表面粗糙度要求为 1.6,单件生产,本轮廓加工的工序设计与上例相同。应用 G71 和 G70 指令编写本工序轮廓的粗、精加工程序。

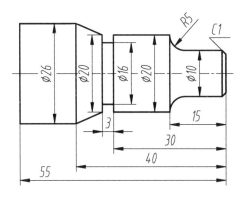

图 6-29 含圆弧轴零件

(二)端面粗车循环指令(G72)

该循环指令适用于对长径比较小的盘类工件端面粗车。

G72 指令的加工路径如图 6-30 所示,由程序给定 $A \rightarrow A' \rightarrow B$ 间的精车轮廓,每次粗车 Z 方向背吃刀量为 Δd,X 方向和 Z 方向精车余量分别为 Δu、Δw,在执行完沿着 X 方向的最后切削后,沿着精车轮廓进行二次粗车,刀具路径为图中的 DE,使精车余量更均匀,等粗车循环结束后,此时刀具在循环起点 A,程序开始执行 nf 程序段下面的程序段。

编程格式:
G00 X(α) Z(β);
G72 U(Δd) R(e);
G72 P(ns) Q(nf) U(Δu) W(Δw) F(f) S(s) T(t);
N(ns)……;
⋮
N(nf)……; } 精车轮廓程序段

指令中各项参数的含义与 G71 指令类似,不同之处是刀具平行于 X 方向切削,Z 方向进刀,它是从外径方向向轴心方向切削端面的粗车循环。使用方法如同 G71 指令,这里不再重复。

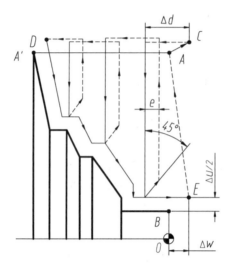

图 6-30　G72 指令的加工路径

(三) 仿形粗车循环指令 (G73)

G73 指令适用于毛坯轮廓形状与零件轮廓形状基本接近的毛坯的粗加工,如一些铸件或锻件的粗车。这时如果仍然采用 G71 或 G72 指令,则会产生很多无效的切削进给运动而浪费加工时间。另外,G73 指令对工件的轮廓没有单调性的要求。

G73 指令的加工路径如图 6-31 所示。刀具先从循环起点(A 点)开始,快速退刀至 E 点(在 X 方向的退刀量为 $\Delta u/2+\Delta i$,在 Z 方向的退刀量为 $\Delta w+\Delta k$)。然后刀具快速进刀至 F 点(F 点的坐标由 A 点坐标、精车余量、Δi 和 Δw 及粗车次数确定)。最后刀具沿工件轮廓形状偏移一定值后的路线切削进给至 G 点,并快速返回 D 点,准备第 2 层循环切削。如此分层切削至循环结束后,刀具返回循环起点(C 点)。

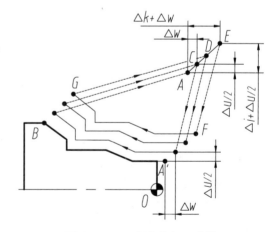

图 6-31　G73 指令的加工路径

编程格式:

G00 X(α) Z(β);

G73 U(Δi) W(Δk) R(d);

G73 P(ns) Q(nf) U(Δu) W(Δw) F(f) S(s) T(t);

N(ns)……;

⋮　　　　　}精车工件轮廓程序

N(nf)……;

其中，α、β 为循环起点坐标，要留安全间隙；Δi 为 X 方向退刀距离和方向（半径值），当沿 X 正方向退刀时，此值为正，反之，为负；Δk 为 Z 方向退刀距离和方向，当沿 Z 正向退刀时，此值为正，反之，为负；d 为粗车循环次数。

其余各项参数含义与 G71 相同。

注意：Δi 及 Δk 为第一次车削时退离工件轮廓的距离及方向，确定该值时应参考毛坯的粗加工余量大小和背吃刀量，以使第一次走刀车削加工时就有合适的背吃刀量，计算方法如下：

Δi（X 方向退刀距离）= X 轴粗加工余量 - 每一次背吃刀量 = X 轴粗加工余量 - X 轴粗加工余量/粗车循环次数

Δk（Z 方向退刀距离）= Z 轴粗加工余量 - 每一次背吃刀量 = Z 轴粗加工余量 - Z 轴粗加工余量/粗车循环次数

例如，若 Z 方向粗加工余量为 6 mm，分 3 次走刀，则每一次背吃刀量为 2 mm，Z 方向退刀距离 Δk 为 6-2=4（mm）。

例 6-4 如图 6-32 所示，已知该零件为铸件，粗加工余量 X 方向为 6 mm（半径值），Z 方向为 6 mm，粗车循环 3 次，表面粗糙度要求为 1.6，批量生产。加工设备选择为 CK6150（FANUC 0i 系统）数控车床，本工序轮廓加工分为粗车和精车两个工步，粗车工步设计为：T0101 为粗车刀，精车余量 X 方向为 0.2 mm（半径值），Z 方向为 0.05 mm，主轴速度为 120 m/min，进给量为 0.2 mm/r。精车工步设计为：T0202 为精车刀，背吃刀量 X 方向为 0.2 mm，Z 方向为 0.05 mm，主轴速度为 150 m/min，进给量为 0.1 mm/r。应用 G73 和 G70 指令编写本工序轮廓的粗、精加工程序。

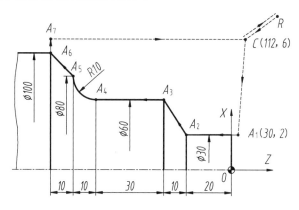

图 6-32 铸件及其车削走刀路线

本工序轮廓的粗、精车程序编制如下：

① 建立工件坐标系。建立的工件坐标系如图 6-32 所示，工件零点为右端面与轴线的交点。

② 走刀路线的设计。采用 G73 和 G70 指令编程，粗加工路线由 CNC 系统根据精车轮廓走刀路线和设置的参数自动生成。因此，只需设计轮廓的精加工走刀路线即可，如图 6-32 所示，为 $R \to C \to A_1 \to A_2 \to \cdots \to A_6 \to A_7 \to R$。

③ 基点坐标的确定。各基点坐标经直接或换算确定如下：$R(200,250)$、$C(112,6)$、$A_1(30,2)$、$A_2(30,-20)$、$A_3(60,W-10)$、$A_4(60,W-30)$、$A_5(80,W-10)$、$A_6(100,W-10)$、$A_7(112,W0)$。

④ 编制程序单。先按前面介绍的方法计算 Δi、Δk，可得 $\Delta i = \Delta k = 4$ mm。编写的程序单如下：

O6203；（程序号）

G21 G40 G97 G99 T0；（程序初始化）

G28 U0 W0；（刀具沿 X、Z 轴自动回参考点）

G96 S120 M03；（主轴正转，切削线速度为 120 m/min）

T0101；（换 1 号刀）

N1 G00 X112 Z6 M08；（刀具以 G00 方式进给至循环起点 C）

G73 U4 W4 R3；（$\Delta i = \Delta k = 4$ mm，$d = 3$）

G73 P10 Q20 U0.4 W0.05 F0.2；（粗车的进给量为 0.2 mm/r）

N10 G42 G00 X30 Z2；（ns 程序段，可有 Z 轴移动）

G01 Z-20 F0.1；（→A_2，设置精车进给量）

G01 X60 W-10；（→A_3）

G01 W-30；（→A_4）

G02 X80 W-10 R10；（→A_5）

G01 X100 W-10；（→A_6）

N20 G40 G01 X112；（→A_7 nf 程序段，取消刀尖圆弧半径补偿）

G00 X200 Z250；（刀具快回至换刀点）

T0202 S150；（换 2 号刀，设置精车主轴速度）

G00 X112 Z6；（刀具快进至循环起点）

G70 P10 Q20；（精车循环）

G00 X200 Z250 M09；（刀具快回至换刀点，冷却液关）

M30；（程序结束）

练 6-4 如图 6-33 所示，已知该零件除凹圆弧 AB 外的其余轮廓已采用 G71 和 G70 车削成型，材料为 45 钢，表面粗糙度为 1.6，批量生产，加工设备为 CK6150（FANUC 0i 系统）数控车床。内凹圆弧 AB 的加工分为粗车和精车两个工步。粗车工步设计为：T0101 为精车刀，精车余量 X 方向为 0.2 mm（半径值），Z 方向为

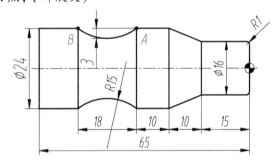

图 6-33 凹圆弧零件

0 mm，主轴速度为 500 m/min，进给量为 0.15 mm，粗车循环 4 次。精车工步设计为：T0101 为精车刀，背吃刀量 X 方向为 0.2 mm，Z 方向为 0 mm，主轴速度为 700 m/min，进给量为 0.07 mm。应用 G73 和 G70 编写内凹圆弧的粗、精车程序。

四、螺纹车削编程指令(G32、G92、G76)

数控车床的 CNC 系统提供的螺纹指令有基本螺纹车削指令、单一循环螺纹切削指令和复合循环螺纹车削指令。不同的 CNC 系统,螺纹加工指令有所差异,实际应用时应按所使用数控车床的控制系统要求编程。

1. 基本螺纹车削指令(G32)

G32 指令可用于加工等螺距内、外圆柱螺纹和圆锥螺纹,端面螺纹,单线和多线螺纹。该指令只能完成切削螺纹这个动作,刀具进刀、退刀、返回均需分别编写程序段。

G32 指令的刀具轨迹如图 6-34 所示。

(1)编程格式。

G32 X(U)_ Z(W)_ F_ Q_;

其中,X(U)、Z(W)为螺纹切削的终点坐标值;当加工圆柱螺纹时,可以只写 Z(W);当加工圆锥螺纹时,X(U)和 Z(W)均不能省略;当加工端面螺纹时,可以只写 X(U)。

F 为螺纹导程,单线螺纹导程等于螺距,多线螺纹导程等于线数乘以螺距。

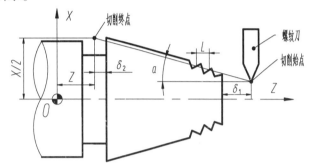

图 6-34 车削螺纹刀具轨迹图

Q 为螺纹切削起始角度,Q 值范围为 0~360 000(单位:0.001°);加工单线螺纹时,Q 可省略;加工多线螺纹时,Q 需要指定。

(2)注意事项。

① 由于数控车床伺服系统本身具有滞后性,会造成螺纹起始段和停止段的螺距不规则,故应考虑刀具在螺纹有效长度两端设置足够的引入距离 δ_1 和引出距离 δ_2,如图 6-34 所示。

② 在车削螺纹期间,进给率倍率、主轴倍率开关失效,均锁定在 100%。

③ 车削螺纹时,一定要保证主轴转速不变,因此,只能用恒转速 G97 指令编程。

④ 因受机床结构及数控系统的影响,车削螺纹时主轴的转速 S 有一定的取值限制。

(3)编程实例。

例 6-5 如图 6-35 所示,已知工件外圆、倒角和退刀槽均加工完毕,材料为 45 钢,批量生产,加工内容是车外削螺纹 M30×2,加工设备为 FANUC 0i 系统数控车床。本工步设计如下:T0404 为外螺纹刀,转速为 400 r/min。应用 G32 指令编写 M30×2 的车削程序。

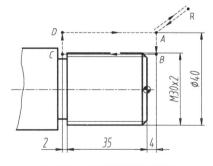

图 6-35 外圆柱螺纹零件图

外螺纹 M30×2 的车削程序编制如下:

① 建立工件坐标系。建立的工件坐标系如图 6-35 所示,工件零点为右端面的中心。

② 走刀路线的设计。设计的车削螺纹一次走刀路线如图6-35所示,刀具轨迹为矩形 $ABCD$,引入距离为4 mm,引出距离为2 mm。由于螺纹需要多次走刀切削,再次走刀切削时,刀具轨迹仍为矩形,只是 B、C 点的 X 绝对坐标变小,变小量等于切削深度,B、C 点的 X 绝对坐标实际上就是每次走刀时的切削直径。

③ 数值计算。根据螺距2 mm,查表6-2可知,牙型高度为1.3 mm,切削次数为5次,切削深度 a_p 依次为 0.9 mm、0.6 mm、0.6 mm、0.4 mm、0.1 mm。又知螺纹大径 d 为 30 mm,那么各次走刀对应的切削直径 d_i(B、C 点的 X 绝对坐标)计算如下:

第1次走刀:$d_1 = d -$第1次切削深度 $a_p = 30 - 0.9 = 29.1$(mm)

第2次走刀:$d_2 = d_1 -$第2次切削深度 $a_p = 29.1 - 0.6 = 28.5$(mm)

第3次走刀:$d_3 = d_2 -$第3次切削深度 $a_p = 28.5 - 0.6 = 27.9$(mm)

第4次走刀:$d_4 = d_3 -$第4次切削深度 $a_p = 27.9 - 0.4 = 27.5$(mm)

第5次走刀:$d_5 = d_4 -$第5次切削深度 $a_p = 27.5 - 0.1 = 27.4$(mm)= 螺纹小径

由此根据走刀路线和零件图,确定螺纹各次走刀切削的基点坐标如下:

第1次走刀:$A(40,4)$、$B(29.1,4)$、$C(29.1,-37)$、$D(40,-37)$。

第2次走刀:$A(40,4)$、$B(28.5,4)$、$C(28.5,-37)$、$D(40,-37)$。

第3次走刀:$A(40,4)$、$B(27.9,4)$、$C(27.9,-37)$、$D(40,-37)$。

第4次走刀:$A(40,4)$、$B(27.5,4)$、$C(27.5,-37)$、$D(40,-37)$。

第5次走刀:$A(40,4)$、$B(27.4,4)$、$C(27.4,-37)$、$D(40,-37)$。

④ 编写程序单。基于上述数据,编写的程序单如下:

O6204;(程序号)

G21 G40 G97 G99 T0;(程序初始化)

G28 U0 W0;(刀具沿 X、Z 轴回参考点)

S400 M03;(主轴正转,转速为 400 r/min)

T0404;(换4号刀)

N1 G00 X40 Z4 M08;(刀具以G00方式进给至起点 A)

N2 G00 X29.1;(快速进刀至 B 点)

N3 G32 Z-37 F2;(车削螺纹第1次走刀)

N4 G00 X40;(快速退刀至 D 点)

N5 G00 Z4;(快速返回 A 点)

N6 G00 X28.5;(快速进刀至 B 点)

N7 G32 Z-37 F2;(车削螺纹第2次走刀)

N8 G00 X40;(快速退刀至 D 点)

N9 G00 Z4;(快速返回 A 点)

N10 G00 X27.9;(快速进刀至 B 点)

N11 G32 Z-37 F2;(车削螺纹第3次走刀)

N12 G00 X40;(快速退刀至 D 点)

N13 G00 Z4;(快速返回 A 点)

N14 G00 X27.5;(快速进刀至 B 点)

N15 G32 Z-37 F2;(车削螺纹第4次走刀)
N16 G00 X40;(快速退刀至D点)
N17 G00 Z4;(快速返回A点)
N18 G00 X27.4;(快速进刀至B点)
N19 G32 Z-37 F2;(车削螺纹第5次走刀)
N20 G00 X40;(快速退刀至D点)
N21 G00 Z4;(快速返回A点)
G00 X200 Z250 M09;(刀具快回至换刀点,冷却液关)
M30;(程序结束)

2. 单一循环螺纹车削指令(G92)

G92指令可用于加工等螺距内、外圆柱螺纹和圆锥螺纹,端面螺纹,单线和多线螺纹。该指令将"进刀—切螺纹—退刀—返回"4个动作作为1次走刀切削循环,用一个程序段来指定,其用法和轨迹与G90指令类似。

G92指令的刀具轨迹如图6-36所示,切圆锥螺纹时,轨迹为一梯形ABCD;切圆柱螺纹时,轨迹为一矩形ABCD。图中虚线表示快速运动,实线表示按F指定的切削进给速度运动,A为循环起点(也是循环终点),B为切削始点,C为切削终点,D为退刀点。

(1) 编程格式。

G92 X(U)_ Z(W)_ R_ F_;

其中,G92是模态指令;X、Z为螺纹切削终点坐标值;U、W为螺纹切削终点相对循环起点的增量坐标;R为锥螺纹切削始点半径与切削终点半径之差,R为0时,即为圆柱螺纹,可省略。

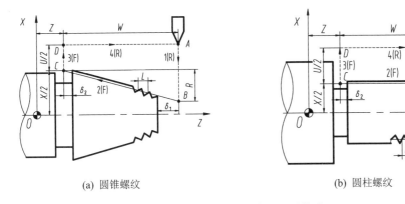

(a) 圆锥螺纹　　　　　　　　(b) 圆柱螺纹

图6-36　G92指令的刀具轨迹

(2) 注意事项。

① 有关螺纹车削的注意事项,与G32指令的螺纹车削的情形相同。

② 主轴速度的限制,与G32指令的螺纹车削相同。

③ 如果在螺纹车削过程中按下进给保持键,刀具立即一边执行倒棱,一边收回,并按先X轴后Z轴的顺序返回循环起点。

(3) 编程实例。

例 6-6 如图 6-34 所示,应用 G32 编写的 O6204 程序中 N1～N21 程序段如用 G92 指令编程,则可简化程序,仅用 6 个程序段,与 G32 编程相比减少了 15 个程序段。

……

N1 G00 X40 Z4 M08;(刀具以 G00 方式进给至循环起点 A)

N2 G92 X29.1 Z-37 F2;(车削螺纹第 1 次走刀)

N3 X28.5;(车削螺纹第 2 次走刀)

N4 X27.9;(车削螺纹第 3 次走刀)

N5 X27.5;(车削螺纹第 4 次走刀)

N6 X27.4;(车削螺纹第 5 次走刀)

……

3. 复合固定循环螺纹车削指令(G76)

G76 指令用于多次自动循环车削螺纹,经常用于加工不带退刀槽的圆柱螺纹和圆锥螺纹,不能加工端面螺纹。编程时该指令在程序中只需指定 1 次,并在指令中设置好相关参数,就能自动完成螺纹的加工。

G76 指令的刀具轨迹、参数定义如图 6-37 所示。

(1) 编程格式。

G00 X(α) Z(β);(刀具快速至循环起点)

G76 P(m)(r)(α) Q(Δd_{min}) R(d);

G76 X(U)_ Z(W)_ R(i) P(k) Q(Δd) F(f);

其中,α、β 为循环起点坐标,留安全间隙(X 方向留 2～5 mm,Z 方向为引入距离)。m 为精车重复次数,必须用 2 位数表示,取值范围为 01～99,该参数为模态值。r 为螺纹尾端倒角量,取值范围为 0.0～9.9L(系数应为 0.1 的整数倍,L 为导程),用 00～99 的两位数来表示,即设为系数扩大 10 倍后的值,如 1.2L,则 r = 1.2×10 = 12;α 为刀尖角度,可以是 80°、60°、55°、30°、29°和 0°六种角度之一,其角度数值用 2 位数指定,该参数为模态值。m、r、a 可用地址 P 一次指定,如 m = 2、r = 1.2L、α = 60°时,可写成 P021260。Δd_{min} 为最小切削深度,用半径值指定,以无小数点形式表示,该参数为模态量。车削螺纹过程中每次的切削深度为 $(\sqrt{n} - \sqrt{n-1}) \times \Delta d$,当计算切削深度小于 Δd_{min} 时,若剩余粗车余量大于或等于 Δd_{min},则切削深度锁定于 Δd_{min} 进行粗车螺纹,若剩余粗车余量小于 Δd_{min} 时,则切削深度等于粗车剩余余量进行最后一次粗车螺纹。

d 为精车余量,半径值指定。X(U)、Z(W) 为螺纹终点坐标。i 为螺纹锥度值,即 i = 螺纹切削起点半径减去切削终点半径,若 i = 0,则为圆柱螺纹。k 为螺纹牙型高度,用半径值指定,以无小数点形式表示,通常为正值。Δd 为第一次的切削深度,用半径值指定,以无小数点形式表示。f 为螺纹导程。

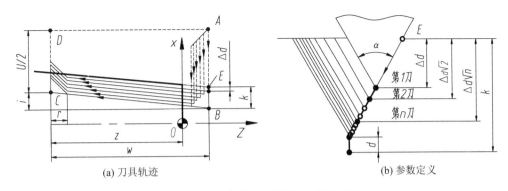

(a) 刀具轨迹　　　　　　　　　(b) 参数定义

图 6-37　G76 指令的刀具轨迹、参数定义

（2）编程实例。

例 6-7　如图 6-35 所示，应用 G32 编写的 O6204 程序中 N1～N21 程序段如用 G76 指令编程，则可进一步简化程序，只用 3 个程序段，与 G92 编程相比少了 3 个程序段，而与 G32 编程相比少了 18 个程序段。

……

N1 G00 X40 Z4 M08;（刀具以 G00 方式进给至循环起点 A）

N2 G76 P011060 Q100 R0.1;（60°螺纹，最小切削深度为 0.1，精车余量为 0.1，精车 1 次）

N3 G76 X27.4 Z-37 R0 P1300 Q450 F2;（螺纹小径为 27.4，牙型高度为 1.3，首次切削深度为 0.45，导程为 2）

……

任务实施

一、确定基点坐标

刀具走刀路线和基点坐标是数控编程的重要依据，根据零件图和所设计的走刀路线确定基点坐标如下：

（1）车端面走刀路线的基点坐标为：$R(200,250)$、$P_1(36,2)$、$P_2(36,0)$、$O(0,0)$、$P_3(0,2)$。

（2）精车外轮廓（不含凹圆弧和槽）走刀路线的基点坐标为：$P_1(36,2)$、$A_0(32,2)$、$A_1(0,2)$、$O(0,0)$、$A_2(16,-8)$、$A_3(18,-8)$、$A_4(20,W-1)$、$A_5(20,-31)$、$A_6(23,W-6)$、$A_7(23,-53)$、$A_8(28,-53)$、$A_9(28,-67)$、$A_{10}(33,-67)$。精车凹圆弧槽走刀路线的基点坐标为：$A_0(32,2)$、$A_{11}(32,-37)$、$A_6(23,-37)$、$A_{12}(23,-49)$、$A_{13}(32,-49)$。

（3）切宽槽走刀路线的基点坐标为：$R(200,250)$、$B_1(36,2)$、$B_2(36,-31)$、$B_3(24,-31)$、$B_4(16,-31)$、$B_5(36,W2)$、$B_6(24,W0)$、$B_7(16,W0)$。

（4）车削螺纹走刀路线的基点坐标。

车削螺纹第 1 次走刀各基点坐标确定如下：车削螺纹循环起点 C 点的坐标确定依据是该点的 X 坐标应大于螺纹公称直径，该点的 Z 坐标值应考虑导入距离 δ_1 为 2～5 mm，以防止碰刀,所以 C 点坐标可确定为 $C(30,-3)$。

由 C 点坐标可知,$Z_{D_1}=-3$。由走刀路线图,可得 $X_{D_1}=X_{E_1}=$ 螺纹公称直径-第 1 次吃刀量,已知公称直径为 20,查表知第 1 次背吃刀量为 0.8,故 $X_{D_1}=X_{E_1}=20-0.8=19.2$(mm)。确定 Z_{E_1} 时应考虑导出距离 δ_2,一般取导入距离的 1/2,这里取 2 mm,结合图纸标注,可得 $Z_{E_1}=-[8+(23-5)+2]=-28$(mm),综上所述,可得各基点坐标为 $C(30,-3)$、$D_1(19.2,-3)$、$E_1(19.2,-28)$、$F(30,-28)$。

车削螺纹第 2 次走刀各基点坐标确定如下:第 2 次走刀各基点坐标只有螺纹切削起点和终点的 X 坐标发生,即 $X_{D_2}=X_{E_2}=$ 第 1 次走刀加工直径-第 2 次背吃刀量,由上可知第 1 次螺纹加工直径为 19.2,查表知第 2 次背吃刀量为 0.6,因此,$X_{D_2}=X_{E_2}=19.2-0.6=18.6$(mm),即得第 2 次走刀各基点坐标为 $C(30,-3)$、$D_2(18.6,-3)$、$E_2(18.6,-28)$、$F(30,-28)$。

依次类推,车削螺纹第 3 次走刀各基点坐标为 $C(30,-3)$、$D_3(18.2,-3)$、$E_3(18.2,-28)$、$F(30,-28)$,其中 $X_{D_3}=X_{E_3}=$ 第 2 次走刀加工直径-第 3 次背吃刀量 $=18.6-0.4=18.2$(mm)。

车削螺纹第 4 次走刀各基点坐标为 $C(30,-3)$、$D_3(18.04,-3)$、$E_3(18.04,-28)$、$F(30,-28)$,其中 $X_{D_4}=X_{E_4}=$ 第 3 次走刀加工直径-第 4 次背吃刀量 $=18.2-0.16=18.04$(mm)。

(5)切断走刀路线的基点坐标为:$R(200,250)$、$G_1(32,2)$、$G_2(32,-66)$、$G_3(1,-66)$。

二、编制程序单

根据设计的数控加工工艺和数控指令编制的程序如表 6-8 所示,供参考。

表 6-8 成型螺纹轴数控程序单

单位名称	××技术学院		编制	
零件名称	成型螺纹轴	零件图号	CM-02	日期	
序号	程序内容		程序说明	
1	O6002;		程序名	
2	G28 U0 W0 T0;		刀具回零,取消刀具号与补偿	
3	G50 X450 Z500;		设置工件坐标系零点	
4	N1;		车端面,T0101	
5	G00 G21 G40 G97 G99 S500 M03 T0101;		初始化	
6	G00 X36 Z2 M08;		刀具快速至循环起点 P_1	
7	G94 X0 Z0 F0.1;		以 G94 方式车削端面,循环结束后刀具在循环起点 P_1	
8	N2;		粗车外轮廓	
9	S500 F0.2;		设置主轴转速和进给量	
10	G00 X32 Z2;		循环起点 $A_0(32,2)$	

续表

序号	程序内容	程序说明
11	M08;	开冷却液
12	G71 U1.0 R1.0;	U 指定切削深度 1 mm 为半径值,R 指定退刀量为 1 mm
13	G71 P10 Q20 U0.6 W0.1;	指定精车开始和结束程序段号,X 轴精车余量为 0.6 mm,Z 轴精车余量为 0.1 mm
14	N10 G00 G42 X0;	→A_1,建立刀尖半径右补偿
15	G01 Z0;	→O
16	G03 X16 Z−8 R8;	→A_2
17	G01 X18;	→A_3
18	G01 X20 W−1;	→A_4
19	G01 Z−31;	→A_5
20	G01 X23 W−6;	→A_6
21	G01 Z−53;	→A_7
22	G01 X28;	→A_8
23	G01 Z−67;	总长度多切削的工件长度不小于一个槽刀的宽度,→A_9
24	N20 G01 G40 X33;	精车结束程序段,取消刀尖圆弧半径补偿
25	G00 X200 Z250 M05;	刀具快速至换刀点,主轴停转
26	N3;	精车外轮廓,T0202
27	G00 G21 G40 G97 G99 S700 M03 T0202 F0.1;	建立刀具长度补偿
28	X32 Z2;	刀具快速至循环起点 A_0
29	G70 P10 Q20;	精车循环,循环结束后刀具返回 A_0
30	N4;	粗车凹圆弧
31	S600 F0.15;	设置主轴转速和进给量
32	X32 Z−37;	刀具从 A_0 快速至循环起点 A_{11}
33	G73 U1.61 W0 R3;	设置粗车凹圆弧的 X 轴总退刀量为 1.61 mm 和循环次数为 3
34	G73 P30 Q40 U0.3 W0;	指定精车开始和结束程序段号分别为 N30、N40,X 轴和 Z 轴精车余量分别设为 0.3 mm 和 0 mm
35	N30 G00 G42 X27;	精车轨迹开始程序段,刀具至增加的缓冲点,建立刀尖半径右补偿
36	G01 X23;	→A_6
37	G02 X23 W−12 R12;	→A_{12}
38	G01 X27;	刀具返回至增加的缓冲点

续表

序号	程序内容	程序说明
39	N40 G00 G40 X32;	精车结束程序段,取消刀具半径右补偿,循环结束,刀具停止在 A_{11}
40	N5;	精车凹圆弧
41	S700 F0.1;	设置精车主轴转速和进给量
42	G70 P30 Q40;G00 X32 Z2;	精车循环,循环结束,刀具停止在 A_{11}
43	G00 X250 Z200 M05;	刀具快速至换刀点
44	N6;	切槽,T0303,刀宽为 3 mm
45	G00 G21 G40 G97 G99 S300 M03 T0303;	程序初始化,采用 G00、G01 指令编制的切槽工步程序
46	G00 X36 Z2;	刀具快速至 B_1 点
47	G00 Z-31;	刀具快速至 B_2 点
48	G01 X24 F1;	刀具以 G01 方式进给至缓冲点 B_3
49	G01 X16 F0.05;	刀具以 G01 方式切削进给至 B_4
50	G04 X2;	刀具槽底暂停 2 s
51	G01 X24 F1;	刀具以 G01 方式返回至缓冲点 B_3
52	G00 X36;	刀具快速至 B_2
53	G00 W2;	刀具轴向快速运动至 B_5
54	G01 X24 F1;	刀具以 G01 方式进给至缓冲点 B_6
55	G01 X16 F0.05;	刀具以 G01 方式切削进给至 B_7
56	G04 X2;	刀具槽底暂停 2 s
57	G01 X24 F1;	刀具以 G01 方式返回至缓冲点 B_6
58	G00 X36;	刀具快速至 B_5
59	G00 Z2;	刀具快速至 B_1
60	G00 X200 Z250;	
61	N7;	车削外螺纹 M20×1.5
62	G00 G40 G97 G99 S500 M03 T0404;	初始化,T0404,换第 4 把螺纹刀,采用 G32 指令编制的车螺纹工步程序
63	G00 X30 Z-3;	刀具快速至螺纹车削循环起始点 C
64	G00 X19.2;	车削螺纹刀具第 1 次走刀
65	G32 Z-28 F1.5;	
66	G00 X24;	
67	G00 Z-3;	

续表

序号	程序内容	程序说明
68	G00 X18.6;	车削螺纹刀具第 2 次走刀
69	G32 Z-28 F1.5;	
70	G00 X24;	
71	G00 Z-3;	
72	G00 X18.2;	车削螺纹刀具第 3 次走刀
73	G32 Z-28 F1.5;	
74	G00 X24;	
75	G00 Z-3;	
76	G00 X18.04;	车削螺纹刀具第 4 次走刀
77	G32 Z-28 F1.5;	
78	G00 X24;	
79	G00 Z-3;	
80	G00 X200 Z250;	刀具快速返回至换刀点
采用 G92 指令编制的车削螺纹工步程序		
1	N7;	
2	G00 G21 G40 G97 G99 S500 M03 T0404;	初始化,T0404,换第 4 把螺纹刀
3	G00 X30 Z-3;	刀具快速至螺纹车削循环起始点 C
4	G92 X19.2 Z-28 R0 F1.5;	车削螺纹第 1 次走刀($a_p=0.8$),循环结束,刀具在点 C,F 为导程,直螺纹 R=0
5	X18.6;	车削螺纹第 2 次走刀($a_p=0.6$),循环结束,刀具在点 C
6	X18.2;	车削螺纹第 3 次走刀($a_p=0.4$),循环结束,刀具在点 C
7	X18.04;	车削螺纹第 4 次走刀($a_p=0.16$),循环结束,刀具在点 C
8	G00 X200 Z250;	刀具快速返回至换刀点
采用 G76 指令编制的车削螺纹工步程序		
1	N7;	
2	G00 G21 G40 G97 G99 S500 M03 T0404;	初始化,T0404,换第 4 把螺纹刀
3	G00 X30 Z-3;	刀具快速至螺纹车削循环起始点 C

续表

序号	程序内容	程序说明
4	G76 P010060 Q50 R0.1；	设置螺纹相关参数为011060,最小背吃刀量为0.05,精加工余量为0.1,螺纹终点坐标为X18.04 Z-28,牙型高度为0.975,第1次背吃刀量半径值为0.4,循环结束,刀具返回点C
5	G76 X18.04 Z-28 R0 P975 Q400 F1.5；	
6	G00 X200 Z250；	刀具快速返回换刀点
7	N8；	切断
8	G00 G21 G40 G97 G99 S300 M03 T0303 F0.05；	程序初始化,T0303
9	X32 Z2；	刀具快速至G_1点
10	Z-66；	刀具快速至G_2点
11	G01 X1 F0.05；	切断
12	G01 X32 F1；	刀具以F1的进给量径向退刀至G_2
13	G00 Z2；	刀具快速至G_1
14	G00 X200 Z250；	刀具快速至换刀点
15	M30；	程序结束

任务小结

首先,详细介绍了数控车床编程圆弧插补指令(G02、G03)、刀尖圆弧半径补偿指令(G41、G42、G40)、复合固定循环指令(G70、G71、G72、G73)、螺纹车削编程指令(G32、G92、G76)等内容,这些指令是数控车床编程常用的指令,要熟练掌握这些指令的编程方法。其次,通过完成典型成型螺纹轴的程序编制,掌握典型成型螺纹轴的手工编程方法。

任务 6.3 成型螺纹轴零件的实际加工

任务描述

操作数控车床完成任务6.2中编制的程序,完成该成型螺纹轴零件的实际加工。

知识准备

数控车床操作知识与项目5相同,这里不再重复。

任务实施

以小组为单位,每组 3~4 名学生,组内成员逐个训练,加工出零件,具体过程如下:

(1) 开机,机床回参考点。

(2) 输入、校验程序。

输入任务 6.2 所编写的数控程序,用机床校验功能检查程序,若有错误,则进行修改,直至程序校验正确后方可用于实际加工。

(3) 装夹毛坯。

装夹前,检查毛坯尺寸无误后,采用自定心三爪卡盘装夹工件,工件伸出卡盘端面比工件长 5~10 mm 即可,切记不可过长,以免造成工件刚度不足。

(4) 安装刀具。

根据刀具卡和程序中刀具号,将所需刀具安装到刀架对应的编号位置上。安装车刀时,车刀伸出长度要合理,注意检查行程,要特别注意刀具在右端面进到 X 轴最小尺寸时与顶尖的距离,不要发生碰撞。

(5) 对刀。

逐把对刀操作,并根据程序中刀具补偿号进行对应的刀具偏置量的设定。例如,程序中指令为 T0101,则将刀具的 X、Z 偏置量设置到番号 01 里,其他刀具与此相同。

(6) 操作加工与控制精度。

调出校验好的数控程序,数控车床调至自动加工模式,选择单段运行方式,将进给修调倍率开关调至 100% 挡,快进倍率调至 25% 挡,按下"循环启动"键,启动数控程序,执行单段自动加工。在整个加工过程中,操作者不得离开设备,注意观察加工状况,如有问题或异常,立即停车。对工件精度自检,若出现超差,根据超差值通过刀具补偿进行修正。

(7) 检验工件质量。用游标卡尺等量具按照零件图的要求逐项检测。

(8) 清理机床并关机,整理工具,打扫车间卫生。

任务小结

本任务主要是利用数控车床实操加工典型成型螺纹轴,依次训练典型成型螺纹轴程序的输入与校验、工件与刀具的装夹、对刀、自动加工/单段运行、尺寸精度控制及工件检验,其中,重、难点是对刀操作。本程序需要 4 把刀具加工,这里采用试切对刀法,程序通过刀具偏置量建立工件坐标系,如 T0101。需要注意的是:刀具的偏置量设置的番号务必与程序中该刀具补偿号一致。通过成型螺纹轴的操作加工训练,巩固数控车床的操作知识,能独立操作数控车床,积累加工经验。

思考与训练

一、选择题

1. 数控车床数控程序中的 G41、G42 指令对（　　）进行补偿。
　A. 数控车刀的长度　　　　　　　　B. 数控车刀的刀尖圆弧半径
　C. 数控车刀的主偏角　　　　　　　D. 数控车刀的前角

2. 在数控车床刀具补偿"形状（D）"界面中，设置的刀具补偿号要与程序中的一致，补偿号的 R 栏设置的值是（　　）。
　A. 刀尖圆弧半径值　B. 刀尖方位号　C. 角度值　　　D. 长度值

3. 数控车削加工圆弧采用半径方式编程时，当圆弧的圆心角（　　）180°，半径为正值。
　A. 大于　　　　　B. 小于　　　　C. 小于或等于　D. 大于或等于

4. 数控车削外圆弧时，产生过切现象形成锥面，应（　　）。
　A. 修改数控车刀长度的补偿值　　　B. 修改数控车刀刀尖半径的补偿值
　C. 更换合适的数控车刀　　　　　　D. 修改数控车刀的磨耗值

5. 影响数控车刀刀尖半径补偿值的主要因素是（　　）。
　A. 进给量　　　　　　　　　　　　B. 切削速度
　C. 切削深度　　　　　　　　　　　D. 刀尖圆弧半径的大小

6. FANUC 0i 系统数控车床中，（　　）指令适用于粗车铸、锻造类仿形毛坯。
　A. G73　　　　　B. G71　　　　　C. G72　　　　　D. G70

7. FANUC 0i 系统数控车床中，（　　）指令适用于粗车圆棒料毛坯。
　A. G73　　　　　B. G71　　　　　C. G72　　　　　D. G90

8. 若待加工工件具有凹圆弧面时，则 FANUC 0i 系统数控车床中应选择（　　）指令完成粗车循环。
　A. G73　　　　　B. G71　　　　　C. G72　　　　　D. G73

9. 在程序段"G71 UΔd Re；"中，Δd 表示（　　）。
　A. 背吃刀量、半径值，无正负号　　B. 背吃刀量、半径值，有正负号
　C. 背吃刀量、直径值，无正负号　　D. 背吃刀量、直径值，有正负号

10. 在程序段"G71 U1 R0.5；G71 P10 Q20 U0.4 W0.1 F0.2；"中，U0.4 表示（　　）。
　A. Z 方向的精车余量　　　　　　　B. 每次背吃刀量
　C. X 方向的精车余量　　　　　　　D. 每次退刀量

11. FANUC 0i 系统数控车床需要多次自动循环的螺纹加工，应选择（　　）指令。
　A. G92　　　　　C. G32　　　　　C. G76　　　　　D. G90

12. 数控车床若要加工 M20×1.5 的外螺纹，材料为 45 钢，则螺纹小径为（　　）mm。
　A. 18.05　　　　B. 18.5　　　　　C. 17　　　　　　D. 19.025

二、判断题

1. 数控车床的刀具功能 T×× ×× 既指定了刀具号，又指定了刀具补偿号。　　（　　）

2. 数控车床的刀具补偿功能有刀尖半径补偿与刀具位置补偿。 （   ）

3. 沿着前进方向看,车刀在工件左侧为右刀补,在工件右侧为左刀补。 （   ）

4. 不考虑车刀刀尖圆弧半径,车削出的外圆是有误差的。 （   ）

5. 在数控车削编程中,各粗车循环指令可根据工件实际情况结合使用,即一部分用 G71 指令,另一部分用 G73 指令,以提高加工效率。 （   ）

6. 采用 G71 指令编程进行粗车时,在程序段号 ns~nf 指定的 F、S、T 功能均有效。
（   ）

7. 外螺纹车削程序段 G32 X29.1 W-40 F2 是以 2 mm/min 的进给速度车削螺纹的。
（   ）

8. 数控车床可以加工直线、斜线、圆弧、公制和英制螺纹、圆柱螺纹、圆锥螺纹,但不能车削多头螺纹。 （   ）

9. 数控车床车削螺纹时,进给保持功能无效。 （   ）

10. 在数控车床上车削螺纹时,进给速度可以调节。 （   ）

11. G92 指令适用于小螺距的圆柱螺纹和锥面螺纹的循环车削,每指定 1 次,螺纹车削自动进行 1 次循环。 （   ）

12. G32 为螺纹车削基本指令,只能加工圆柱螺纹。 （   ）

三、项目训练题

如图 6-38 至图 6-41 所示为成型螺纹轴类零件,已知工件材料为 45 钢,毛坯为 $\phi 32$ mm×100 mm。要求设计其数控加工工艺,编制数控程序,并操作数控车床完成零件加工。

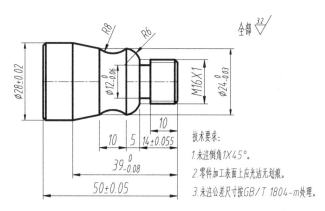

图 6-38 零件 1

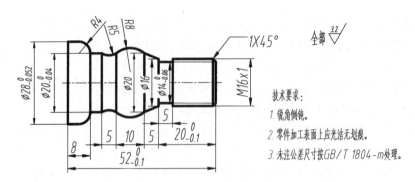

图 6-39 零件 2

技术要求：
1. 锐角倒钝。
2. 零件加工表面上应光洁无划痕。
3. 未注公差尺寸按 GB/T 1804-m 处理。

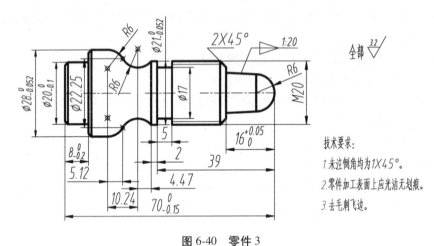

图 6-40 零件 3

技术要求：
1. 未注倒角均为 1×45°。
2. 零件加工表面上应光洁无划痕。
3. 去毛刺飞边。

图 6-41 零件 4

技术要求：
1. 表面粗糙度全部为 Ra3.2。
2. 加工表面应光洁无划痕、擦伤，去除毛刺飞边。
3. 未注公差尺寸按 GB/T 1804-m 处理。

考核评价

本项目评价内容包括基础知识与技能评价、学习过程与方法评价、团队协作能力评价和工作态度评价。评价方式包括学生自评、小组互评和教师评价。具体见表 6-9，供参考。

表 6-9 考核评价表

姓名		学号		班级		时间	
考核项目	考核内容	考核要求	分值	小计	学生自评30%	小组互评30%	教师评价40%
基础知识与技能评价	工艺文件	设计典型成型螺纹轴的工艺	10	40			
	数控程序	独立编制螺纹轴的程序	10				
	机床操作	独立操作数控车床加工出零件	10				
	安全文明生产	车床操作规范,工量具摆放整齐,着装规范,举止文明	10				
学习过程与方法评价	各阶段学习状况	严肃、认真,保质保量按时完成每个阶段的学习任务	15	30			
	学习方法	掌握正确有效的学习方法	15				
团队协作能力评价	团队意识	具有较强的协作意识	10	20			
	团队配合状况	积极配合团队成员共同完成工作任务,为他人提供帮助,能虚心接受他人的意见,乐于贡献自己的聪明才智	10				
工作态度评价	纪律性	严格遵守学校和实训室的各项规章制度,不迟到、不早退、不无故缺勤	5	10			
	责任性、主动性与进取心	具有较强的责任感,不推诿、不懈怠;主动完成各项学习任务,并能积极提出改进意见;对学习充满热情和自信,积极提升综合能力与素养	5				
合计							
教师评语					得分		
					教师签名		

项目 7 套类零件的数控加工工艺设计与编程

学习目标

1. 能力目标

（1）能够设计套类零件的加工工艺，编制工艺文件。
（2）能编制套类零件的数控加工程序。
（3）能操作数控车床，完成套类零件的自动加工。
（4）能选用合适量具，对套类加工质量进行控制和检测。
（5）能够严格遵守安全操作规程和技术规范，完成完整的工作任务。

2. 知识目标

（1）掌握内孔车刀选用的基本知识。
（2）掌握套类零件的结构特点、加工特点，正确分析套类零件的加工工艺。
（3）掌握套类零件的工艺编制方法。
（4）掌握数控车床 G75 指令的编程格式及应用。
（5）掌握套类零件的手工编程方法。

使用数控车床加工零件，一般来说都需要经过三个主要的工作环节，即设计数控加工工艺、编制数控程序、实际操作车床加工。本项目主要要求学生完成套类零件的数控加工工艺设计和程序编制，并完成零件的实际加工。

任务 7.1 套类零件的数控加工工艺设计

 任务描述

如图 7-1 所示为某轴套零件，已知材料为 45 钢，毛坯棒料尺寸规格为 $\phi 62$ mm× 400 mm，数量为 3 个，要求完成该零件的数控加工工艺设计。

项目 7 套类零件的数控加工工艺设计与编程

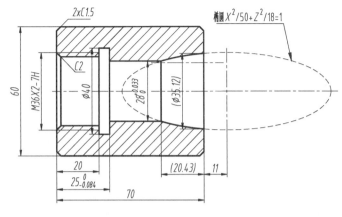

图 7-1 轴套零件

知识准备

一、套类零件的结构特点与加工特点

套类零件是指带有孔的零件,如带轮、轴套、齿轮等,不仅有外圆,而且有内圆,在数控车床上加工内部结构的方法有钻孔、扩孔、铰孔、车孔等加工方法,其工艺适应性都不尽相同。应根据零件内轮廓尺寸及技术要求,选择相应的加工方法。

车削内孔的数控加工工艺

1. 套类零件的结构特点

套类零件含有内外回转面,有较高的尺寸及形状位置精度。主要结构有内沟槽、螺纹、阶梯孔、光滑圆柱面或圆锥面、倒角、圆弧及非圆曲线等。

2. 套类零件的加工特点

(1) 套类零件结构刚性差,装夹、加工易产生变形,从而影响加工精度。因此,薄壁套筒常采用芯轴类夹具或套筒类夹具装夹,并采用较小的切削速度和进给速度。

(2) 内孔加工受结构限制,刀具结构刚性差,加工中易产生让刀,影响加工精度。

(3) 内孔加工特别是盲孔加工时,切屑难以及时排出。

(4) 内孔的尺寸测量比较困难。

(5) 冷却液难以到达切削区域。

二、车削内孔的数控加工工艺

数控车削内孔是指用数控车削方法扩大工件的孔或加工空心工件的内表面,也称为镗孔。数控车削既可进行孔的粗加工,又可进行半精加工和精加工。数控车削孔后的尺寸精度一般可达 IT7~IT8;表面粗糙度可达 1.6~3.2 μm。数控车削孔还可以校正原有孔轴线歪斜或位置偏差。数控车削孔可以加工中、小尺寸的孔,更适于加工大尺寸的孔。

(一) 内孔车刀的种类

根据不同的加工情况,内孔车刀可分为通孔车刀和盲孔车刀两种,如图 7-2 所示。

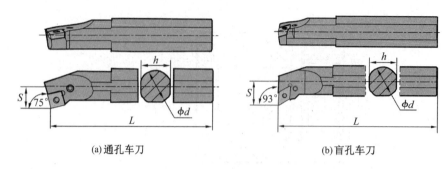

图 7-2 内孔车刀

1. 通孔车刀

通孔车刀切削部分几何形状与外圆车刀基本相似,如图 7-2(a)所示。为减小径向切削抗力,防止加工时振动,主偏角应取得大些,一般主偏角 k_r 取 60°~75°,副偏角 k_r' 取 15°~30°。为防止内孔车刀后刀面和孔壁摩擦,又不使后角磨得太大,一般后刀面磨成双重后角,第 1 后角 α_{o_1} 取 6°~12°,第 2 后角 α_{o_2} 约取 30°。

2. 盲孔车刀

盲孔车刀可用于车削盲孔或台阶孔,其切削部分的几何形状与偏刀基本相似,如图 7-2(b)所示。盲孔车刀的主偏角须大于或等于 90°,一般主偏角 k_r 取 92°~95°,后角的要求与通孔车刀相同。盲孔车刀刀尖到刀柄外侧的距离应小于加工孔的半径 R,否则无法车削平底孔的底面。

(二) 内孔车刀的安装

内孔车刀安装得正确与否,直接影响到数控车削状况和孔的车削精度,因此,在安装时应注意以下几点:① 刀尖应与工件中心等高或稍高。如果刀尖低于工件中心,由于切削抗力的作用,刀柄容易压低,从而产生扎刀现象,并可能造成孔径变大。② 刀柄伸出刀架不宜过长,一般比加工孔长 5~6 mm 即可。③ 刀柄应基本平行于工件轴线,否则在车削到一定深度时,刀柄后半部分易与工件孔口干涉。④ 盲孔车刀装夹时,内偏刀的主切削刃应与孔底平面成 3°~5°,并且在车削孔底面时要求横向有足够的退刀空间,防止碰撞。

(三) 数控车削内孔的方法

孔的形状不同,如通孔、阶梯孔、盲孔等,车孔的方法也有所差异。

1. 车削通孔

通孔的车削基本上与外圆车削相同,只是进刀和退刀的方向相反。在执行粗、精车数控程序之前,也要进行试切削对刀。Z 轴对刀与外圆一样,X 轴对刀如下:首先,车刀车内圆长度为 2~5 mm→轴向快速退刀(X 方向不动)→停车测量已加工内径尺寸;其次,设置 X 轴对刀参数。

车削孔时的切削用量要比车削外圆时适当减小些,特别是车削小孔或深孔时,其切削用量应更小。原因如下:首先,车削时,由于内孔车刀刀尖先切入工件,因此其受力较大,再加上刀尖本身强度差,所以容易碎裂;其次,由于刀杆细长,吃刀深,切削力增大,容易弯曲振动。

2. 车削阶台孔

(1) 车削直径较小的阶台孔时,由于观察内部困难而尺寸精度不宜掌握,所以常采用先粗、精车小孔,再粗、精车大孔的方法。

(2) 车削较大的阶台孔时,在便于测量小孔尺寸而视线又不受影响的情况下,一般采用先粗车大孔和小孔,再精车小孔和大孔的方法。

(3) 车削孔径尺寸相差较大的阶台孔时,最好采用主偏角 k 小于 90°(一般为 85°~88°)的车刀先粗车,然后用内偏刀精车的方法。直接用内偏刀车削时,切削深度不可太大,否则刀刃易损坏。其原因如下:首先,由于刀尖处于刀刃的最前端,切削时刀尖先切入工件,因此其承受切削抗力最大,加上刀尖本来强度差,所以容易碎裂;其次,由于刀柄细长,在轴向抗力的作用下,切削深度大,容易产生振动和扎刀。

3. 车削盲孔(平底孔)

车削盲孔时其内孔车刀的刀尖必须与工件旋转中心等高,否则不能将孔底车平。检验刀尖中心高的简便方法是车端面时进行对刀,若端面能车削至中心,则盲孔底面也能车削平整。同时还必须保证盲孔车刀的刀尖至刀柄外侧的距离 a 应小于内孔半径 R,否则切削时刀尖还未车削到工件中心,刀柄外侧就已经与孔壁碰撞。

(四) 车削内表面的走刀路线设计

1. 车削通孔

如图 7-3(a)所示,车削通孔时,车刀做轴向(Z 方向)切削进给,但进刀和退刀的方向与车削外圆相反,而且在确定起始点或循环起点时,刀具与工件之间要留有一定的安全间隙。

2. 车削盲孔、阶台孔

如图 7-3(b)、图 7-3(c)所示,车削盲孔和阶台孔时,车刀要先做轴向切削进给,当车削到孔的长度时再做径向(X 方向)切削进给,进刀的方向与车削通孔一样,退刀时,刀具沿正向退刀。需要注意的是,确定的起始点或循环起点位置要保证刀具与工件之间留有安全间隙。

3. 车削内沟槽

如图 7-3(d)所示,车削内窄槽时,车刀做径向切削进给运动,进刀时,刀具先轴向快速进给至切削位置,退刀时刀具先径向原路返回,再轴向快速退到孔外。车削内宽槽的走刀路线一般也采用排刀法,只是车刀径向切削进给和径向退刀的方向与车削外宽槽方向相反。

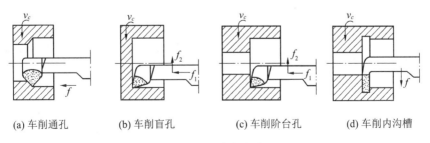

(a) 车削通孔　(b) 车削盲孔　(c) 车削阶台孔　(d) 车削内沟槽

图 7-3　数控车削内表面

任务实施

一、分析零件工艺

（一）结构分析

如图 7-1 所示，该零件属于套类零件，材料为 45 钢，毛坯为 $\phi62$ mm 的长棒料，加工表面由端面、外圆柱面、外倒角、内椭圆面、内沟槽、内螺纹和内倒角等组成。该零件轮廓几何要素定义完整，尺寸标注符合数控加工要求，有统一的设计基准，径向基准为工件轴线，轴向基准为工件左端面。

（二）尺寸分析

该零件尺寸标注正确、完整，主要尺寸分析如下：

直径尺寸为 $\phi 28^{+0.033}_{0}$ mm，经查标准公差表，加工精度等级为 IT8，转为编程尺寸为 $\phi(28.016\pm 0.016)$ mm。

轴向尺寸为 $\phi 20^{0}_{-0.084}$ mm，经查标准公差表，加工精度等级为 IT10，转为编程尺寸为 $\phi(24.958\pm 0.042)$ mm。

内螺纹 M36×2-7H，M36×2 表示右旋普通螺纹代号，公称直径为 36 mm，螺距为 2 mm。7H 表示螺纹中径和大径（顶径）公差带代号，7 表示公差等级（公差带的大小），H 表示基本偏差为下偏差，且其值为零，未标注旋合长度代号的，默认为中等旋合长度（N）。

其他未注公差尺寸，加工精度按有关国家标准规定处理。

（三）表面粗糙度分析

全部表面的表面粗糙度均为 3.2 μm。

根据上述分析，轴套零件的各个表面都可以加工出来，经济性良好。

二、确定生产类型

零件数量为 3 个，属于单件小批量生产。

三、设计工艺路线

（一）确定定位基准

选择轴线和左端面为定位基准，满足基准重合原则。

（二）选择加工方案

该零件的加工表面均为回转表面，各表面加工方案选择如下：外圆为粗车→精车；左、右端面及倒角为精车；螺纹孔为钻中心孔→钻 ϕ 26.5 mm 孔→粗车→精车并倒角→车削内螺纹；内沟槽为车削；内椭圆面和 ϕ 28 mm 孔为粗车→精车。

（三）确定工艺过程

由于零件为单件小批量生产，设备采用数控机床，故工序划分采用工序集中原则，并依据"基准先行、先粗后精、先内后外、先主后次"加工顺序确定原则，确定工艺过程如下：

工序 1：下料，尺寸为 ϕ 62 mm×300 mm，设备为锯床。

工序2：数控车削各外圆，加工设备为数控车床。
工序3：去毛刺，质量检验。

四、设计数控车床加工工序

(一) 选择加工设备
选用 CK6150 型普通数控车床，数控系统为 FANUC 0i 系统，刀架形式为前置式。

(二) 选择工艺装备

1. 选择夹具

选用自定心三爪卡盘装夹。

2. 选择刀具

该零件选用标准刀具进行加工，具体如下：

T0101——93°外圆车刀：粗、精车外圆，车端面，倒角。

ϕ4 mm 的中心钻：钻中心孔。

ϕ26.5 mm 的麻花钻：钻孔。

T0202——内孔车刀(r0.4)：粗、精车螺纹底孔并倒角，粗、精车内椭圆面和ϕ28 mm 孔。

T0303——内槽车刀(宽 5 mm)：切内螺纹退刀槽。

T0404——60°内螺纹车刀：分层粗、精车螺纹。

T0505——切断刀(宽 4 mm)：切断工件。

3. 选择量具

选择的游标卡尺量程为 150 mm，分度值为 0.02 mm。

选择的内测千分尺量程为 5~30 mm，分度值为 0.01 mm。

选择的螺纹塞规为 M36×2-7H。

(三) 确定工步及加工顺序

本工序划分为 10 个工步，具体工步内容与加工顺序见表 7-1，工步 1~8 为第一次安装，工件调头，9~10 为第二次安装。

表 7-1 工步内容与加工顺序

单位名称	××技术学院	零件图号	零件名称	使用设备	场地
		CM-3	轴套	CK6150	数控车间
工步号	工步内容	确定依据	量具		备注
			名称	规格	
1	粗车外圆	先粗后精			快速去除余量
2	精车左端面、外圆并倒角	先粗后精，先面后孔	游标卡尺	0~150 mm/0.02 mm	保证精度
3	钻中心孔	先粗后精			手动
4	钻ϕ26.5 mm 孔	先粗后精			手动

续表

工步号	工步内容	确定依据	量具 名称	量具 规格	备注
5	粗、精车螺纹底孔,并倒角	先粗后精	游标卡尺	0~150 mm/0.02 mm	保证底孔精度
6	车削内沟槽	车削螺纹工艺要求			
7	车削内螺纹	螺纹加工	螺纹塞规	M36×2-7H	保证螺纹精度
8	切断工件	工艺要求			
9	车削右端面并倒角	次要表面穿插		0~150 mm/0.02 mm	保证长度精度
10	粗、精车内椭圆面和 $\phi 28$ mm 孔	先面后孔	内测千分尺	5~30 mm/0.01 mm	保证孔精度

(四)选择切削用量

根据切削手册计算或加工经验,确定切削用量,见表 7-2。

表 7-2 切削用量

单位名称	××技术学院		零件图号 CM-3	零件名称 轴套	使用设备 CK6150	场地 数控车间
工步号	刀具号	刀具名称、规格	主轴转速 $n/(\text{r/min})$	进给速度 $v_f/(\text{mm/r})$	背吃刀量 a_p/mm	加工内容
1	T01	93°外圆车刀	1 000	0.25	0.75	粗车外圆
2	T01	93°外圆车刀	1 200	0.1	0.25	精车左端面、外圆并倒角
3		$\phi 3$ mm 中心钻	800			钻中心孔
4		$\phi 26.5$ mm 麻花钻	400	0.15		钻 $\phi 26.5$ mm 孔
5	T02	内孔车刀	400	0.1(粗) 0.08(精)	1(粗) 0.2(精)	粗、精车螺纹底孔,并倒角
6	T03	宽 5 mm 的内槽刀	300	0.04	5	车削内沟槽
7	T04	60°内螺纹刀	300			车削内螺纹
8	T05	宽 4 mm 的切断刀	300	0.05	4	切断工件
9	T01	93°外圆车刀	1 200	0.1	0.25	车削右端面并倒角
10	T02	内孔车刀	400	0.15(粗) 0.08(精)	0.4(粗) 0.1(精)	粗、精车内椭圆面和 $\phi 28$ mm 孔

(五)设计走刀路线

选择工件轴线与左端面的交点为工件零点。根据该工序的工步顺序和螺纹底孔、内椭圆、$\phi 28$ mm 孔,拟采用 G71 指令编程,走刀路线设计如下:

（1）粗车$\phi 60$ mm外圆的走刀路线如图7-4所示，为$A_0 \to A_1 \to A_2 \to A_3 \to A_4 \to A_1$。

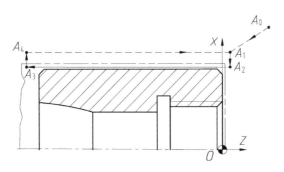

图7-4　粗车外圆的走刀路线

（2）精车端面、倒角及外圆的走刀路线如图7-5所示，为$A_1 \to B_1 \to B_2 \to B_3 \to A_1 \to C_1 \to C_2 \to C_3 \to A_4 \to A_1 \to A_0$。

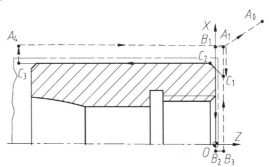

图7-5　精车端面、倒角及外圆的走刀路线

（3）螺纹底孔精车的走刀路线如图7-6所示，为$A_0 \to D_1 \to D_2 \to D_3 \to D_4 \to D_5 \to D_1 \to A_0$。内沟槽车削的走刀路线如图7-7所示，为$A_0 \to D_6 \to D_7 \to D_8 \to D_7 \to D_6 \to A_0$。

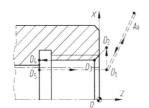 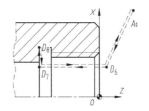

图7-6　螺纹底孔精车的走刀路线　　图7-7　内沟槽车削的走刀路线

（4）车削内螺纹与工件切断的走刀路线如图7-8所示，为$A_0 \to E_1 \to E_2 \to E_3 \to E_4 \to E_1$，经多次走刀切削完成螺纹加工后，刀具从循环起点$E_1$返回点$A_0$。工件切断的走刀路线为图7-8中的$A_0 \to F_1 \to F_2 \to F_3 \to F_2 \to F_1 \to A_0$。

（5）车削右端面、倒角的走刀路线为图7-9中的$G_0 \to G_1 \to G_2 \to G_3 \to G_4 \to G_1 \to G_5 \to G_6 \to G_0$；精车内椭圆、$\phi 28$ mm孔的走刀路线为图7-9中的$G_0 \to H_1 \to H_2 \to H_3 \to H_4 \to H_5 \to H_6 \to H_1 \to G_0$。

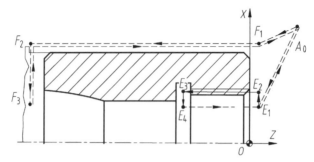

图 7-8 车削内螺纹与工件切断的走刀路线

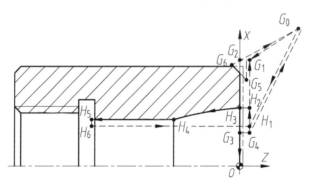

图 7-9 车削右端面、倒角的走刀路线和精车内椭圆、$\phi 28$ mm 孔的走刀路线

五、确定换刀点与对刀点

选择(200,250)为换刀点,第一次装夹对刀点选择工件轴线与工件左端面的交点,第二次装夹对刀点选择工件轴线与工件右端面的交点。

六、填写工艺文件

根据上述工艺分析设计,填写数控加工工序卡和刀具卡,分别如表 7-3 和表 7-4 所示。

表 7-3 数控加工工序卡

××技术学院	数控加工工序卡		产品名称或代号		零件名称	材料	零件图号
					阶梯轴	45 钢	CM03
工序号	程序号	夹具名称	夹具编号		加工设备	数控系统	车间
2	O7501	三爪卡盘			CK6150	FANUC 0i	数控车间
工步号	工步内容		刀具号	刀具名称、规格	主轴转速 $n/(\text{r/min})$	进给速度 $v_f/(\text{mm/r})$	背吃刀量 a_p/mm	量具
1	粗车外圆		T01	93°外车刀	1 000	0.25	0.75	
2	精车左端面、外圆并倒角		T01	93°外圆刀	1 200	0.1	0.25	游标卡尺 0~150 mm/ 0.02 mm

续表

工步号	工步内容	刀具号	刀具名称、规格	主轴转速 n/(r/min)	进给速度 v_f/(mm/r)	背吃刀量 a_p/mm	量具
3	钻中心孔		ϕ3 mm 中心钻	800			
4	钻ϕ26.5 mm 孔		ϕ26.5 mm 钻头	400		0.15	
5	粗、精车螺纹底孔,并倒角	T02	内孔车刀	400	0.1(粗) 0.08(精)	1(粗) 0.2(精)	游标卡尺 0~150 mm/ 0.02 mm
6	车削内沟槽	T03	宽5 mm 的内槽刀	300	0.04	5	
7	车削内螺纹	T04	60°内螺纹刀	300			螺纹塞规 M36×2-7H
8	切断工件	T05	宽4 mm 的切断刀	300	0.05	4	
9	车削右端面并倒角	T01	93°外圆刀	1 200	0.1	0.25	游标卡尺 0~150 mm/ 0.02 mm
10	粗、精车内椭圆面和ϕ28 mm 孔	T02	内孔车刀	400	0.15(粗) 0.08(精)	0.4(粗) 0.1(精)	内测千分尺 5~30 mm/ 0.01 mm

表 7-4 数控加工刀具卡

零件名称	零件图号	数控加工刀具卡		程序号	车间		加工设备
轴套	CM03				数控车间		CK6150
序号	刀具号	刀具名称、规格	数量	刀尖半径	刀尖号	刀补地址	加工部位
1	T01	93°外圆车刀	1	0.4	3	01	粗车外圆,精车左端面、外圆并倒角,车右端面并倒角
2		ϕ3 mm 中心钻	1				钻中心孔
3		ϕ26.5 mm 麻花钻	1				钻ϕ26.5 mm 孔
4	T02	内孔车刀	1	0.4	2	02	粗、精车螺纹底孔并倒角,粗、精车内椭圆面和ϕ28 mm 孔
5	T03	宽5 mm 的内槽刀	1			03	车削内沟槽
6	T04	60°内螺纹刀	1			04	车削内螺纹
7	T05	宽4 mm 的切断刀	1			05	切断工件
编制	日期	审核	日期	批准	日期	共1页	第1页

任务小结

本任务介绍了轴套零件的结构特点和加工特点,内孔车刀的种类、安装,内孔的车削方法和走刀路线设计,并通过完成典型轴套零件的工艺设计,来掌握轴套零件的工艺设计方法。

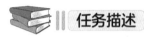 套类零件的数控程序编制

根据任务 7.1 中轴套零件图和设计的数控加工工艺,完成该零件的数控程序编制。

知识准备

一、切槽复合固定循环指令(G75)

套类零件内轮廓的编程指令与轴类零件的编程指令相同,也是使用直线插补指令、圆弧插补指令、单一固定循环指令、轮廓复合固定循环指令和子程序指令等,不再赘述,这里仅介绍切槽复合固定循环指令。

G75 指令用于加工内、外径切槽(切断)。

G75 指令的加工路线如图 7-10 所示。执行该指令时,系统根据程序指定的切削终点、Δi、e、Δd、Δk 的值自动计算刀具的运行轨迹:刀具从循环起点 A 开始,先沿径向进刀 Δi 到达 E 点,再退刀到达 F 点,接着按此循环递进切削至径向终点 B 后,刀具轴向退刀 Δd,并快速返回至 A 点的 X 坐标处,完成本次径向切削循环;轴向再次进刀 Δk 后,进行下一次径向切削循环……最后一次径向切削循环结束后,刀具返回循环起点 A(循环起点与终点相同),完成槽的循环加工。G75 的径向进刀和轴向进刀方向由切削终点 C 与循环起点 A 的相对位置决定。

切槽复合固定循环指令

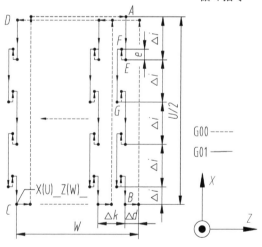

图 7-10 G75 指令的加工路线

编程格式:
G00 X(α) Z(β);

G75 R(e);

G75 X(U)_ Z(W)_ P(Δi) Q(Δk) R(Δd) F_;

其中，α、β 为循环起点坐标，留安全间隙（1~2 mm）；e 为每次径向（X 方向）进给后的径向退刀量（单位:mm），为模态值；X(U)_ Z(W)_ 为切削终点的坐标值（单位:mm）；Δi 为 X 方向断续进给的每次进给量（单位:0.001 mm），用不带符号的半径值表示；Δk 为刀具完成一次 X 方向（径向）循环切削后，在 Z 方向（轴向）的偏移量（单位:0.001 mm），用不带符号的值表示，加工宽槽时，Z 方向偏移量须小于刀宽；Δd 为刀具 X 方向切削到终点时的 Z 方向（轴向）退刀量，一般设为 0，以免断刀；F 为径向切削进给速度。

注意：最后一次径向进给量和最后一次 Z 方向偏移量由系统根据切削终点坐标自动计算。

例 7-1 应用 G75 指令，编制如图 7-11 所示的零件上矩形沟槽的数控程序。切槽刀为 T0303，刀宽为 4 mm。

程序如下：

O7201;（程序号）

G21 G40 G97 G99 T0;（程序初始化）

G28 U0 W0;（刀具沿 X、Z 轴回参考点）

S300 M03;（主轴正转，转速为 300 r/min）

T0303;（换 3 号刀，刀具左刀尖为刀位点）

G00 X52 Z2 M08;（刀具快进至点(52,2)）

Z-40;（刀具快速定位至循环起点）

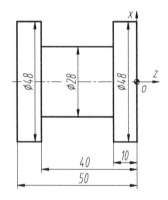

图 7-11 G75 指令应用实例

G75 R1;（切槽循环，每次退刀量为 1 mm）

G75 X28 Z-14 P3000 Q3200 R0 F0.05;（X 方向每次切削深度为 3 mm，Z 方向每次偏移量为 3.2 mm）

G00 X200 Z250 M09;（刀具快回至换刀点，冷却液关）

M30;（程序结束）

练 7-1 应用 G75 指令，编制如图 7-11 所示的零件的切断程序段。切槽刀为 T0303，刀宽为 4 mm。

二、数控车床宏程序

数控车床宏程序知识与数控铣床相同，详见项目 4，不再赘述。

一、确定基点坐标

刀具走刀路线和基点坐标是数控编程的重要依据，可根据零件图和所设计的走刀路线确定基点坐标，具体如下：

(1) 粗车外圆走刀路线的基点坐标为：$A_0(200,250)$、$A_1(66,2)$、$A_2(60.5,2)$、$A_3(60.5,-75)$、$A_4(66,-75)$。

(2) 精车端面、倒角及外圆的走刀路线的基点坐标为：$A_1(66,2)$、$B_1(66,0)$、$B_2(-1,0)$、$B_3(-1,2)$、$C_1(53,2)$、$C_2(60,-1.5)$、$C_3(60,-75)$、$A_4(66,-75)$。

(3) 螺纹底孔精车走刀路线的基点坐标为：$A_0(200,250)$、$D_1(25,2)$、$D_2(42,2)$、$D_3(34,-2)$、$D_4(34,-24.958)$、$D_5(25,-24.958)$。内沟槽车削走刀路线的基点坐标为 $D_6(25,2)$、$D_7(25,-24.958)$、$D_8(40,-24.958)$。

(4) 车削内螺纹拟采用 G76 编程，故其走刀路线的基点坐标只需确定最后一次走刀 E_1 和 E_3 点的坐标，即 $E_1(30,5)$、$E_3(36,-22)$。工件切断走刀路线的基点坐标为 $A_0(200,250)$、$F_1(63,2)$、$F_2(63,-74.5)$、$F_3(25,-74.5)$。

(5) 车削右端面、倒角走刀路线的坐标为 $G_0(200,250)$、$G_1(62,2)$、$G_2(62,0)$、$G_3(24,0)$、$G_4(24,2)$、$G_5(53,2)$、$G_6(61,-2)$；车削内椭圆、$\phi 28\ \text{mm}$ 孔走刀路线的坐标为 $G_0(200,250)$、$H_1(25,2)$、$H_2(35.12,2)$、$H_3(35.12,0)$、$H_4(28.016,-20.37)$、$H_5(28.016,-46)$、$H_6(25,-46)$。

二、编制程序单

轴套零件数控程序单见表7-5，供参考。

表7-5 轴套零件数控程序单

单位名称	××学院			编制	
零件名称	轴套	零件图号	CM-03	日期	
序号	程序内容			程序说明	
1	O7501;			程序名	
2	G28 U0 W0 T0;			刀具回零，取消刀具补偿	
3	G50 X450 Z500;			设置工件坐标系零点	
4	N1;			粗车外圆	
5	G00 G21 G40 G97 G99 S1000 M03 T0101;			程序初始化，T0101	
6	G00 X66 Z2 M08;			刀具快速定位至循环起点 A_1，留安全间隙	
7	G90 X60.5 Z-75 F0.25;			G90 指令粗车外圆至 $\phi 60.5\ \text{mm}$	
8	N2;			精车端面和外圆，T0101	
9	G00 S1200;			G00 注销 G90，设置精车转速	
10	G94 X-1 Z0 F0.1;			G94 指令车削端面，循环结束后刀具在循环起点 A_1	
11	G00 X53;			刀具快速定位到进刀位置 C_1	
12	G01 X60 Z-1.5 F0.1;			倒角 1.5×45°	

续表

序号	程序内容	程序说明
13	Z-75;	车长 75 mm
14	G00 X200 Z250 M09;	刀具快速退刀
15	M30;	程序结束
16	O7502;	程序名
17	N3;	镗螺纹底孔
18	G00 G21 G40 G97 G99 S400 M03 T0202;	程序初始化，T0202
19	G00 X25 Z2 M08;	刀具快速定位至循环起点 $D_1(25,2)$
20	G71 U1 R0.5;	U 指定切削深度 1 mm，R 指定退刀量为 0.5 mm
21	G71 P10 Q20 U-0.4 W0.1 F0.1;	指定精车开始和结束程序段号，X 轴精车余量为 0.4 mm，Z 轴精车余量为 0.1 mm
22	N10 G41 G00 X42;	→D_2 建立刀尖半径左补偿
23	G01 X34 Z-2;	→D_3
24	G01 Z-24.958;	→D_4
25	N20 G40 G01 X25;	精车结束程序段，取消刀尖半径补偿
26	S400 F0.08;	设置精车转速和进给量
27	G70 P10 Q20;	精车循环，循环结束后刀具在 A_0 点
28	G00 X200 Z250;	刀具快速退刀至换刀点
29	N4;	车削退刀槽
30	G00 G21 G40 G97 G99 S300 M03 T0303;	初始化，T0303，刀宽为 5 mm
31	G00 X25 Z2 M08;	刀具快速定位至 D_6
32	G00 Z-24.958;	刀具快速定位至切槽位置 D_7
33	G01 X40 F0.04;	切槽至 D_8
34	G04 X2;	刀具暂停 2 s
35	G00 X25;	刀具沿 X 方向退刀至 D_7
36	G00 Z2;	刀具沿 Z 方向快速退刀至 D_6
37	G00 X200 Z250;	刀具快速至换刀点
38	N5;	车削内螺纹
39	G00 G40 G97 G99 S300 M03 T0404;	初始化，T0404
40	G00 X30 Z5;	刀具快速至螺纹车削循环起点 E_1

续表

序号	程序内容	程序说明
41	G76 P020060 Q100 R0.1;	设置螺纹相关参数 020060,最小背吃刀量为 0.1 mm,精车余量为 0.1 mm,牙型高度为 1.3 mm,
42	G76 X36 Z-22 R0 P1300 Q400 F2;	第 1 次背吃刀量为 0.4 mm,循环结束后刀具在循环起点 E_1
43	G00 X200 Z250;	刀具快速返回换刀点(200,250)
44	N6;	切断
45	G00 G40 G97 G99 S300 M03 T0505 F0.05;	程序初始化,T0505,刀宽为 4 mm
46	X63 Z2;	刀具快速至 F_1
47	Z-74.5;	刀具快速至循环起点 F_2
48	G75 R0.5;	G75 指令切断可简化编程
49	G75 X25 W0 P600 Q0 R0;	循环结束,刀具在点 F_2
50	G00 Z2;	刀具快速至点 F_1
51	G00 X200 Z250;	刀具快速回换刀点
52	M30;	程序结束
53	O7503;	程序名
54	N7;	调头,车削端面和倒角
55	G00 G21 G40 G97 G99 S1200 M03 T0101;	初始化,T0101
56	G00 X62 Z2 M08;	刀具快速定位至循环起点
57	G94 X24 Z0 F0.1;	G94 指令车削端面,循环结束后刀具在循环起点 G_1
58	G00 X53;	刀具快速定位到进刀点 G_5
59	G01 X61 Z-2 F0.1;	倒角,刀具切削进给至点 G_6
60	G00 X200 Z250;	刀具快速退刀至换刀点
61	N8;	车削内椭圆和内孔
62	G00 G21 G40 G97 G99 S400 M03 T0202;	初始化,T0202
63	G00 X25 Z2 M08;	刀具快速定位至循环起点 H_1
64	G71 U0.4 R0.5;	U 指定切削深度为 0.4 mm,R 指定退刀量为 0.5 mm
65	G71 P30 Q40 U-0.2 W0.1 F0.15;	指定精车开始和结束程序段号,X 轴精车余量为 0.2 mm,Z 轴精车余量为 0.1 mm
66	N30 G41 G00 X35.12;	→H_2,建立刀尖半径左补偿
67	G01 Z0;	→H_3

续表

序号	程序内容	程序说明
68	#1=0;	Z 轴自变量赋初值
69	#2=-20.37;	
70	WHILE[#1GE-20.37] DO1;	循环判断
71	#3=18*SQRT[50*50-[#1-11]*[#1-11]]/50;	计算椭圆上动点的 X 坐标
72	G01 X[2*#3] Z[#1];	走微小直线段拟合椭圆曲线
73	#1=#1-20.37/200;	自变量递减
74	END1;	循环结束
75	G01 Z-46;	车内圆
76	N40 G40 G01 X25 F0.2;	精切轨迹结束程序段,取消刀尖半径补偿
77	S400 F0.08;	设置精车转速和进给量
78	G70 P30 Q40;	精车循环,循环结束后刀具在循环起点 H_1
79	G00 X200 Z250;	刀具快速退刀至换刀点
80	M30;	程序结束

任务小结

轴套零件内轮廓的编程指令与轴类零件的编程指令相同,故仅介绍了切槽复合固定循环指令;编制椭圆内轮廓所需的宏程序基础知识及编制方法与项目 4 相同,故这里未予介绍。通过完成典型轴套零件的程序编制,来掌握复杂轴套零件的手动编程方法。

任务 7.3 套类零件的实际加工

任务实施

操作数控铣床,运行任务 7.2 中编制的程序,完成该套零件的实际加工。

知识准备

数控车床的操作知识与项目 5 相同,不再赘述。

任务实施

以小组为单位,每组 3~4 名学生,组内成员逐个训练,加工出合格的零件,具体过程如下：

(1) 开机，机床回参考点。

(2) 输入、校验程序。输入任务7.2所编写的数控程序，用机床校验功能检查程序，若有错误，则进行修改，直至程序校验正确后方可用于实际加工。

(3) 装夹毛坯。装夹前，检查毛坯尺寸无误后，采用自定心三爪卡盘装夹工件。第一次装夹毛坯伸出卡爪端面比工件长约15 mm即可；第二次调头装夹工件伸出长度距卡爪端面约40 mm。

(4) 安装刀具。根据刀具卡和程序中刀具号，将所需刀具安装到刀架对应的编号刀位上，即93°外圆车刀安装在1号刀位，内孔车刀安装在2号刀位，内槽刀安装在3号刀位，内螺纹刀安装在4号刀位，切断刀安装在5号刀位。若车床为四方刀架，可卸下外圆车刀，安装到1号刀位。

(5) 对刀操作。分别对所用刀具逐一进行对刀，并根据程序中刀具补偿号进行对应的刀具偏置量的设定。例如，程序中指令为T0101，则将刀具的X、Z偏置量设置到番号01里，其他刀具与此相同。

(6) 自动加工与精度控制。调出校验好的数控程序，将数控车床调至自动加工模式，选择单段运行方式，将进给修调倍率开关调至100%挡，快进倍率调至25%挡，按下"程序启动"键，启动数控程序，执行单段自动加工。在整个加工过程中，操作者不得离开加工设备，注意观察加工情况，并根据切削状况，适当调整进给修调倍率和快速倍率的大小。对工件精度自检，若出现超差，根据超差值通过刀具补偿进行修正。

(7) 检验工件质量。用卡尺等量具按照零件图的要求逐项检测。

(8) 清理机床并关机，整理工具，打扫车间卫生。

任务小结

本任务主要是利用数控车床实操加工轴套零件，依次训练轴套零件程序的输入与校验、工件与刀具的装夹、对刀操作、自动加工、精度控制及工件检验，其中重点是内孔车刀的对刀操作。通过轴套零件的操作加工训练，巩固数控车床的操作知识，能独立熟练操作数控车床，积累加工经验。

思考与训练

一、选择题

1. 数控车床在切断、车削深孔或用高速钢车刀加工时，宜选择（　　）的进给速度。
A. 较高　　　　　　B. 数控车床最低　　　C. 较低　　　　　　D. 数控车床最高

2. 数控车床车削盲孔时，盲孔车刀的主偏角一般取（　　）。
A. 90°~93°　　　　B. 60°~75°　　　　　C. 0°~11°　　　　　D. 35°~55°

3. 下列关于数控车削内槽的走刀路线的描述正确的是（　　）。
A. 与车外槽方向相同　　　　　　　　　B. X轴走刀路线方向与车外槽方向相反

C. 与车外槽方向相反　　　　　　　　D. X 轴走刀路线方向与车外槽方向相同

4. 在对非圆曲线拟合计算时,把编程允许误差控制在工件公差的(　　),一般能保证工件曲线的加工精度。

A. 3/4 之内　　　　B. 3/2 之内　　　　C. 1/5 之内　　　　D. 4/5 之内

5. FANUC 0i 系统宏程序的(　　)可起到控制程序流向的作用。

A. 赋值　　　　B. 控制指令　　　　C. 运算指令　　　　D. 程序字

6. 在程序段 G75 R(e)中,e 表示(　　)。

A. 每次 X 方向退刀量　　　　　　　　B. 每次背吃刀量
C. 每次 Z 方向进刀量　　　　　　　　D. Z 方向退刀量

7. 在程序段 G71 P(ns) Q(nf) U(Δu) W(Δw) F(f) S(s) T(t)中,Δw 表示(　　)。

A. 背吃刀量　　　　　　　　　　　　B. 退刀量
C. X 方向的精车余量　　　　　　　　D. Z 方向的精车余量

8. 在程序段 G73 U(Δi) W(Δk) R(d)中,d 表示(　　)。

A. 背吃刀量　　　　　　　　　　　　B. 循环次数
C. X 方向的精车余量　　　　　　　　D. Z 方向的精车余量

9. FANUC 0i 系统中,(　　)指令适用于 X 方向余量大、Z 方向余量小的圆棒料粗车。

A. G73　　　　　B. G71　　　　　C. G72　　　　　D. G90

10. 数控车床若要加工 M30×1.5 的内螺纹,材料为 45 钢,则螺纹底孔为(　　)mm 合适。

A. 28.425　　　　B. 28.38　　　　C. 30　　　　D. 28.5

二、判断题

1. 套类零件加工时因受刀体强度、排屑状况的影响,所以每次背吃刀量要大一点,进给速度要快一点。　　　　　　　　　　　　　　　　　　　　　　　　　　(　　)

2. 内孔车刀数控车孔时可通过控制切屑流出的方向来解决排屑问题,可通过改变刃倾角的值来改变切屑的流出方向。　　　　　　　　　　　　　　　　　(　　)

3. 数控车床车削通孔时,通孔车刀的主偏角一般取 90°~93°较为合适。　(　　)

4. 内孔加工与外圆加工 X 方向进刀和退刀的方向相反,车削孔时内孔车刀的运动范围受限,编制的程序执行加工时要保证刀具与工件之间不干涉。　　　　　(　　)

5. 数控车削高精度内锥面时,应采用刀尖圆弧半径左补偿 G41 指令编程。(　　)

6. 在程序段 G75 X(U)_ Z(W)_ P(Δi) Q(Δk) R(Δd) F_中,Δk 表示 Z 方向的退刀量。　　　　　　　　　　　　　　　　　　　　　　　　　　　　　(　　)

7. 单一固定循环指令可对零件的内、外圆和内、外锥面进行粗车。　　(　　)

8. G70 指令用于工件在 G71、G72、G73 指令粗车后的精加工。　　　(　　)

9. 数控车削内轮廓时,在程序段 G71 P(ns) Q(nf) U(Δu) W(Δw) F(f) S(s) T(t)中,Δu 表示 X 方向精车余量,该值为直径值,且为负值。　　　　　　　　(　　)

10. 在程序段 G76 P(m)(r)(α) Q(Δd_{min}) R(d)中,d 是指螺纹总切削深度。(　　)

三、项目训练题

如图 7-12 至图 7-14 所示为套类零件,已知工材为 45 钢,毛坯尺寸规格为 φ32 mm×

100 mm。要求设计其数控加工工艺,编制数控程序,并操作数控车床完成零件加工。

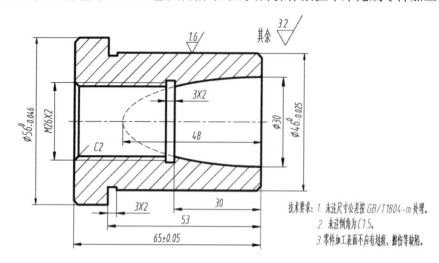

图 7-12 零件图 1

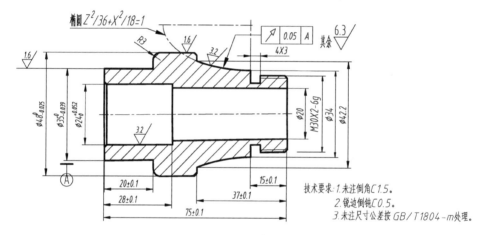

图 7-13 零件图 2

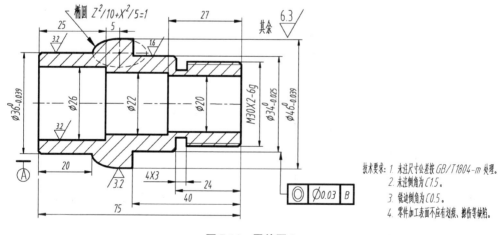

图 7-14 零件图 3

考核评价

本项目评价内容包括基础知识与技能评价、学习过程与方法评价、团队协作能力评价和工作态度评价。评价方式包括学生自评、小组互评和教师评价。具体见表 7-6，供参考。

表 7-6 考核评价表

姓名		学号		班级		时间	
考核项目	考核内容	考核要求	分值	小计	学生自评 30%	小组互评 30%	教师评价 40%
基础知识与技能评价	工艺文件	合理设计套类零件的工艺	10	40			
	数控程序	独立编制套类零件的程序	10				
	机床操作	独立操作机床，加工出零件	10				
	安全文明生产	机床操作规范，工量具摆放整齐，着装规范，举止文明	10				
学习过程与方法评价	各阶段学习状况	严肃、认真，保质保量按时完成每个阶段的学习任务	15	30			
	学习方法	掌握正确有效的学习方法	15				
团队协作能力评价	团队意识	具有较强的协作意识	10	20			
	团队配合状况	积极配合团队成员共同完成工作任务，为他人提供帮助，能虚心接受他人的意见，乐于贡献自己的聪明才智	10				
工作态度评价	纪律性	严格遵守学校和实训室的各项规章制度，不迟到、不早退、不无故缺勤	5	10			
	责任性、主动性与进取心	具有较强的责任感，不推诿、不懈怠；主动完成各项学习任务，并能积极提出改进意见；对学习充满热情和自信，积极提升综合能力与素养	5				
合计							
教师评语					得分		
					教师签名		

参考文献

[1] 周虹,喻丕珠,罗友兰. 数控加工工艺设计与程序编制[M]. 3版. 北京:人民邮电出版社,2016.

[2] 曹金龙,赵艳. 数控加工技术与实践[M]. 北京:冶金工业出版社,2015.

[3] 彭芳瑜. 数控加工工艺与编程[M]. 武汉:华中科技大学出版社,2012.

[4] 华茂发. 数控机床加工工艺[M]. 2版. 北京:机械工业出版社,2011.

[5] 刘万菊. 数控加工工艺及编程[M]. 2版. 北京:机械工业出版社,2016.

[6] 吴新佳. 数控加工工艺与编程[M]. 北京:人民邮电出版社,2009.

[7] 周虹. 数控机床操作[M]. 北京:人民邮电出版社,2009.

[8] 李卫民,张亚萍,黄淑琴. 机械零件数控加工[M]. 北京:中国人民大学出版社,2009.

[9] 陈为国,陈昊. 数控加工刀具材料、结构与选用速查手册[M]. 北京:机械工业出版社,2016.

[10] 陈洪涛. 数控加工工艺与编程[M]. 北京:高等教育出版社,2003.

[11] 黄继战,李宪军. 刀具半径补偿功能在立式数控铣削中的运用[J]. 机械与电子,2010(12):75-77,80.

[12] 黄继战,康力,范玉,等. 模具型腔零件数控加工工艺的设计[J]. 机械工程师,2017(10):153-155.

[13] 黄继战,王凤清. 子程序在模具铣削编程中的应用[J]. 智能制造,2015(6):41-44.

[14] 黄继战,肖根先. 典型凸模零件数控加工工艺研究与设计[J]. 机械工程师,2020(1):154-156.